湖北湿地生态保护研究丛书

长江中游水文环境过程与
下荆江故道及洞庭湖湿地演化

王学雷　杨 超　姜刘志　等◎编著

长江出版传媒
Changjiang Publishing & Media

湖北科学技术出版社
HUBEI SCIENCE & TECHNOLOGY PRESS

图书在版编目(CIP)数据

长江中游水文环境过程与下荆江故道及洞庭湖湿地演化 / 王学雷等编著. —武汉:湖北科学技术出版社,2020.12
　　(湖北湿地生态保护研究丛书/刘兴土主编)
　　ISBN 978-7-5352-9581-1

　　Ⅰ. ①长…　Ⅱ. ①王… 　Ⅲ. ①长江流域—中游—水文环境—研究②长江流域—河道演变—研究—荆州③洞庭湖—沼泽化地—演化—研究　Ⅳ. ①P344.2②TV147③P942.640.78

　　中国版本图书馆 CIP 数据核字(2020)第 149227 号

策　　划：高诚毅　宋志阳　邓子林
责任编辑：谭学军　王小芳　　　　　　　　　　　　　封面设计：喻　杨

出版发行：湖北科学技术出版社	电　话：027-87679434
地　　址：武汉市雄楚大街 268 号	邮　编：430070
(湖北出版文化城 B 座 13—14 层)	网　址：http://www.hbstp.com.cn
印　　刷：武汉市卓源印务有限公司	邮编：430026

787×1092　　1/16　　　　　　　　　　　　　　　　13.5 印张　　320 千字
2020 年 12 月第 1 版　　　　　　　　　　　　　　　2020 年 12 月第 1 次印刷
　　　　　　　　　　　　　　　　　　　　　　　　　　定价：130.00 元

本书如有印装质量问题　可找本社市场部更换

前　言

　　水是生命之源,河流为水之动脉。自古以来,人类逐水而居,河流流域承载了几千年的人类文明和历史遗产。河流是人类生存和发展的基础,对全球的物质、能量的传递与输送发挥着重要的作用。河流筑坝是人类改造自然的重大举措,具有防洪、发电、灌溉、工业和城市生活供水、航运等重要经济作用,同时也通过多种途径影响河流的生态环境,主要包括水文情势改变、通道阻隔、库区土地淹没、水温结构变化等。水文情势决定并影响着河流生态系统的物质循环、能量过程、栖息地状况和生物相互作用等,水文情势的改变在不同时空尺度上改变栖息地条件,从而影响物种的分布和丰度,进而影响生物群落的组成和多样性。

　　长江是我国第一大河,有着充沛的水量和丰富的物种资源。但是随着我国对长江水资源的开发利用程度逐步加大,在河流上筑坝拦截水量用于防洪、发电、灌溉等,使河流的生态环境受到人为影响,尤其是长江三峡水利工程的建设,在促进社会经济发展的同时,三峡水库的调节作用也改变了河流的天然水文情势。三峡工程建成后,首先改变了长江中下游的河流径流量原有的季节分配过程,以及与径流有关的生态环境因子,这些变化将直接或间接影响该流域重要生物资源的栖息水域和生活习性,改变生物群落的结构组成、分布特征等,从而对生态与环境带来影响。

　　在自然因素特别是人为因素的影响下,河道环境时常发生变化,同时对河道的演变也有一定的作用。下荆江河段位于长江中游,是我国典型的蜿蜒型河道,历史上其河道摆动剧烈,洪涝、崩岸等灾害频繁。受河道摆动影响,该河段周边形成了众多的故道湿地,两个国家级自然保护区及两个国家级亲鱼原种基地位于下荆江故道湿地中。下荆江河道的动态变化,不仅对河流的生态环境造成影响,还会影响到周边的故道湿地,关系着生物多样性的保护与维持。此外,河道的变化关乎长江河道的综合治理,影响长江航运与水资源开发利用。因此研究下荆江河道的演变规律,对下荆江河段的生态保护和经济发展都有特殊的意义,对下荆江防洪、建港、航运、水资源开发利用等决策具有重要意义。

　　洞庭湖是中国第二大淡水湖,是长江重要的调蓄湖泊,具有重要的生态功能和经济价值。伴随着人类活动对洞庭湖生态环境影响日益扩大,洞庭湖开始面临一系列生态环境问题。洪涝灾害加剧,生物多样性降低,土壤潜育化,污染负荷增加,湿地资源衰退等已经对经济和环境造成了不良影响。长江水文情势发生显著的变化,作为通江湖泊的洞庭湖不可避免受到影响。洲滩淹水频率一方面反映了湖区水情的动态变化,另一方面将导致洲滩地植物群落/种群的变化,从而导致洞庭湖湿地自然景观的演替。因此研究水文过程对洞庭湖湿地分布形成的作用,对研究洞庭湖湿地系统结构变化、功能退化以及湿地保护、湿地资源合理开发利用都有重要意义。

本书在对长江中游流域干流及典型故道群和洞庭湖湿地进行综合科学调查的基础上,探讨了长江中游水文情势在三峡工程蓄水前后的变化特征;计算分析三峡工程蓄水前后主要水文站环境流组成及其指标的变化情况;分析长江中游水文情势的变化特征及其带来的生态影响;并对长江中游下荆江故道的水文情势变化特征进行了分析,探讨了天鹅洲故道水文情势变化对濒危物种栖息地的影响,提出了科学合理的物种保护策略。同时对洞庭湖典型年份湿地植被分布特征、湿地淹没频率分布和变化进行了监测与评估,对植被分布与动态和淹没频率间的关系进行了分析探讨,可揭示和预测洞庭湖湿地洲滩植被的演替规律。

《长江中游水文环境过程与下荆江故道及洞庭湖湿地演化》是湖北省学术出版基金项目资助出版的系列成果丛书之一,该书是由中国科学院精密测量科学与技术创新研究院及环境与灾害监测评估湖北省重点实验室作为科研支撑单位,同时也得到了国家自然科学基金(41801100)的资助。

本书为河流湖泊水文环境过程与湿地生态演化研究提供了有益的借鉴,为长江中游河湖湿地保护与生态管理提供了科学依据。由于研究时间和认识水平有限,内容涉及面较广,书中不妥之处难以避免,敬请读者批评指正。

编　者

2020 年 8 月

目　录

第一章

绪　　论

1.1　研究背景与意义

水是生命之源,河流为水之动脉。自古以来,人类逐水而居,河流流域承载了几千年的人类文明和历史遗产。河流是人类生存和发展的基础,对全球的物质、能量的传递与输送发挥着重要的作用。但是随着科学技术的进步和社会经济的发展,人类对河流的开发利用程度已经达到相当高的水平,水资源开发利用程度的不断提高,使得水资源利用和生态环境用水矛盾在全球范围日益突出。同时也造成了许多生态环境问题,主要表现为水资源的过度开发利用导致河流径流减少、河道断流、湖泊干涸、地下水位下降、湿地萎缩、河口淤积、海水倒灌、土地盐碱化等,河流流量减少,污水排放增加造成水体污染,水生态系统受到严重破坏,河流生态系统的结构和功能逐渐退化。

水利工程建设是人类征服自然、改造自然的伟大举措,具有防洪、发电、灌溉、工农业供水、航运等重大经济作用,是国家经济的基础设施,有着巨大的经济和社会效益。但是,水利工程建设同时对河流生态系统存在长期的、潜在的负面影响。在河流上修建大坝,则人为地改变了河流的水文循环格局,进而产生一系列的复杂的连锁反应,改变河流生态系统的物理结构、能量结构和生物过程。

根据世界大坝学会的统计,截至 1997 年全世界有 36 000 座大中型水坝在运行,控制着全球 20％左右的径流量。2003 年国际大坝委员会统计资料显示,全球共有 15 m 以上大坝 49 697 座,30 m 以上大坝 12 600 座,分布在 140 多个国家中。中国建有 15 m 以上大坝 25 800 座,约占世界 15 m 以上大坝总数的 50％,30 m 以上大坝 4 694 座,约占世界 30 m 以上大坝总数的 37％,是世界上建坝数量最多的国家(贾金生等,2003)。在我国,长江、黄河等主要河流的梯级水库以惊人的速度进行建设,部分河流缺乏有效管理引起河流断流、水污染严重等后果,严重影响河流生态系统的结构和功能(佩茨 G.E,1988;Carmen R.,2000;裴勇等,2006;田进,2005;曹永强,2005;姜翠玲,2003)。

大型水利工程建设后,对河流径流起到调节作用,改变河流的径流量和其原有的季节分配和年内分配,使得河流下游的地貌、水文条件、水文特征、水力学条件发生改变。在大型水库蓄水后,与径流相关的若干生态因子如水体的物理性质、化学性质也将随之改变,诸如输沙量、营养物质、水力学特征、水质、温度、水体的自净能力等(Christer N.,2002;Nehring R.B.,1979;Stalnaker C.,1995;Bunn S.E.,1998;马颖,2007)。这些变化将直接或间接影响流域重要生物资源的栖息水域和生活习性,从而改变生物群落的结构、组成、分布特征和生产力(操文颖,2007;葛晓霞,2009;刘乐和,1992;刘乐和,1986)。已有研究表明(IUCU,

1999),大坝建设是近百年来全球 9 000 种可识别淡水鱼类中近 1/5 遭受灭绝、受威胁或濒危的主要原因。大坝建设对河流生态系统的影响极其复杂,不仅造成上、下游流域水文过程深刻而剧烈的变化,改变水流的自然循环,造成泥沙淤积和水温升高等问题,而且改变河道和冲积平原的生物和物理特征,减弱河口的造陆过程,破坏整个流域的水分配和水生态平衡,破坏河流以及地下水的连续性,从而严重地干扰和改变了流域生态系统。

　　长江是我国第一大河流,有着充沛的水量和丰富的物种资源,但是随着我国对长江水资源的开发利用,如在干流和支流上已经和正在兴建的许多大型水利工程,特别是 20 世纪 80 年代葛洲坝水利工程修建后,国家一级保护动物中华鲟的洄游受到阻隔,无法洄游到长江上游金沙江一带产卵繁殖,使得长江上游产卵场、栖息地遭到彻底破坏直至消失,在葛洲坝以下江段形成新的产卵场自然繁殖。2003 年三峡水库蓄水后,显著改变长江的水、沙动态,改变水温及营养物质的输移特征,这些变化不仅直接影响长江河床演变和河道内洄游性水生生物资源的繁衍、增殖,还通过江、湖、河口之间的紧密联系引起通江湖泊(如洞庭湖和鄱阳湖)和河口水情的变化,对湖区、河口的水生生物资源、滩地资源产生显著和潜在的影响。水利工程建设造成生境条件的突然改变,若超过生物的自我调节恢复能力,物种将面临衰退、濒危和绝迹的威胁(郭文献,2008)。长江生境条件恶化对生物资源的长期效应,将威胁经济可持续发展、生物的多样性和人类的生存条件。

　　三峡水库对生态环境的影响一直是备受国内外各界广泛争论和密切关注的热点和焦点问题(World Commission on Dams,2000)。三峡工程建成运行后,改变了下游的水沙条件,从而引起水文、水力学要素、泥沙、河床地形、水质和水温等生境要素发生变化,在一定程度上改变长江流域生态系统中生物资源的生存环境,对长江流域的生物资源产生长期的生态学效应。水利工程对水生生态环境的影响是长期的、缓慢的、潜在的和极其复杂的,并且往往是各水利工程的叠加作用。因此,开展三峡蓄水前后长江中下游生态水文特征的变化研究,是计算河流环境流量和确定水库生态调度方案的基础,对维护长江流域生态系统的健康和水生生物的多样性具有重要的现实意义和实际应用价值,为长江中下游的水资源合理配置及河流生态调度提供了科学依据。

　　近几十年来,在全球气候变化作用下,极端的天气与气候事件给长江中游地区带来频繁的洪、涝、渍、旱等灾害,同时由于诸多人类活动的叠加作用,如三峡、葛洲坝等水利枢纽工程、下荆江裁弯工程、荆江堤防工程等重大水利工程的建设,造成下游冲刷剧烈,河道变迁频繁,水文环境变化复杂,水文情势演变剧烈,对区域生态与环境演变影响极为广泛而又深远。

　　在自然因素特别是人为因素的影响下,河道环境时常发生变化,同时对河道的演变也有一定的作用。下荆江河段位于长江中游藕池口至城陵矶之间,是我国典型的蜿蜒型河道,历史上其河道摆动剧烈,洪涝、崩岸等灾害频繁。受河道摆动影响,该河段周边形成了众多的故道湿地,两个国家级自然保护区及两个国家级亲鱼原种基地位于下荆江故道湿地中。下荆江河道的动态变化,不仅对河流的生态环境造成影响,还会影响到周边的故道湿地,关系着生物多样性的保护与维持。除此之外,河道的变化关乎长江河道的综合治理,影响长江航运与水资源利用开发。因此研究下荆江河道的演变规律,对下荆江河段的生态保护和经济发展都有特殊的意义,对下荆江防洪、建港、航运、水资源开发利用等决策具有重要意义。

　　湿地是地球生态环境的重要组成部分,有着重要的生态、美学和经济价值(童春富等,2002)。它不仅为人类提供大量食物、原料和水资源,而且在维持生态平衡、保持生物多样性和珍稀物种资源以及涵养水源、蓄洪防旱、降解污染、调节气候、补充地下水、控制土壤侵蚀等方面均起到重要作用。我国湿地分布广泛,湿地资源丰富,类型齐全,湿地动植物资源也十分丰富。但近几十年来,我国湿地遭受到了严重的破坏,出现了湿地严重退化的趋势,其特征表现在湿地功能面积的减少,湿地结构的破坏,湿地系统物质能量流失衡和湿地生态功能减弱(安娜等,2008)。造成湿地退化的原因可以分为自然和人为两部分,自然因素包括气候变化,地质运动等;人为因素则主要表现在人类对湿地的不合理利用以及人为改变湿地水文环境,比如大规模的水利开发等。

长江中游地区是我国重要的河湖湿地分布区,区域内河流纵横交错,湖泊星罗棋布,是整个长江流域湖泊最为集中、支流最多的地区,湿地总面积达 230 万 hm²,占全国湿地总面积的 4.3%,占本区地域面积的 3.05%。长江中游江、湖之间强烈而又复杂的相互作用和反馈机理构成了较为复杂的流域环境系统。从 20 世纪 50 年代至今,因为人类控制洪水、开垦土地、灌溉等原因沿长江已建设了数千千米的堤防,原有的 100 多个通江湖泊失去了与长江的自然联系,少部分能通过闸口与长江相通。目前能够自然通江的湖泊仅有洞庭湖、鄱阳湖和石臼湖(姜加虎等,2004)。

湖泊与长江的阻隔带来一系列生态环境问题。湖泊与长江的阻隔使得鱼类失去"三场",这是长江鱼类资源和多样性下降的重要因素之一。湖泊萎缩加速,水体交换减缓,湖泊降解污染能力降低,易造成水体的富营养化。失去与长江的自然联系,使湖泊自然的水位波动丧失,造成湿地生境单一化,湿地多样性降低,造成湿地退化,破坏原有湿地生态系统。

通江湖泊具有重要的生态功能。第一,能够调蓄洪水,特别是洞庭湖,曾是长江最大的吞吐湖泊,通过四口(现为三口)分洪,兼具削减洪峰和调蓄洪水的双重作用,尽管由于人类和自然的原因,四口分流减小,但对于荆江防洪仍然起着决定性的作用;第二,通江湖泊孕育大片湿地,由于水位的季节性变化,洞庭湖和鄱阳湖都具有"洪水一片,枯水一线"的特点,造就了湿地生境的多样性,孕育出丰富的动植物资源,有利于生物多样性。枯水期大片滩地及浅水区是国际重要的越冬候鸟栖息地,是全球生态系统重要的环节之一;第三,通江湖泊缓流水体的环境为许多鱼类提供"三场一道"(索饵场、繁殖场、育肥场和洄游通道)。

湿地发育与水、陆环境的过渡地带,湿地水体状态是维系整个湿地生态系统正常结构和功能的必备条件。水质和水量是湿地生态系统的重要组成部分,水质的好坏影响湿地的功能和生物过程,水量的变化影响湿地的稳定性和覆盖面积,二者又共同决定着湿地的类型、结构和功能,水质、水量以及湿地土壤条件又共同影响着湿地植被结构、物种组成及其产量(Wassen and Barendregt,1992)。水文过程在湿地的形成、发育演替和消亡的全过程中都起着直接而重要的作用(Hollis and Thompson,1998)。水文情势是湿地生态系统最重要的环境因素之一,对土壤环境、物种分布及植被组成具有先决作用。水文情势的变化调节着湿地中的动植物物种组成、丰富度、初级生产力,影响着湿地生物地球化学循环,控制和维护着湿地生态系统的结构和功能(孟宪民,1999)。水文情势变化直接影响着湿地植物优势种群的演替(宋长春,2003)。

洞庭湖是中国第二大淡水湖,是长江重要的调蓄湖泊,具有重要的生态功能和经济价值。1994 年,东洞庭湖被国务院确定为国家级自然保护区,1992 年和 2001 年东洞庭湖湿地与西、南洞庭湖湿地被列入《国际重要湿地名录》。伴随着人类活动对洞庭湖生态环境影响日益扩大,洞庭湖开始面临一系列生态环境问题。洪涝灾害加剧,生物多样性降低,土壤潜育化,污染负荷增加,湿地资源衰退等已经对经济和环境造成了不良影响(姜加虎等,2004)。三峡工程的建成和投入运行,长江水文情势发生显著的变化,作为通江湖泊的洞庭湖不可避免地受到影响。洲滩淹水频率一方面反映了湖区水情的动态变化,另一方面将导致洲滩地植物群落/种群的变化,从而导致洞庭湖湿地自然景观的演替。在这种背景下,开展洞庭湖湿地生态系统的监测,获取湿地植被群落分布、动态信息,分析人类活动对湿地的影响,特别是研究水文过程对洞庭湖湿地分布形成的作用,对研究湿地系统结构变化、功能退化以及湿地保护、湿地资源合理开发利用都有重要意义。

1.2　研究进展

1.2.1　生态水文学发展

1.2.1.1　国外研究进展

20 世纪以来,人类社会经济发展逐步加快,人类与自然的冲突加剧,生态环境问题愈加突出。生态学家们逐渐意识到水文过程对生态系统功能的影响,但是缺乏了解水文过程与生态系统相互作用和制约的内在联系。同时,水文学家们也开始关注与水相关的生态问题。如流速如何影响河道内的植物生长,河道径流的年际变化与滨岸生境生态过程之间的相互作用与联系等等。水圈具有连接地圈-生物圈-大气圈的纽带作用,水文循环与生物圈的相互作用促使水文学与生态学研究相互交叉,促使一门新学科——生态水文学的出现(李大美,2005)。

生态水文学的提出与发展大致在 20 世纪 70 年代以后。早期的生态水文学主要定义在湿地生态系统范畴。例如,1996 年 Wassen 等学者专门撰文,认为"生态水文学是一门应用性的交叉学科,旨在更好地了解水文因素如何决定湿地生态系统的自然发育,特别是在自然保护和更新方面有重要价值"。1996 年 9 月在法国召开了"小流域生态水文学过程"研讨会,研究集中在小尺度上,内容主要包括土壤和大气相互作用的模拟,径流产生过程和水流路径、水量和水文生物地球化学行为等。生态水文学成为联合国教科文组织(UNESCO)国际水文计划(IHP)的核心内容(UNESCO,1997—2001)之后,得到了迅速发展。1996—2002年,联合国教科文组织国际水文计划召开了一系列生态水文学研讨会。目前,在生态水文学或水文生态学的研究领域,活跃着一大批科学团体,使得这一领域的研究有了很大的发展。

生态水文学是近年来学术界新兴的研究领域,它整合了生态及水文知识,以了解生态系统如何改变水文特性,而这些水文特性又如何影响生态系统功能。尽管有很多涉及生态水文学方面的文献,但至今没有一个统一的定义(夏军等,2003)。生态水文学的概念首先由Zalewski 等人提出,是指对地表环境中水文学和生态学相互关系的研究。Hatton 等给出了广义的生态水文学定义,即在一系列环境条件下探讨生态水文过程,它考虑了干旱地区、湿地、森林、河流和湖泊的生态水文过程。Rodriguez 认为生态水文学是一门在生态模式和生态过程的基础上,探求水文机制的科学。Nuttle 认为生态水文学是生态学和水文学的亚学科,它所关心的是水文过程对生态系统配置、结构和动态的影响,以及生物过程对水循环要素的影响。生态水文学的定义众说纷纭，是由于学者个人观点及所学专长不同所致，但也正因为经由不同角度来探讨这门新兴学科，才使得生态水文学的研究日益蓬勃。

国际上流域生态水文学研究可归纳为三个主要方向(王根绪，2005)：一是流域或区域水文循环过程中生态与水文相互作用与影响问题，研究生态过程如何影响流域或区域的水文循环过程，包括河道内水生生态系统对河流水文过程的作用和响应；二是流域水利工程措施如何作用和影响流域内的生态系统，也就是流域水文过程或水文情势变化对生态系统有何影响的问题，包括河道内和河道外相关区域；三是生态水资源问题，研究流域内各种生态系统的水资源需求和水消耗规律，包括不同水供给情况下的生态水分胁迫的响应机理。前两个方向可以称为生态水文学的水文过程领域，第三个方向则是生态水文学的水资源问题领域。

1.2.1.2　国内研究进展

在国内，武强等认为生态水文学是一个集地表水文学、地下水文学、植物生理学、生态学、土壤学、气象学和自然地理学等于一体，彼此间相互影响渗透而形成的一门新型边缘交叉学科(武强，2001)。王根绪等认为生态水文学是研究水文学和生态学两方面都涉及的科学，有关生态圈与水文圈之间的相互关系以及由此产生的相关问题，就是生态水文学的内涵(王根绪，2001)。

在研究内容方面，武强等认为生态水文学的研究包括以下两方面内容：第一是研究水文条件的背景状况和演变历史及其恶化程度；第二是研究与水资源开发利用相关联的生态系统的演变历史，其中包括对地表水系统(S)、地下水含水层(G)、土壤(S)、植物(P)、大气(A)五者构成的复杂系统的研究。夏军等从不同的因素着手将生态水文学研究分为以下几个层面：①从影响生态水文的主导因素来划分，可分为自然影响和人类活动影响两大因素；②从研究尺度来划分，包括时间尺度和空间尺度，可分为小尺度、中尺度和大尺度；③从研究的手段上来划分，可分为集水区试验研究、数学模拟研究(夏军等，2003)。

1.2.2　水利工程对河湖湿地的影响研究

1.2.2.1　国外研究进展

早在20世纪40年代，随着水库的建设和水资源开发利用程度的提高，美国的一些资源管理部门就已经开始注意和关心流域淡水渔场减少的问题。美国鱼类和野生动物保护协会对河道内水文情势变化与鱼类生长繁殖、产量等之间的关系进行了许多研究，强调了河川径流作为生态因子的重要性(Ward J. V.，1979)。Poff等也提出河流、湿地、河滨生态系统的生命组成、结构和功能很大程度上依赖水文特性，认识到水流调节物理条件的变化是产生下游生态恶化的重要原因，围绕着建坝前后河流物理条件的变化开展了大量的研究。20世纪70年代以来，澳大利亚、南非、法国和加拿大等国家针对河流生态系统，比较系统地开展了关于鱼类生长繁殖、产量与河流流量关系的研究，同时，有关生态对象的研究也开始从单纯的鱼类扩展到其他水生生物类型(Petts G. E.，1996)。1978年美国大坝委员会环境影响分会出版的 *Environmental Effects of Large Dams*(《大坝的环境效应》)一书总结了20世纪40—70年代大坝对环境影响的研究成果，主要包括大坝的经济效益和社会效益，对鱼类、藻类、水生生物、野生动植物、水库蒸发蒸散量、下游河道、水库和下游水质等方面的影响。这些研究主要集中在大坝对水体物理化学性质、生物个体、种群数量、河道变化等较小时空尺度方面产生的影响,缺乏生物群落、生态系统大尺度及各种效应之间的联系。

　　水利工程建设如大坝、水利枢纽设施等建设对河流、湖泊湿地生态系统的影响较大。Petts 系统地总结了大坝对河流生态系统的影响,并根据对河流下游生态系统的影响程度,划分为三个层次结构:第一层次是大坝修建后对河流下游物质输送(如泥沙、悬浮物、养分等)、能量流动、河流水文情势、水量变化、水质的影响;第二层次是河流的物质输送和能量流动发生变化后,对河道结构如河流形态、河道形态、河床质组成和河流生态系统结构和功能(种群数量、物种数量、栖息地)的影响;第三层次的影响主要是对鱼类、无脊椎动物、鸟类和哺乳动物的影响,综合反映了第一层次和第二层次影响引起的变化。(图 1-1)

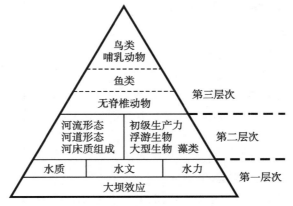

图 1-1　大坝对河流生态系统影响框图

　　Vannote 等认为在流域尺度上河流系统是由一系列不同级别河流组成的完整水域系统,河道物理结构的连续变化形成河流系统的连贯结构,并具有相应的生态功能,在此基础上提出河流连续体概念(River Continium Concept,RCC),即河流空间物理结构、水文条件、能量结构在河流生态系统中形成一系列的生物响应。河流连续体概念还包括了河流地貌地形空间,以及空间的连续性、系统景观的空间异质性和河流生态系统中生物及其生物环境连续性。Ward 进一步将河流生态系统描述成动态、四维、开放的系统,即纵向、横向、垂直和时间尺度。在纵向上,从河流源头到河口的空间结构、物理结构、化学特性、生物均有相应的变化,是一个线性系统,强调河流生态系统的连续性和完整性,更加注重流域与河流生态系统的相互关系。这种由上游的诸多小溪到下游大河的连续,不仅指地理空间上的连续,更重要的是生物学过程及其物理环境的连续。河流与其所处的流域横向联系也同样重要,河岸带的植物提供了生态环境,并且起着调节水温、光线、渗漏、侵蚀和营养输送的作用。洪泛平原生态系统适应洪水的季节性变化,洪水脉动维持着洪泛平原生态系统的平衡,而修建水库和大坝人为改变了洪水脉动的频率和幅度,降低了洪泛平原生态系统的生产力,导致洪泛平原生态系统结构、功能失稳,进而影响河流和流域的生态系统(Minshall G.W.,1985)。

　　美国鱼类和生物服务调查中心在 20 世纪 70 年代末开发了河道内流量增量法(Instream Flow Incremental Methodology,IFIM),主要针对某些特定的河流生物物种的保护,将大量的水文水化学现场数据,如水深、河流基底类型、流速等,与选定的水生生物种在不同生长阶段的生物信息相结合,采用模拟手段进行流量增加变化对栖息地评价。20 世纪 90 年代以来,不仅从整体上考虑河道物理形态、所关心的鱼类、无脊椎动物等对流量的需求,而且考虑了河流生态系统的完整性,考虑河道与纵向的连接,同时认识到了洪泛平原联系的重要性,对江湖阻隔的生态问题有了进一步的认识。近年来,基于专家经验的综合法和整体法在国外发展较快。澳大利亚整体研究法及南非的 BBM 法等将河流视为一个综合的生态系统,在一定程度上克服了水文水力法、生境模拟法针对特定生物种保护的缺点,将专家意见量化于生物保护、栖息地维持、泥沙和污染控制、景观生态等功能,综合研究流量、泥沙运输、河床形状与河岸带群落之间的关系。

水利工程修建引起的水文情势变化对物种尤其是对鱼类、鸟类栖息地及河岸带植物的影响较大。Wang 等(Wang Y,2015)研究表明丹江口大坝的修建极大地改变了汉江流域大坝下游的生态水文过程,尤其是对下游"四大家鱼"栖息地的影响较大。Gumiero 研究了意大利北部的 Panaro 河河岸带植被对河道环境条件变化的响应,指出大坝、改道、河床加固、修建大堤等人类活动影响了河流和沉积物的运行机制,从而引起河岸带植被及植物群落的变化(Gumiero B,2015)。Ceschin 研究了 Nazzano 大坝对河流上游植被的时空变化、组成成分等的影像,指出河流建坝似乎能够间接地对生境保护和当地生物多样性产生了"有利"的影响(Ceschin S,2015)。此外,水利工程的建设还造成河流及湖泊形态等的改变,如 Graf 研究了大坝修建后美国河流下游水文和地貌的变化,结果表明大坝引起的水文变化造成了河流下游地貌上巨大的差异(Graf W L.,2006)。韩其为等指出三峡工程建成后,下荆江河道将遭受长河段、长时期的冲刷,造成河床变形与河型的改变(韩其为,2000)。

1.2.2.2　国内研究进展

由于水利工程人为地改变河流水文水力特性的时空分布,进而改变了生态系统的物质场、能量场、化学场和生物场,直接影响生源要素在河流中的生物地球化学行为,导致河流生物的种群密度、种群结构、生物的多样性和生物的景观格局发生变化。我国在与水利工程相关的流域水文学、水力学、泥沙学方面开展了大量的研究,并取得丰硕的成果。

于国荣等根据河流的功能和河道型水库的特点将河流水力过渡区划分为:上游区、回水区、库区、坝区、消能区和惯性区(于国荣,2006),上下游区为衔接区,并详细分析了水力过渡区内的水文水力特征、空间结构、物质结构和能量结构的变化及其生态响应。水文水力特征的变化直接导致了生态环境要素的变化,最终对河流生态系统产生胁迫。董哲仁认为生物群落与生境的统一性是生态系统的基本特征(董哲仁,2003)。河流形态多样性是流域生态系统生境的核心,是生物群落多样性的基础。水利工程在不同程度上造成河流形态的改变,会降低生物群落多样性,影响河流生态系统的健康,从而使系统的服务功能下降,反过来损害人类的自身利益。在改进工程理念和开发新技术方法的前提下,水利工程建设应该在满足人类社会对水需求的同时兼顾生态系统的健康需求。指出河流形态多样性是流域生物群落多样性的基础,水利工程可能引起河流形态的均一化及非连续化,从而降低生物群落多样性的水平,造成对河流生态系统的一种胁迫,并且归纳了河流形态多样性的 5 种特征:

(1)水-陆两相和水-气两相的联系紧密性。

(2)上、中、下游的生境异质性。

(3)河流纵向的蜿蜒性。

(4)河流横断面形状的多样性。

(5)河床材料的透水性和多孔性。

李大美等根据生态水力学理论对水中生物体的扩散输移规律、生物的行为与流场的关系进行了研究,通过原型观测和生物所处生存环境的流场模拟等手段探讨了水力学特性与生物之间的关系及其影响(李大美,2006)。认为水中生命体存在三种状态:自由态、逃离态和失控态,一旦处于失控态有些生物就会死亡,但一些生命力较强的生物会随水流运动到达较安全的地方,重新建立栖息地并繁衍生息。

水利工程的修建直接导致河流下游流量与输沙量的改变,如 Yang 等分析了水利工程建设对长江上、中、下游河流输沙量的影响,发现三峡工程的修建使得长江进入了第三轮的输沙量锐减阶段,将会造成下游河口地带的剧烈侵蚀(Yang Z S,2006)。Jiang 等运用变化范围法对长江中下游七个水文站的流量数据的IHA(水文变化指标)进行分析,结果表明三峡工程运行后,下游流量的变化率与频率改变度最大,达到了89.6%(Jiang L et al.,2014)。Zhang 等通过分析不同时期汉江中下游白河、黄家港、皇庄、仙桃四个站点的流量与含沙量变化,汉江中下游梯级水库修建之后,含沙量的减少比流量减少的速率小,且在不同时期流量与含沙量有很强的相关性(Zhang J H,2017)。Feng 等运用 MODIS 数据对 2000—2009年洞庭湖和鄱阳湖的淹没区域进行分析,结果发现两湖淹没面积的年减小率分别达到3.3%和3.6%,淹没区域面积减小与三峡工程的运行有关(Feng L,2013)。对于通江湖泊生态系统而言,河道水文情势的改变也引起了湖泊内水文情势的较大变化。尤其是三峡工程修建后,长江干流与洞庭湖和鄱阳湖两湖的交互作用及两湖内的水文情势也发生了相应的改变(汪迎春,2011;Dai S-b,2005)。丁惠君等通过建立长江中下游(宜昌-大通)水沙模拟模型,定量分析了三峡工程对鄱阳湖水位的影响,结果发现三峡蓄水期间湖区各站水位最大降幅达到了1.9 m(丁惠君,2014)。Guo 等研究发现三峡工程后长江干流河道流量的变化,影响了鄱阳湖与长江之间的江湖关系,并造成鄱阳湖蓄水量的减少(Guo H,2012)。

水利工程的修建引起的水文情势变化对物种尤其是对鱼类、鸟类栖息地及河岸带植物的影响较大。Wang 等研究表明丹江口大坝的修建极大地改变了汉江流域大坝下游的生态水文过程,尤其是对下游“四大家鱼”栖息地的影响较大(Wang Y,2015)。

但是,从生物资源对水文、水力学需求条件的角度,如生物的种群和数量以及行为等对水文动态变化的响应,水温和涨水过程等外界刺激因素对漂流性鱼类产卵的影响,所开展的研究尚不多见。

1.2.3 河流水文情势变化的评价研究

1.2.3.1 国外研究进展

河流水文过程相当复杂,涉及大量的分析数据和信息,因此利用指标来表征河流水文特征并进行分析,是一种十分有效的手段。河流水文情势的定量分析,经历了只注重平均流量,到开始关注极大极小流量,再到建立全面描述水文过程的指标体系这样一个发展历程(Bragg O.M.,2005)。早在 20 世纪初期,水文学家开始采用标准统计分析方法来解决防洪、灌溉和供水等工程中的水文问题,例如通过水文记录推断极端水文现象(如洪水、干旱)出现的概率,预估工程未来运行时期可能出现的水文情势,此时的研究局限于有限的几个参数,如平均流量、偏度、洪峰、频率、径流季节分配、枯水和洪水历时曲线等(Gordon N.D.,1992)。从 20 世纪 90 年代开始,学者们将研究重点转向水文情势改变对生态系统的影响,从多角度对径流变化进行分析,以支持流域生态系统管理和恢复(Janauer G.A.,2000;Gustard A.,1992)。1996 年 Petts 在确定英格兰和威尔士适宜生态径流的过程中,对洪泛区径流、维持河道的径流、最小径流和最适宜径流都进行了分析(Petts G.E.,1996)。

　　生态水文过程是将面上的水文过程与空间的生态过程进行耦合,大大增加了描述和度量的难度,因此通过建立适当的指标体系来研究复杂的生态水文过程,是一种必要的分析手段。从20世纪90年代开始,国外学者提出了多种量化水文情势的生态水文指标体系,其中以美国Richter等提出的5大类32个水文变化指标(Indicators of Hydrological Alteration,IHA)、澳大利亚Growns等建立的7大类91个指标、SKM开发的FSR指标体系以及大自然保护协会(The Nature Conservancy)开发的EFC指标体系最具代表性。为了从众多指标中寻找一种简单且各指标间相互独立的水文指标体系,Olden等从13篇文献中共总结出171个水文指标,并对这些指标进行冗余分析和选择,研究发现IHA指标能够反映这171个水文指标所表征的大部分信息(Olden J. D. ,2003)。此外,IHA体系也因其简易性而得到广泛应用,并常与变化范围法(Ranges of Variability Approach,RVA)结合用于水文情势变化的评价和环境流量的制定(Richter B. ,1997)。

　　1. IHA指标体系

　　Richter等1996年提出了一系列能够代表河流流量与生态的关系,并且反映人类活动对水文情势影响的水文参数,即包括5类共32个参数的水文变化指标。IHA指标具有一定的生态学含义,分别从月流量大小、极端流量大小和历时、极端流量发生时间、高低脉冲流频率和历时、涨退水率等方面描述河流的生态水文特征变化。

　　2. Growns指标体系

　　Growns等对IHA进行了扩展,提出了一套7类共333个参数的生态水文指标体系,来描述澳大利亚东南部107条有水文监测的河流的水文状况,并针对每个指标计算了其5种形式(即变量实测值、中位数、平均值、标准偏差、变异系数)的变量值,以满足不同统计计算的特殊要求(Growns J et al. ,2000)。

表 1-1　IHA 指标及其对生态系统的影响

IHA 指标	水文参数	生态系统影响
1.月平均水量变化(包括12个指标)	各月流量的平均值或中值	水生生物的栖息地范围 植物生长所需的土壤湿度 陆生动物所需水量的易获性 哺乳动物的食物/覆盖有效性 食肉动物筑巢的通道 影响水体水温、溶解氧大小和光合作用
2.年极端水文条件的大小及持续时间(包括11个指标)	年最小1日平均流量 年最小连续3日平均流量 年最小连续7日平均流量 年最小连续30日平均流量 年最小连续90日平均流量 年最大1日平均流量 年最大连续3日平均流量 年最大连续7日平均流量 年最大连续30日平均流量 年最大连续90日平均流量 基流指数:年最小连续7日流量/年均值流量	为植物的种植创造场所 构造生物和非生物因素组成的水生生态系统 构造河道地形地貌以及物理生境条件 河岸植物所需土壤湿度的压力 造成动物脱水 形成植物的厌氧压力 河道与河滩之间的营养物交换量 较差水环境状况持续时间 植物群落在湖泊、池塘与漫滩上的分布状况 处理河道沉积物、维持使产卵河床保持通风的高流量

IHA 指标	水文参数	生态系统影响
3. 年极端水文条件的出现时间(包括 2 个指标)	年最大流量发生的儒略日 年最小流量发生的儒略日	对生物不利影响的预见性/可避性 为繁殖或避免被捕食而得到特定的栖息地 为迁移的鱼类提供产卵的机会
4. 高、低流量脉冲的频率和持续时间(包括 4 个指标)	每年的低流量脉冲次数 低流量脉冲持续时间的平均值或中值(天) 每年的高流量脉冲次数 高流量脉冲持续时间的平均值或中值(天)	植物所需土壤含水胁迫的频率与大小 植物产生厌氧胁迫的频率及大小 洪泛区水生生物栖息的可能性 河道与洪泛区间的营养与有机物的交换 土壤矿物质的可得性 有利于水鸟捕食、栖息和筑巢繁殖等 影响泥沙运输,河床沉积物结构及底部干扰
5. 水文条件变化的速率及频率(包括 3 个指标)	日间流量平均增加率 日间流量平均减少率 流量过程转换的次数	对植物产生的干旱胁迫 生物体在孤岛、洪泛区的截留 对低流动性的河床边缘有机物的干旱胁迫

注:①表中的儒略日表示的是在公历的一年中的第多少天,如 1 月 1 日的儒略日为 1,最大值为 366;②高、低流量分别指未兴建水利设施前的流量纪录发生概率为 75% 及 25% 之日流量;③流量变化改变率指相邻两日流量之平均增加率及减少率;④流量逆转次数代表日流量由增加变成减少或由减少变成增加的次数。

表 1-2 Growns 指标体系

Growns 指标	水文参数
月流量指标	月平均流量、年内月变化率和月流量年际变化率
平均变化指标	最大和最小 1 天、30 天、90 天径流量
涨水落水指标	每年涨水和落水次数、持续时间、最大量和平均量
高流量指标	大于 1 倍、3 倍、5 倍、7 倍、9 倍中值和 2 倍平均值的流量次数、水量及持续时间;在每个季节,大于 3 倍、9 倍中值的流量持续时间
低流量指标	小于 1/2、1/3、1/9 中值和 10% 平均值的流量次数、水量及持续时间;在每个季节,小于 1/3、1/9 倍中值的流量持续时间
长期指标	平均流量、中值流量、最大最小流量和各种保证率的流量、基流指数、洪水指数、流量历时曲线的斜率和 r^*
零流量指标	零流量的次数和时间

注:$^*r$:Pearson 乘积矩相关系数,是一个范围在 $-1.0 \sim 1.0$(包括 -1.0 和 1.0 在内)的无量纲指数,反映了两个数据集合之间的线性相关程度。

3. FSR 指标体系

耐特梅兹国际咨询公司(SKM)利用月径流数据,于 2005 年开发了一套包含 10 个水文参数的 FSR(流量压力等级)指标体系,并在澳大利亚维多利亚地区得以应用。该指标体系(表 1-3)没有假定河流的生态环境价值,只是利用月径流数据描述建坝前后的河流水文情势的压力程度。

表 1-3　FSR 指标及其生态学意义

FSR 指标	指标含义	生态学意义
1. 年均流量指数（A）	多年平均流量超过自然条件下逐年年均流量的时间比例的差值	显示了河流年际流量的总体变化
2. 季节性变化幅度指数（SA）	多年平均季节性变化幅度超过自然条件下逐年季节性变化幅度的时间比例的差值	反映了在河道水力特征和洪水淹没深度方面季节变异性的改变
3. 季节性变化过程指数（SP）	各年最大和最小月流量落在每个给定月份的年数占总年数百分比	洪水和枯水的发生过程对河漫滩和河流生态系统的响应方式有着重要影响
4. 低流量指数[LF(Q90)]	河流在自然条件下和受影响条件下低流量大小的变化	改变低流量的大小就会改变河流栖息地的可用性，长期下去就会使得河流生态系统中动植物的存活力下降
5. 高流量指数[HF(Q10)]	河流在自然条件下和受影响条件下高流量大小的变化	高流量作为对河流生态系统的一种自然扰动，起到迁移植被和有机物质以及重新建立河流生态平衡的作用
6. 高流量时段指数（HFS）	基于分析某一给定超越概率的不同历时下高流量事件发生频率的变化计算得出	高流量的历时和频次通过影响沉积物迁移和河流地貌来影响河流水生态系统
7. 低流量时段指数（LFS）	一定超越概率下流量阈值的不同历时所对应的频次的变化	低流量的频率和历时提供了枯水期水生生物栖息地的可用性的直接指示，这些会影响河流生态系统中水生生物的数量
8. 零流量比例指数[PZ(Q99.5)]	自然状态时期和受影响时期零流量比例的变化，注意零流量不能和断流画等号	零流量的发生是季节性河流和小溪的自然特征，但是断流历时的增加被认为是对河流水生态系统是有害的
9. 流量历时指数（FD）	自然状态时期和受影响时期流量历时曲线非零流部分形状的变化	流量历时曲线是对整个时期河流水流结构的有效总结
10. 流量变异性指数（CV）	自然状态时期和受影响时期月流量的变异系数	反映的是不同年份所有月份流量的变异性，而非仅是极端月流量之间的差异

4. EFC 指标体系

美国大自然保护协会（TNC）在 IHA 指标体系的基础上，于 2007 年提出了一套用以描述自然水文情势的包含 34 个参数的 EFC（环境流量组分）指标体系（表 1-4），认为河流的水文过程线可分为一系列的与生态有关的水位图模式。该指标体系考虑了对河流生态具有重要影响的水文特征值的变化，用量级、历时、频率、发生时间、变化率等分别描述低流量、极端低流量、高流量脉动、小洪水、大洪水组分的变化。

表 1-4　环境流量组分及其对河流生态系统的意义

EFC 指标	水文参数	生态学意义
1. 枯水流量	年内各月份枯水流量的平均值或中值	为生物提供适宜的环境，维持水温、水质及溶解氧的稳定；为陆生动物提供饮用水；保证两栖动物的生产繁殖；保证鱼类能够顺利游到产卵区等

续表1-4

EFC 指标	水文参数	生态学意义
2.特枯流量	年内特枯流量的峰值、历时、发生时间及频率	极端低流量情况下河流水位很低,水温、水化学和溶解等水质因子将发生较大变化,从而对水生生物形成胁迫,引起较高的死亡率,同时耐受性较强的物种数量会增加
3.高流量脉冲	年内高脉冲流量的峰值、历时、发生时间、频率、上升率及下降率	河道物理特性的塑造,包括水池、浅滩等;决定河床底质的大小;保护河岸植被避免被河道侵入;经过长时间枯水期后对河流水质进行修复,冲走废弃物及污染物;防止产卵区砾石的淤积;河口处保持盐分的平衡等
4.小洪水	小洪水的峰值流量、历时、发生时间、频率、上升率及下降率	河道横向和纵向的贯通性得到提高,河流横向具有更大范围的流速分布,洪水可以波及河汊、湿地及其他浅水区,为鱼类的迁徙、产卵提供场所;保证生物的生命周期;为幼鱼提供栖息场所等
5.大洪水	大洪水的峰值流量、历时、发生时间、频率、上升率及下降率	自然河流的大洪水将使河流生物群落和河床结构被重塑。维持水生、陆生生物平衡;为入侵物种提供场所;冲蚀生物养料;改变水生、陆生生物群体的种类;推动河道横向运动,形成新的河流生态环境;增加土壤水分等

1.2.3.2 国内研究进展

在国内,关于河流生态水文方面的研究相对较少,但近年来一些学者在借鉴国外已有研究成果的基础上开展了河流生态水文指标体系的研究。孙建平等应用鱼类个体生态学矩阵法,结合研究区特殊气候环境,提出了台湾北部河流生态水文指标体系(TEIS),包含一般流量变化、高低流量、流量变化率、出现时间等60个特征指标,其特点是考虑了台湾地区的季节变化、台风和生态需求,使物种特征与水文变化关联更紧密。徐天宝借鉴国外已有的研究成果,在长江流域建立了一套包括长期指标、高低流量指标、极值指标、涨水落水指标、月流量指标等5类共44个参数的河流水文指标体系,并应用于三峡水利枢纽对长江中上游生态水文特征的影响评价中(徐天宝,2007)。张洪波提出了一套能够表征黄河干流生态水文特征的指标体系,该指标体系包括长期指标、年内变化、高低流量、涨落指标、极值指标、发生时间和大小洪水等7类共50个参数,并利用该指标体系支持黄河干流水库生态调度研究(张洪波,2009)。目前描述河流生态水文特征的指标繁多,但指标之间的相关性较强,引起数据冗长和信息重叠,并且多数指标缺乏直接的生态学意义,这些方面亟须加强研究。

1.2.4 环境流研究

1.2.4.1 国外研究进展

环境流是近年来水资源领域和生态修复领域的研究热点,主要涉及河流以及与河流相连的湖泊、湿地、河口等多种生态系统。起初,许多专家、学者认为河流的低流量是限制河流内水生生物健康生存的最基本要素,因而国内外关于生态环境需水的标准大都定义在最小流量上。随着水生生物研究的深入,新的生态理论被提出。该理论认为河流需要多种水流条件来满足河流生态系统及水生生物的健康循环,生态环境需水不能只用一个最小值来表示,而应该是一个流量过程,环境流(environmental flow)的概念由此产生。环境流最早于20世纪后期由西方国家提出,其最初目的是为了维护河流的生态健康,核心在于寻求最优的方法使人类、河流和其他生物种群能够共享有限的水资源。国内外对环境流概念存在不同的定义。Dyson M. 等在 *Flow：the essential of environmental flow* 一书中指出：环境流即是河流、湿地或沿海区在用水矛盾的情况下为维持不同用水部门及生态系统之间利益的平衡,保证河流生态系统健康发展、河流生态功能得以恢复的一种水文情势过程。

对于环境流的内涵,欧美国家认为环境流是基于保护河流的生物栖息地,恢复并维持河流生态系统的健康发展,保护水质等目的所需要的水量(刘晓燕,2009)。2007 年布里斯班宣言中指出环境流是一种河流水流的体制,它的目的在于维持河流、湖泊及河口地区生态环境的健康及生态的服务价值,这种水流体制符合一定的水量、水质和时空分布规律要求。世界自然保护联盟(IUCN)认为环境流旨在对河流及湖泊盆地的水源进行重新分配,以维系其生态系统和人类的利益。

通过上述环境流概念及内涵的分析,可以看出环境流涵盖了河流生态环境需水的范畴,两者之间的不同在于：河流生态环境需水在水资源管理中通常采用维持生态环境功能所必需的最小水量,强调的是需水总量;而环境流则是强调维持生态环境功能所必需的流量过程。环境流组成(environment flow components,EFC)包括枯水流量、特枯流量、高流量脉冲、小洪水和大洪水五种流量事件形式,划分为 34 个环境流指标参数。EFC 的各个流量事件形式均涉及不同的生态影响,河流生物体的生命与这些事件的发生时间、频率、量、持续时间及它们之间的变化率紧密相关。由于关于 EFC 参数结果的分析研究很少,因而国外基于环境流组成的研究主要是与其他生态模型相结合,应用于河流水库的生态调度和水资源管理配置(Richter B. D. ,2007;陈进,2011)。Richter 等基于 EFC,简述了恢复环境流采取的一系列方法,如大坝运行管理、水资源利用系统管理及土地利用管理等,并且依据研究结果提出了在一些国家可以接受并应用的策略。Ruth Mathews 等认为对于未经调节的河流,在水资源管理调度时需要考虑在不断增长的水资源利用水平中枯水流量和特枯流量的参数(Ruth M. ,2007);而对于经过调节的河流,在水资源管理调度中可以考虑水库调水时保证高流量脉冲和洪水所需的时间、频率、量、持续时间及变化率的目标。Richter 等通过建立EFC 与生态模型之间的联系,确定了萨瓦纳河年内不同时期的环境流建议。

1.2.4.2　国内研究进展

2008 年世界自然基金会(WWF)首先将环境流的概念介绍到我国,并指出环境流是维持河流的生态环境需求而保留在河道内的生态基本流量和过程,枯季最小流量、汛期的洪水过程、水量过程、水动力及水的物理化学变化过程等均包括在内。在我国,环境流的称谓与生态需水量、环境需水量及生态环境需水量相通,我国多数专家更倾向于将"environmental flow"翻译为"环境流"或"环境水流"。刘晓燕等和付超认为环境流是指在水资源紧缺的地区,为了维持河流正常的生态功能所需要的水量,该水量应同时保证河流下游地区的环境、社会和经济利益。《中国环境流研究与实践》一书中指出环境流是维持河流生态系统需要的基本水流和水文过程,是人类在水资源配置及管理中分配给生态系统的流量。刘晓燕等将环境流界定为"在维持河流自然功能和社会功能均衡发挥的前提下,能够将河流的河床、水质和生态维持在良好状态所需要的河川径流条件,包括环境流量、环境水量、环境水位和环境水温等"。

国内于 20 世纪 90 年代开始重视环境流的研究,陈进等第一次全面、系统地介绍了环境流的内涵、环境流的确定、环境流的评估方法以及环境流的管理,并选取长江、黄河两大流域不同典型河段进行环境流典型实例计算,进而指出了我国的环境流问题并提出了很好的建议。刘晓燕等界定了环境流的内涵,并以黄河流域为研究对象,从现阶段黄河河道、水生态健康(鱼类蓄水方面考虑)及水质对河川径流条件的要求出发,利用耦合分析模型,确定了黄河流域现阶段典型断面环境流参考值(刘晓燕,2009)。近年来,国内也出现了基于国际通用环境流基本概念的研究,最为具体的是顾然通过引入 RVA 框架,基于水文情势变化分析及生态水文事件(即环境流组成的五种流量事件形式,表 1-4),建立了一种面向生态水文事件的生态径流非参数推求方法。

1.2.5 湿地遥感应用研究

1.2.5.1 遥感技术在陆地水体提取中的应用

遥感技术是指在不接触目标地物的情况下,接收来自目标地物的反射和辐射信息,获取地物的光谱图像,对地物的位置和数量信息进行定量化描述。遥感作为一种远距离监测与探查地表物体的宏观观测手段,能够大尺度同步获取地物观测信息,具有快速、大范围、全天候获取地表物体信息等诸多优势,弥补了水文站点观测数据的不足,在地表水体监测应用研究中发挥着巨大的作用,并取得了一定的应用成果。尤其是对水位、淹没面积和蓄水量等水体参数的动态监测具有传统观测手段无法比拟的优势。

1. 遥感提取水体方法及手段研究

最早利用遥感手段获取地表水体信息的研究,始于 1972 年搭载于 Landsat-1 上的 MSS 传感器。如 Hallberg 等和 Morrison 等利用 Landsat MSS 数据分别获取了美国两个区域的洪水淹没范围,并将结果与航空相片结果相比,结果误差在 5% 以内,这是遥感方法获取地表水体信息的较早应用。随着光学遥感的迅速发展,NOAA/AVHRR、Landsat TM/ETM+、SPOT、MODIS、ASTER、RSI、Hyperion 等光学传感器也逐渐被应用于陆地水体信息的提取。如 1996 年周成虎等以 NOAA/AVHRR 图像为例,从遥感信息机制角度出发采用面向对象技术建立水体提取模型进行水体的自动提取,并对自然水体和部分积水区进行提取研究,提取效果较好。毛先成等利用多时相日本海洋卫星 MOS-1b/MESSR 影像,通过比值变换、光谱和直方图对比等方式分析了影像所有波段在洞庭湖丰水期和枯水期的水体特征。都金康等 2001 年结合 SPOT 卫星影像光谱特征、研究区特点以及不同水体的空间特征变化特点,建立决策树分类方法,经过实验精度评价可知效果比较显著。赵书河等选取中巴资源一号卫星(CBERS-1)CCD 数据,于 2003 年以南京作为实验区,通过对水体在不同波段上的光谱特征进行分析,并探究了山体阴影对水体提取的影响,提出了一种基于遥感信息提取水体的方法。Yamano 等利用 5 个不同卫星传感器来进行珊瑚礁海岸水边线的提取,证明 AS-TER 的第 3 波段最适合用来提取珊瑚礁海岸水边线。但是光学传感器存在着一定的不足,主要是受天气、气候和地面条件影响较大,利用雷达数据获取水体边界,可以在一定程度上弥补这些不足。Seasat-SAR、JER-SAR、ERS-SAR、RADARSAT 等合成孔径侧视雷达影像常被用于水体提取。雷达影像的水体提取技术主要有直方图分析、闭值提取、去噪等影像分析技术,Jong-sen 等利用 Seasat SAR 影像在去除影像斑点噪声的基础上,通过直方图分析方法,提取了水陆分布的信息,并获取了 Chesapeake 湾的岸线。Mason 等运用 31 景 SAR 影像,提取了英格兰东北部 Morecambe 湾潮间带水边界线信息,并通过插值的方法生成了时空高度图,对 1992—1997 年潮间带泥沙变化情况进行了计算。Ramsey 等利用 ERS-1 SAR 影像提取出的水边界信息结合实测水深数据得到洪水边界等高线,并将地形图上的等高线信息通过插值生成地形表面,与实测数据对比结果发现均方根误差仅为 19 cm。Frappart 等利用 JERS-SAR 影像提取的开放水体、林地以及泛洪区信息,分析了 Negro 河流域泛洪区的储水能力,说明了河流盆地泛洪区的分散性和多样化造成水量与淹没面积没有很好的相关关系。Townsend 等利用多时相的 JERS-1 SAR、ERS-1 SAR 和 TM 影像提取了 Roanoke 河下游的洪水淹没范围,并和基于 1 m 分辨率 DEM 的洪水淹没模型对比,发现基于 DEM 的淹没模型与遥感提取的结果基本一致。

水体遥感提取方法也在不断改进中,逐步发展了波段选择、波段运算、谱间关系、波段比值、影像分类法等众多的提取方法。Imhoff 等基于 Landsat MSS 数据,通过影像分类的方法,对孟加拉国洪水时期的遥感影像进行了分类,精度由于受到分类方法的制约,仅有 64%。Bennett 运用密度分割法,使用 Landsat MSS 第 7 波段获取淹没面积,并将结果同航空摄影结果对比,发现少估了约 40%的水体面积,该方法因结果的不可靠性限制了其应用。丁莉东等应用谱间关系法进行 MODIS 图像的水体提取,结果表明方法较为快速有效,但存在着把云错当成水体的缺点。McFeeters 于 1996 年首次提出归一化差异水体指数(NDWI)法,主要原理是增强水体与其他地物之间灰度差异,削弱非水体信息。徐涵秋等发现多光谱影像中红外波段信息比近红外波段信息更加丰富,于是将两个波段替换建立改进的归一化差异水体指数(MNDWI)对水体进行提取,得出 MNDWI 方法不仅能有效去除山体阴影信息,且对于城镇范围内的水体效果更好。凌成星等分别对不同水指数进行了比较,最终证明混合水体指数模型(CIWI)对水体的提取效率最高。通过计算波段指数并反复进行实验来确定提取阈值,已成为获取水域面积最有效的方法之一,精度可达 90%以上。杜斌将传统遥感水体信息提取方法和面向对象的水体信息提取进行对比,提出了一种像元和面向对象结合的高分辨率遥感影像水体提取方法,精度评价显示精度较高且提高了分类效果。单独采用一种方法进行水体提取不管怎样都会在水体与其他地物交界处存在着一些混合像元或山体阴影,因此将各种方法结合起来能够有效地提取水体信息,保持较高的精度。

2.遥感水体参数提取研究

通过利用遥感手段,反演水域面积、水位、水深及蓄水量等水文要素的动态变化,成为遥感和水文学两大学科交叉的热点研究问题,并不断在理论与实践中得到较好的应用和发展。

遥感提取水体信息在方法产生之初就被应用于洪水淹没区的动态监测中,此后基于所提取的淹没信息与数字高程模型,遥感被进一步用来进行水位-面积关系的研究。如 Hamilton 等利用 Nimbus-7 SMMR 传感器提取了巴西 Pantanal 泛洪平原 9 年中每个月的淹没信息,并通过水位与水域面积之间的相关关系,构建了该区域的区域淹没方式。Cai 等利用 2003—2005 年 217 景 MODIS 影像提取的鄱阳湖水域面积,结合该区域 8 个水文站的实测水位数据,构建了水位-水域面积关系模型,模拟了复杂水文湖区的水位面积关系。黄淑娥等利用近 10 年多源遥感影像数据,对鄱阳湖水域面积进行动态监测,并结合相应时相鄱阳湖水位资料,建立了水域面积与湖口站水位的关系模型,模拟结果与实测值相比,误差控制

在 3.6% 以内。此外,遥感影像叠合区域 DEM 数据来估算水位也得到了较多的应用。如
Pan 等利用 DEM 数据,建立起 Champlain 湖泊水位-面积关系曲线进行水位反推,和 USGS
的水文站监测数据对比,均方根误差仅为 0.12 m。Tseng 等将长时间序列的 TM、ETM＋
影像数据与可利用的 DEM 数据相结合,对 Mead 湖 Hoover 大坝附近进行水位变化进行监
测,取得了较好的应用效果。随着测高卫星技术的发展,测高卫星数据被广泛地应用于内陆
湖库或河面较宽的河流水位变化监测中。如 Koblinsky 等 1993 年利用 Geosat 测高卫星数
据第一次长时间监测亚马孙流域水体水位变化。此后,重返周期短、测高精度较高的
TOPEX/POSEIDON(T/P)卫星高度计较多地被应用在内陆湖泊或河流水位监测中。
Mercier 等运用 T/P 数据对内陆水体的水位进行了提取,分析了水位与降水之间的关系,并
对水位变化的原因进行了分析。Birkett 将 T/P 数据应用到常规水文监测数据缺乏的 21 个
内陆水体中,结果表明 T/P 数据可以长时间地对内陆水体的水位变化进行监测。

遥感数据与水文数据、地表高程数据结合,也较多地应用于湖泊蓄水量的评估。如
Frappart 等运用多光谱遥感数据提取的水面面积,结合卫星高度计和地面水文站监测的水
位数据估算了湄公河月相对蓄水量变化,与同期 GRACE 重力卫星反演结果相比也基本吻
合。Smith 等在加拿大 9 个湖泊区域,利用单波段法提取的水域面积与观测水位,估算了湖
泊的相对蓄水量。龟山哲等利用 MODIS 数据获取的洞庭湖水域分布,水文站点的水位数
据以及湖底 DEM 数据,估算出洞庭湖的蓄水量变化。此外,由于 GRACE 重力卫星提供的
重力场数据为月尺度上,因此该数据在上千千米及以上尺度区域的水储量变化监测上也得
到了较多的应用。Wahr 等运用 GRACE 重力卫星数据估算了 Mississippi、Amazon 和 Bengal
三个大流域的水储量,结果表明与基于观测数据的数值模型进行比较,误差仅为 1.0～
1.5 cm。周旭华等利用 GRACE 重力卫星月尺度变化的地球重力场反演了长江流域水储
量,反演结果与长江水文站观测的资料基本相符。

此外,遥感数据在水深反演、河流流量反演也有较多的实例。遥感水深反演的主要方法
包括统计相关模型和神经网络模型,如王艳姣等利用 Landsat7 ETM＋遥感影像的反射率和
实测水深值之间的相关性,建立了动量 BP 人工神经网络水深反演模型,对长江口南岸河段
的水深进行了反演。反演结果表明,相对水深的平均误差为 0.9 m,总体结果较好。徐升等
通过在长江口水域进行水深遥感反演试验时发现,多波段模型要优于单波段及波段比值模
型。通过遥感手段获取的水文参数还可以用来估算河流的流量。如 Pan 等利用遥感手段获
取的河流断面面积和地形,建立起水位-流量关系曲线,进行河流流量的反推,与实测数据相
比,均方根误差(Root mean square error,RMSE)达到 83.9 m³/s。Ling 等利用 2009—2010
年环境星影像提取的长江河心洲面积,和实测流量数据建立起经验方程,实测对比结果发现
精度较高,误差控制在 10% 以内。

1.2.5.2 湿地植被的遥感应用

湿地研究的关键在于定量获取和分析定量的湿地信息。一般来说获取湿地三大组成要
素的信息:湿地水文要素,湿地土壤要素和湿地植被要素信息。大多数湿地研究都基于野外
实地采样的方法。这种方法覆盖范围小,花费时间多,甚至会对湿地产生一定的破坏性。遥
感技术具有观测范围广、多平台、多时相、花费小、及时性、现势性、可比性强等优势,特别是
对于难以开展实地采样测量的偏远地区湿地,遥感技术更是具有独特的优势,近几十年来已
在湿地研究中广泛应用。

　　遥感在湿地研究中的典型应用包括湿地调查和制图、生物量估测、动态变化监测。在湿地调查和制图方面，早在 1954 年，美国鱼类和野生动物管理局（U. S. Fish and Wildlife Service，USFWS）就开展了全国湿地调查，调查区域占到地势较低的 48 个州的 40%（Shaw and Fredine，1956），其中用到的数据就包括航空相片。20 世纪 70 年代，USFWS 着手进行了全国范围内的湿地调查与制图工作（National Wetlands Inventory，NWI），到 20 世纪 90 年代中期，已基本完成美国大陆地区 74% 的湿地制图和阿拉斯加 24% 的湿地制图工作，并对 20 世纪 70 年代中期到 20 世纪 80 年代中期的湿地变化进行了分析（Wilen B O and Bates M K，1995）。我国也开展了众多湿地遥感资源调查工作（刘平等，2011；牛振国等，2009）。1995—2003 年，国家林业局组织开展了首次全国湿地资源调查，在调查方法上，采用遥感和地面相结合的调查方法。2009 年，国家林业局启动了第二次全国湿地资源调查。与第一次调查相比，在调查方法、范围、湿地类型重点调查区域、区划和指标体系都有显著改进。在调查中以 CBERS-CCD、SPOT5 和 RADARSAT 影像为遥感数据源。牛振国等（2009）利用 1999—2002 年的 597 幅 Landsat ETM＋遥感影像为数据源，采用人工目视解译的方法对全国 9 hm^2 以上的水面、沼泽等湿地进行了遥感制图，并结合其他要素进行了相关地理特征的分析，初步厘清我国主要湿地的分布特征。

　　湿地植被生物量测算一直是湿地研究的重点内容。传统方法采用样方收割分法，但这种方法只适用于小区域典型生态系统植被生物量。利用样地调查和遥感相结合的方法，可以较为快速地测算湿地各植被群落中的生物量（王树功等，2004）。生物量增加时，植被光谱最显著的变化是红色光谱的反射值下降（叶绿素对红光的强吸收），近红外波段的反射值增加（散射增加），湿地草地的生物量与近红外和红光波段的比值强相关。遥感技术估算生物量是将绿色植物的生物量与光谱辐射值之间建立简单的回归模型，地下部分的生物量能够利用地上与地下生物量的关系进行估算。李仁东等（2001）建立采样数据与 ETM4 波段数据的线性相关模型，对 2000 年 4 月鄱阳湖湿生植被生物量进行了估算。遥感技术可以有效地对湿地生物资源的分布、生长状况及其变化进行估测（童庆禧等，1997），高光谱数据在植被生物量估测研究方面具有很大潜力（蒲瑞良等，2000；李凤秀等，2008）。

　　利用 3S 技术已经成为进行湿地动态监测的主要手段。通过对不同时段的遥感信息进行分析处理，可以得到不同时期的湿地分布和动态变化特征。汪爱华等（2002）利用 1980 年《三江平原沼泽图》和 1996 年、2000 年的 TM 解译数据，对三江平原沼泽湿地 20 年来的变化情况进行了分析，期间，沼泽面积减小，景观破碎度增加。周昕薇等（2006）则对北京地区湿地资源的类型、面积、分布情况及湿地开发利用情况等进行了动态监测和分析，遥感数据源为 1984 年、1989 年、1992 年、1996 年、1998 年、2004 年 TM 及 2002 年 ETM 遥感影像。

　　对于遥感变化检测技术，Mouat 等（1993）和 Lu 等（2004）进行了较为详细的总结。较为常用的变化检测有影像差值（比值）法、主成分分析法、分类后比较法。近年来，光谱混合分析法，人工神经网络以及遥感和 GIS 相结合等已经成为重要的变化检测技术。不同的变化检测算法都有自己的优点，并没有单一的方法是适用于所有的情况。在实践中，需要针对特定的应用选择适合的变化检测方法。

　　利用遥感和地理信息系统技术可以建立湿地与环境因素的定量关系模型。Shaikh 等（1998）利用遥感数据（Landsat MSS）获取的沼泽分布数据与水文参数间的关系进行了定量分析，建立了它们之间的关系模型，定量反映了湿地植被对水文淹没的响应。通过建立湿地或者湿地植被与水文、气象等数据间的关系,可以在此基础上构建湿地变化预测模型。

1.2.6　长江故道湿地与珍稀濒危物种保护研究

1.2.6.1　天鹅洲故道湿地相关研究

关于长江典型故道——天鹅洲区域的湿地研究目前关注点主要集中在麋鹿和江豚两个珍稀濒危物种及其栖息地环境上,如濒危物种的种群数量、行为及繁殖等,其他如水质状况、底栖和浮游动物、植被状况等物种栖息地环境方面也有相关研究。

1. 麋鹿与江豚物种状况研究

20 世纪 90 年代,天鹅洲故道才开始作为长江江豚的迁地保护区和麋鹿的引种回归地,20 余年来两个物种备受研究者关注,并做了大量关于物种状况的研究工作。目前对天鹅洲江豚的研究主要在种群数量、行为、繁殖以及遗传多样性等方面。如杨健等对天鹅洲故道内试养江豚的生活习性进行观察,表明江豚非常适应故道内的环境,能够顺利完成妊娠及抚幼等行为。Wang 对长江江豚目前的种群数量现状、分布及其威胁进行了分析并对保护江豚提出了建议,并指出在天鹅洲等半自然环境的迁地保护区,江豚经过一些培育能够繁殖成功。Wei 等人在天鹅洲区域进行 39 次共 161 天的调查发现,故道内的江豚以集群的方式迁移和活动,同时还对江豚抚幼行为进行了观察(Wei Z,2008)。周钊等对天鹅洲内的江豚遗传多样性进行了评估,提出要加强遗传多样性保护,促进形成一个更大规模的有效繁殖群体(周钊,2012)。陈敏敏等对天鹅洲豚类保护区的长江江豚种群进行了亲缘关系和亲子鉴定的分析,结果表明该迁地保护江豚种群的平均亲缘系数显著高于长江江豚自然种群并存在较高的近交风险,应尽快采取措施降低近亲繁殖风险(陈敏敏,2014)。对麋鹿的研究包括其种群动态与密度调控机制、群主行为与卧息行为、疫病防控及 DNA 检测等。如杨道德、宋玉成、何振等人对石首麋鹿保护区内麋鹿种群动态变化进行监测,发现保护区内麋鹿种群增长已开始出现密度制约迹象。邹师杰等和李驰分别对麋鹿种群在冬季和夜间卧息地上的选择进行了研究,揭示了不同因素对麋鹿卧息地选择的影响。张林源等通过流行病学调查、临床症状、病理剖检与实验室检测等对麋鹿疫病暴发原因及防控策略进行了研究(张林源,2011)。

2. 江豚与麋鹿的栖息地环境研究

研究者除较多的关注两个珍稀濒危物种本身外,对物种赖以生存的栖息地环境如故道水质状况、鱼类资源、栖息地特征、底栖动物和浮游动植物、洲滩植被群落等方面也进行了研究。较早的如张先锋等于 1995 年对天鹅洲作为白鱀豚和江豚迁地保护区可行性的论证(张先锋,1995),以及李思发等对天鹅洲建设"四大家鱼"种质资源生态库的可行性论证,证明天鹅洲故道适合作为豚类的迁地保护区和四大家鱼种质资源库(李思发,1995)。吕国庆等对天鹅洲故道鱼类资源种群结构特征以及数量变动的研究以及对故道内似鳊、银鉤、短颌鲚等江豚喜食鱼类进行了研究(吕国庆,1993)。

部分研究者关注天鹅洲故道内的水质状况变化,同时对浮游动植物和底栖动物资源量进行实地调查,探究江豚生存的水环境和饵料环境变化规律。如何绪刚、江永明等对故道水体氮磷等营养元素变化规律的研究及水质评价,高立方、潘保柱、马秀娟等人对故道底栖动物群落特征的研究,探究故道底栖动物资源数量及结构的变化规律。黄丹等基于浮游植物和浮游动物群落结构对天鹅洲故道水质进行评价,为长江江豚保护提供科学依据(黄丹,

2014;2016)。陈静蕊等通过野外原位观测试验,研究了淹水时间长短对天鹅洲湿地的优势种红穗苔草形态指标的影响,反映了植被群落与环境因子间的生态关系(陈静蕊,2011)。Yang 和力志等在麋鹿自然保护区内,对故道边岸带和湿地退化区土壤里的种子库与地上植物类型的关系,探究是否可以利用土壤里的种子库实现湿地生态修复(Yang D,2013;力志,2016)。秦卫华对石首麋鹿保护区中接骨草的生态位进行了研究,对接骨草和麋鹿食源植物、生存繁衍等之间的关系进行了分析,探究了接骨草对于麋鹿生境质量的作用(秦卫华,2013)。

此外,贾铁飞对天鹅洲的沉积物柱样进行^{210}Pb、^{137}Cs、粒度、磁学测试分析,建立了牛轭湖沉积的基本序列、沉积特点与年代学框架(贾铁飞,2015)。江艳芸和何荣等通过采集故道柱状沉积物,测定沉积物中的重金属元素含量,以期从历史沉积物中判断区域受污染程度及其与人类活动关系(江艳芸,2012;何荣,2012)。殷瑞兰分析了三峡工程运行后下荆江河道的演变对天鹅洲故道的影响,并提出了可行的对策措施(殷瑞兰,2006)。朱瑶等利用数学模型对天鹅洲故道内的风生流流场进行了数值模拟,并分析了天鹅洲地形特征、水动力学特征、食物资源和水质等因素与江豚维生境选择之间的关系。对天鹅洲相关的研究综述可以发现,由于水文资料的缺乏,尚无对天鹅洲故道内水文情势变化的研究,水文情势对麋鹿和江豚栖息地的影响都停留在定性的描述上,尚未有定量的分析(朱瑶,2012)。

1.2.6.2 珍稀濒危物种保护研究

中国是世界上生物多样性特别丰富的国家之一,但是由于生态系统遭受破坏和退化,许多物种变成了濒危种或受威胁种。高等植物中濒危种达 4 000～5 000 种,占总种数的20%,动物中拥有 156 种世界性濒危物种,约为世界总数的 1/4(马克平,1995)。不同物种的濒危机制不尽相同,研究者们从遗传学、生理生态学、种群生态学和群落生态学等角度出发,对物种的濒危机制做了诸多的研究工作(何友均,2003),引起了学术界对濒危物种保护方法的探讨。

种群生存力分析法(population viability analysis,PVA)是濒危物种保护的主要手段,其通过建模来预测珍稀濒危物种的种群动态,包括分析模型和模拟模型。分析模型因存在着大量的简化假设,而以单个随机影响因子进行描述在实际应用中较少,模拟模型中的旋涡模型(VORTEX)实用性较强,被广泛接受和应用(Lacy R C,1993)。如 Susan 等对红头啄木鸟种群的模拟和张先锋等对江豚种群生存力的模拟。此外,PVA 还可被用来确定保护区的面积大小和形状(Burgman M A,2001),评价物种管理措施提高种群生存力的有效性(Pfab M F,2001),物种灭绝影响因素和存活条件(Mace G M et al.,1991)等。

复合种群理论和分子生物学技术在物种保护中也得到了较多的应用。复合种群理论通常用来指导物种适宜生境数量和斑块分布密度,如周淑荣等建立了一个同时包含局域种群动态和复合种群侵占率的模型,探讨了自然保护区数量和种群续存的问题(周淑荣,2002)。分子生物学技术主要基于蛋白质和核酸对物种进行分子水平上的分类,其应用主要包括确定种群间基因流(Patton J L,1996)或个体间亲缘关系(Hughes C,1998)以及异质种群动态(Gavin T A,1999)等。

近年来随着 3S 技术的快速发展,其在保护生物学和野生动植物管理方面得到了较多的应用。Draper 等将 3S 技术用于评价修建大坝和高速公路对珍稀濒危物种种群动态及其迁移的影响(Draper D,2007)。Harborne 等利用高空间分辨率影像对比分析了保护区内外珊瑚礁鱼的栖息地变化状况,并据此设计出海洋保护区的网络系统(Harborne A R,2008)。
Wang等在加拿大的阿尔伯塔省的中西部利用环境监测星 DMC 影像,对大面积野生动物的
栖息地进行了测试(Wang K,2009)。Cao 等利用生态位适宜性模型生成了黄河三角洲自然
保护区丹顶鹤的适宜栖息地分布图,并对丹顶鹤的栖息地丧失和破碎化进行了分析(Cao M C,
2008)。

　　综上所述,由于常规水文监测资料与数据的缺乏,天鹅洲区域基础较为薄弱,以往的研
究者们较多的关注江豚和麋鹿两个珍稀濒危物种本身上,对水文情势变化及其对物种栖息
地的影响研究多为零星的、定性的简单描述,综合的、定量的研究较少。随着对地观测技术
的快速发展,遥感、地理信息等新的技术手段越来越多地应用于 PUB 研究中来,为天鹅洲水
文情势变化监测提供了可能,从而能够为水文情势变化对物种栖息地影响进行定量的评估,
为物种保护提出可行的建议。

第二章

河流生态水文系统的理论与方法

2.1 河流生态水文系统概述

2.1.1 河流生态水文系统的概念与特点

河流是流水作用形成的主要地貌类型,汇集和接纳地面径流和地下径流,沟通内陆和海洋,是自然界物质循环和能量流动的一个重要通路。河流生态系统是指生活在河流中的生物群落和河流环境相互作用而形成的统一体,包括水底植物、水生和半水生植物、鱼类、无脊椎动物、浮游生物、微生物及其生活的水生环境。河流水文系统是指与河流及其流域有关的一切水文现象和过程,包括河流及其流域特征、河流的补给、径流形成和河水运动过程、河流水情的年内和年际变化、河流的泥沙及其运动过程、河流的热动态和冰情、河水化学成分、形成过程和分布等。河流生态水文系统是河流水文系统和河流生态系统的复合体,侧重于将河流的水文循环和径流机制与河流生态过程相结合,通过河流水文要素的表征形式,揭示河流生态系统的演化规律和机理。

关于河流水文与生态耦合问题的全面研究始于 20 世纪 80 年代,30 多年的研究工作表明,水流情势决定并影响着河流生态系统,如水流过程的主要特征和高、低流量等特殊水文现象直接驱动河流廊道的生态过程(武会先,2005)。河流的正常水流影响着河道的泥沙输移,而河道的高、低流量这种河流的生存"瓶颈",则决定着不同物种的胁迫阈值和生存机会。同时,高流量通过与漫滩和高地的连通,大量地输送营养物质并塑造漫滩多样化形态,维系河道并孕育河岸生物,从而影响河流生物的生物量和多样性;而低流量则影响河流生物量的补充以及一些典型物种的生存。水流的时间和持续特征及其变化率往往和生物的生命周期相关联,如生物的产卵、繁殖、育肥、生长等。总之,河流水文系统通过水流情势组织并决定着河流生态系统。河流水文系统除了直接驱动河流生态系统中的生命要素外,同时还通过水流直接或间接影响着与生物息息相关的环境要素,如河流的物理栖息地包括河道及漫滩的形态、泥沙构成和其他一些地貌特征,其形成及变化的直接驱动力就是水流。多样化的动态水流条件创造并保持着多样化的物理栖息地特征,而生境多样性正是河流系统物种和群落多样性的基础(Arthington et al.,2006)。

河流生态水文系统一方面要反映河流本身的物理属性,另一方面更重要的是反映水文与生态的响应关系,总结起来有如下特点(邬建国,1991;Barry,1996)。

(1)纵向连续性。从上游到河口形成一个连续的、流动的、独特而完整的过程,包括水流、水温、水沙和某些水化学成分的纵向连续性。这些因素将在带状分布上发生明显的变化,进而影响着生物群落的结构,构成河流纵向上不同生物群落的分布模式。

（2）生物结构特殊性。河流生态水文系统的驱动力主要是水流,水流的动态变化形成了各种各样的生境条件,河流中生物群落的一些生物种类,为适应这些不同的环境条件,都在自身的形态结构上有相应的适应特征。

（3）自修复性。由于河流生态水文系统流动性大、水的更新速度快,所以系统自身的自净能力较强,一旦污染源被切断或干扰被终止,系统的自我恢复速度比湖泊、水库这样的净水系统要迅速。另外,由于河流生态水文系统具有纵向成带现象,污染危害的断面差异较大,这也是系统恢复速度快的原因之一。

（4）关系复杂性。河流生态水文系统受其他系统的制约较大,绝大部分河段都受流域内陆地生态系统的制约,流域内陆地生态系统的气候、植被、产汇流条件以及人为干扰强度等都对河流生态水文系统产生较大影响。从营养物质的来源看,河流生态水文系统主要是陆地生态系统通过水流或其他方式输入营养物质。同时,河流在生物圈的物质循环中也起着重要作用,如全球水平衡就与河流向海洋的输入有关,它将高等和低等植物制造的有机物质、岩石风化物、土壤形成物,以及整个陆地生态系统中转化的物质不断带入海洋,是沿海和近海生态系统的重要营养物质来源。因此,河流生态水文系统的破坏,将会产生一系列生态环境问题,引发周边甚至更大范围的生态危机。

（5）动态平衡性。河流生态水文系统的结构和功能由水文、生物、河道形态、水质和连通性五部分组成,每一组成部分都是连续的,且相互作用于其他组成部分。在天然条件下,河道处于动态平衡之中,在这种状态下,其结构和功能相对稳定,当出现短暂的外来干扰,系统可通过自调控和自修复,恢复到初始的稳定状态。河道生态水文系统总是随着时间而变化,并与周围环境和生态过程相联系,且保持一种动态的平衡状态。

（6）临界阈值性。在天然条件下,河道生态水文系统总是自动向物种多样性、结构复杂化和功能完善化的方向演替,并遵循优胜劣汰的自然法则,使系统的结构和构成要素随时间的推移而变化。对于天然的干扰,处在自动调节平衡状态过程中的生态系统在一定范围内能够抵抗人类活动引起的干扰,但超过临界阈值后,系统的这种自动调节平衡态将破坏,河流生态水文系统将发生劣变和退化。

2.1.2　河流生态水文系统的基本功能

根据生态水文系统的定义,人是河流生态水文系统的支配者和参与者。除了河流系统本身具有的自然功能之外,河流生态水文系统将被附加更多的人类服务功能（Cai Q. H.,2003）。从自然或社会事务对人类生存和社会发展所具有的价值与作用的角度分析,可以把河流生态水文系统的功能分为资源功能和生态环境功能（冯国章,2002）（图 2-1）。

1. 河流生态水文系统的资源功能

（1）供水。是河流生态水文系统最基本的服务功能。人类生存所需要的淡水资源主要来自河流,根据水体的不同水质状况,被用于生活饮用、工业用水、农业灌溉等方面。

（2）水产品生产。生态系统最显著的特征之一就是生产力。河流生态水文系统通过初级生产和次级生产,生产丰富的水生植物和水生动物产品,为人类的生产、生活提供原材料和食品,为动物提供饲料。

（3）内陆航运。河流生态水文系统承担着重要的运输功能,内陆航运具有廉价、运输量大等优点。

（4）水力发电。河流因地形地貌的落差产生并储蓄了丰富的势能。水能是最清洁的能源，而水力发电是该能源的有效转换形式。世界上有24个国家依靠水电为其提供90％以上的能源，有55个国家依靠水电为其提供40％以上的能源。中国的水总装机居世界第一，年水电总发电量居世界第四。

（5）娱乐休闲。河流生态水文系统景观独特，流水与河岸、鱼鸟与林草等的动与静对照呼应，构成了河流景观的和谐与统一。河流生态水文系统能够提供的娱乐活动可以分为两大方面：一方面是流水本身提供的娱乐活动，如划船、游泳、钓鱼和漂流等；另一方面是河岸等提供的休闲活动，如露营、野餐、散步、远足等。这些活动有助于促进人们的身心健康，减轻现代生活中的各种生活压力，改善人们的精神健康状况等。

（6）美学文化。河流生态水文系统的自然美带给了人们多姿多彩的科学与艺术创造灵感，不同的河流生态系统深刻地影响着人们的美学倾向、艺术创造、感性认知和理性智慧。河流生态水文系统是人类重要的文化精神源泉和科学技术及宗教艺术发展的永恒动力。

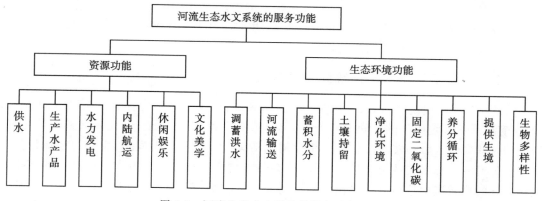

图 2-1　河流生态水文系统的服务功能分类

2.河流生态水文系统的生态环境功能

（1）调蓄洪水。河流生态水文系统的沿岸植被、洪泛区和下游的湿地、沼泽等具有蓄洪能力，可以削减洪峰、滞后洪水过程，减少洪水造成的经济损失。

（2）河流输送。河流生态水文系统输送泥沙，疏通河道，泥沙在入海口处淤积，保护了河口免受风浪侵蚀，增强了造地能力。同时，河流生态水文系统运输碳、氮、磷等营养物质是全球生物地球化学循环的重要环节，也是河口生态系统营养物质的主要来源。

（3）蓄积水分。河流生态水文系统的洪泛区、湿地、沼泽等蓄积大量的淡水资源，在枯水期可对河川径流进行补给，提高了区域水资源的稳定性；同时，河流生态系统又是地下水的主要补给源泉。

（4）土壤保持。河川径流进入湿地、沼泽后，水流分散、流速下降，河水中携带的泥沙会沉积下来，从而起到截留泥沙，避免土壤流失，淤积造陆的功能。

（5）净化环境。河流生态水文系统的净化环境功能包括：空气净化、水质净化及局部气候调节等。河流生态水文系统通过水体表面蒸发和植物蒸腾作用可以增加区域空气湿度，有利于空气中污染物质的去除，使空气得到净化；河流生态水文系统的陆地河岸子系统、湿地及沼泽子系统、水生生态子系统等都对水环境污染具有很强的净化能力，河流生态水文系统通过水生生物的新陈代谢(摄食、吸收、分解、组合、氧化、还原等),使一些有毒有害物质得以减少或消除,使水环境得到净化;此外,河流生态水文系统能够提高空气湿度,诱发降雨,对温度、降水和气流产生影响,可以缓冲极端气候对人类的不利影响,对稳定区域气候、调节局部气候有显著作用。

(6)固定 CO_2。河流生态水文系统中的绿色植物和藻类通过光合作用固定大气中的 CO_2,释放 O_2,将生成的有机物质贮存在自身组织中。过一段时间后,这些有机物质再通过微生物分解,重新以 CO_2 的形式被释放到大气中。因此,河流态水文系统对全球 CO_2 浓度的升高具有巨大的缓冲作用。

(7)养分循环。河流生态水文系统中的生物体内存储着各种营养元素。河水中的生物通过养分存储、内循环、转化和获取等一系列循环过程,促使生物与非生物环境之间的元素交换,维持生态过程。

(8)提供生境。河流生态系统为鸟类、哺乳动物、鱼类、无脊椎动物、两栖动物、水生植物和浮游生物等提供了重要的栖息、繁衍、迁徙和越冬地。

(9)维持生物多样性。河流生态水文系统中的洪泛区、湿地、沼泽和河道等多种多样的生境为各类生物物种提供了繁衍生息的场所,为生物进化及生物多样性的产生提供了条件,为天然优良物种的种质保护及改良提供了基因库。

2.1.3　河流生态水文系统的生态过程效应

天然状态下,河流生态水文系统是一个流水系统,径流空间变化使水温、溶解氧含量、含沙量、有机质等环境因子的空间分布产生差异,形成了急流区、缓流区、死水区等不同生境。径流的时间变化也影响着河流生物的生命周期活动,生物的繁殖、发育、生长与径流情势息息相关。河流生态水文系统又是一个开放的系统,与河流周边存在着广泛联系。河流生态水文系统的物质流动是通过黏附在泥沙上的碎屑食物链而形成的,随着河流水沙运动从上到下在河流中运动和沉积形成连续体。河流的周期性泛滥使得陆地富营养物质进入河流,改变了河流能量流线路,使得河流和洪泛平原之间能量可以横向转换和相互利用(Richter et al. ,2003)。

人类活动的干预使河流生态水文系统受到了影响,在一定程度上改变了原有的生态水文过程,使其更趋向复杂化和不稳定化,其中最容易受人类干扰的是河流的水文过程(或水文情势)和水质。河流水文过程对生物具有重要的生态效应。河道水流的时空变化能够影响到大量河流物种的微型和大型分布模式,水文特征的改变会影响河流生态系统的稳定性。河流丰、枯水周期性变化特征的减弱会导致各种生物不同生长周期所需的水文条件的改变,使得最终适应这种水文条件的生态系统受到破坏。水质包括水温、溶氧量、混浊度、营养盐等诸多生态因子则直接影响水生生物的生存环境和营养物质供给的安全,威胁生物个体生存甚至种群的结构与生命周期规律,进而影响河流生态水文系统的健康(余文公,2007)。人类活动诱发的这些变化在破坏现有河流生态水文系统稳定性的同时,也影响着河流生态水文系统的服务功能,使其产出的产品与服务受到干扰,进而最终影响人类自身。

2.2 河流生态水文特征

2.2.1 水文要素及其生态学效应

河流水文要素主要包括流量、水位、流速、含沙量、水温等。河流水文要素对生物有着重要作用，一方面生物生命过程对水文及环境要素有着特定的需求，同时水文要素及水文特征对生物循环过程及生物群落和生态系统结构有着重要影响。水文要素的改变必将导致生态系统稳定性的破坏，对生物造成极大的影响。

2.2.1.1 流量

单位时间内通过某一断面的水量称为流量，单位名称是立方米每秒，单位符号是 $\mathrm{m^3/s}$。流量是河流的重要特征值之一，可以用圣维南方程组（芮孝芳，2004）来描述：

$$\frac{\partial Q}{\partial x} + \frac{\partial A}{\partial t} = 0$$
$$v\frac{\partial v}{\partial x} + \frac{\partial v}{\partial t} + g\frac{\partial y}{\partial x} = g\left(i_0 - \frac{v^2}{C^2 R}\right)$$

(2-1)

式中：Q——流量；

A——过水断面面积；

v——断面流速；

x——河长；

y——水深；

g——重力加速度；

i_0——河底比降；

C——谢才系数；

R——水力半径。

流域下垫面条件和气候特征决定了河流流量过程，依靠地下水补给的河流，流量过程变化相对稳定，而以降雨为主要补给的河流，流量过程呈现出明显的季节性波动。流量的季节变化，极值流量发生时间、频率，洪、旱灾历时和断流天数，流量日、季、年变化率和变化幅度影响着河流生物物种的分布和构成。河流流量同时随河流水位的变化而变化，两者之间有着内在联系。水位流量关系曲线可以反映河道断面的冲淤状况，同时也可以反映河道变迁和地形的变化。

流量对生物群落和生态系统有重要影响，流量的大小对洄游性鱼类来说是非常重要的信息。人类活动造成河流流量时空分布发生变化，往往破坏了流量的时空分布与生态系统的和谐关系。人类对径流的影响往往表现在流量的减少。河道流量减少的最直接反应是流速降低、水深变小和水面面积减少。流速降低使得水流挟沙能力的减小，造成河道淤积，进而改变河床形态，河流形态的变化会潜在地影响河流生物的分布和丰富度。流速的降低还可能影响像鱼类产卵这样的生理活动。河道流量的减小还会造成低水流量时间变长，进而改变了水生栖息地的环境,对物种分布和丰富度产生长期影响。水深和水面面积的减少会造成水生生物栖息地总面积减少,这些影响往往造成生物数量减少。

2.2.1.2　水位

河流中某一标准基面或测站基面上的水面高度称为水位。水位是河流最基本的水文要素,水位影响河流的水面面积、水体体积、生物的生存空间,同时水位的高低是流量大小的主要标志,也是河流和其他单元生态系统联系的重要指标。流域内的降水和冰雪消融状况等径流补给是影响流量,同时也是影响水位变化的主要因素。此外,其他因素也可以影响水位变化,例如:流水侵蚀或堆积作用造成河床下降或上升;河坝改变了河流的天然水位情势;河中水草或河流冰情等使水流不畅,水位升高;入海河流的河口段和感潮段由于受到潮汐和风的影响而引起水位变化等。由此可见,水位变化是多种因素同时作用的结果。这些因素各自具有不同的变化周期,如流水侵蚀作用具有多年变化周期,径流补给形式的变化具有季节性周期,潮汐影响具有日变化周期,因而,河流的水位情势是非常复杂的。河流水位有年际变化和季节变化,山区冰源河流甚至有日变化。水位变化具有重要的实际意义,根据水位观测资料,可以确定洪水波传播的速度和河流水量周期性变化的一般特征。用纵坐标表示不同时间的水位高度,用横坐标表示时间,可以绘出水位过程线。通过分析水位过程线,可以研究河流的水源、汛期、河床冲淤以及湖泊的调节作用。

河流的水位有着重要的生态学意义。水位影响河流的水面面积、水体体积和生物的生存空间,同时水位的高低是河流与其他单元生态系统联系程度的重要指标。在洪水高水位的条件下,河流与湖泊、岸滩、洪泛区的联系更加密切。如“四大家鱼”的洄游对洪水上涨的过程都很敏感,它们一般只有在江水上涨的情况下才能产卵。

2.2.1.3　流速

流速也是重要的河流水文要素。流速是指水质点在单位时间内移动的距离,它决定于纵比降方向上水体重力的分力与河岸和河底对水流的摩擦力之比。断面平均流速的计算可以将控制断面分为 n 个单元,某一单元内的平均流速由曼宁公式(李世镇,1993)描述:

$$V_i = \frac{1}{n_i} R^{\frac{2}{3}} J^{\frac{1}{2}} \tag{2-2}$$

式中:V_i——计算单元 i 的平均流速;

　　　n_i——计算单元 i 河床的平均糙率;

　　　R——水力半径;

　　　J——河道比降。

天然河流中流速的分布是不一致的,一般来说在河底与河岸附近流速最小,流速从河底到水面、从岸边向主流线递增。绝对最大流速出现在水深的 1/10～3/10 处,弯曲河道的最大流速接近凹岸处,平均流速与水深 6/10 处的点流速相等。

水流陡涨陡落会导致水生生物被冲刷或搁浅,洪水的陡落导致生物幼苗种群不能建立(Christer N.,2002)。河流中的水流速率决定了水中浮游生物是否能够生长并且维持它们自身的发展。河流中水流速度越慢,其中生长在岸边和底部的生物群落结构和外形就会越接近静水中的模式。

2.2.1.4　泥沙

泥沙是改变河床形态的物质基础,沙量的多少、颗粒的粗细影响着河床变形的方向,不同的水沙组合特征决定了河床的平面形态和断面特征。河流输沙量及其时空变化在河流地貌的形成和演变过程中起着重要的作用,同时河流中携带的营养物质与泥沙对于生物群落的发育和演替有着深刻的影响。

绝大多数输沙量的年内变化过程与流量过程相对应,河流含沙量与输沙量的峰值出现在汛期,沙峰大致就在洪峰时段上,相应的枯季输沙量较少。输沙量在年内分配具有高度集中和极不均匀的特点,如长江径流量和输沙量主要集中在 5—10 月,占全年的 70% 以上,而 11 月、12 月和 1—3 月径流量和输沙量均很低。输沙量的年际变化与自然因素如降雨(雨量、雨强及地区分布)和下垫面条件(地貌类型、岩性、土壤种类等)有关,同时还受人类活动的影响。河流中的泥沙主要来自上游河段的输移和本河段内河床和边界的供给,因此河段内的泥沙运动必然同其上游河段内的泥沙运动紧密相连,在河流上游、中游和下游河段表现出不同的输沙特性。河流输沙的沿程变化,尤其是泥沙在区域输移的变化,是决定着河段冲淤和演变的重要原因。

水体含沙量是河流生态系统重要的非生物因子,它对于水生植物的生长,以及水生动物的产卵繁殖、生长发育、觅食等多方面产生影响,甚至直接关系到水生动植物的生存(何用,2005)。一旦河流的含沙过程发生巨大的变化,其生态效应即在短期内体现出来。含沙量剧增将减少水体透明度,减少浮游生物的数量,甚至威胁到一些鱼类的生存。同样,含沙量剧减,将增加水体的透明度,有利于水生植物的生长,但同时使得一些浮游动物减少了庇护,增加了其被捕食的概率,不利于其生物种类和数量的维持。由于细颗粒泥沙富含大量有机物和矿物质,一些生物在某些发育阶段对这些物质非常敏感,泥沙含量的大量减少将使得它们的卵或幼虫死亡率会增加。

河床的冲刷和淤积是在河流的水流泥沙作用下发生的剧烈变化,它对生态系统的直接作用可以分为两类。一类是直接作用于生物。冲刷将破坏河床床面结构,引起河床粗化,对水生动植物产生直接的破坏。以水库下游的河床冲刷为例,冲刷将破坏坝下游水生植物区,导致整个植物的剥离和根除以及根的暴露。在水流直接作用下,水底无脊椎动物向下游推移,鱼类产卵场破坏,大量的鱼苗被激流冲走。同样,大量的泥沙淤积将加大对鱼卵的覆盖作用,使孵化率大幅度下降。另一类是改变生物十分敏感的生存条件。冲刷引起的河床粗化使许多水生动物失去了隐蔽场所,泥沙淤积掩埋了水底石砾、碎石及水底其他不规则的类似物,从而破坏了鱼苗天然的庇护场所,而庇护场所是鱼苗借以躲避敌害、提高成活率的有效保障。大量实验表明,河床剧烈冲淤变化对水中的底栖生物、鱼卵及鱼苗等有不可估量的影响。

2.2.2 水文特征及其生态学效应

河流的水文特征和变化规律是河流生物群落组成和生物多样性的决定性因素,其主要包括以下几个方面。

2.2.2.1 径流的年内变化

径流的年内变化又可称为年内分配,即一年内总水量按各月的分配,径流的年内分配常用流量过程线来表示。径流的年内变化规律主要取决于补给水源,可以根据各个不同地区典型流量过程线的分析研究,得出各地区径流年内变化的规律。径流年内按季节分配,影响到河流对工农业的供水情况和通航时间的长短。径流的季节分配主要取决于补给来源及其变化,我国大部分地区都以雨水补给为主,因此径流的季节分配在很大程度上取决于降水的季节变化。对于北方的河流,除降水外,热量条件也是一个重要的因素。

径流的年内分配有着重要的生态意义。径流年内分配的变化使得各种生物不同生长周期所需水文条件改变,最终适应这种水文条件的生态系统受到破坏。如洪水期的洪水消失或洪泛次数的减少将会削弱河流与以前洪泛湿地之间的联系,造成湿地泥沙和营养成分补给量的减少,使其逐渐贫瘠、盐渍化,植被覆盖率下降,湿地逐渐萎缩、破碎,甚至大面积丧失,水生食物链中断,栖息地被破坏,引发生态平衡失调,生物多样性和生物生产力下降(姜翠玲等,2003)。

2.2.2.2　径流的年际变化

河流水情的周期性多年变化规律是决定河流生态系统特征和生物多样性特征的重要因素。年径流多年变化规律的研究,为确定水利工程的规模和效益提供了基本依据,同时对中长期预报及跨流域引水也十分重要。年径流的多年变化一般指年径流年际间的变化幅度(简称年际变幅)和多年变化过程两方面。年际变幅通常用年径流变差系数(C_v)、实测最大年平均流量与最小年平均流量比之(简称年际比值)来表示。

$$C_v = \sqrt{\sum_1^n \frac{(K_i - 1)^2}{n-1}} \qquad (2-3)$$

式中:K_i——年径流变率,即第 i 年平均径流量与多年平均径流量的比值;

n——观测年数。

年径流量的 C_v 值,反映一个地区年径流量相对变化程度。C_v 值大,表明年径流的年际变化剧烈,不利于水资源的利用,而且容易发生洪涝灾害;C_v 值小,表明年径流的年际变化缓和,有利于水资源的利用。影响 C_v 值大小的因素主要是年径流量的多少和补给来源,C_v 值一般随径流量的增大而减小。C_v 值是河流水文生态系统脆弱性评估的重要指标之一。C_v 值在流域水系中的变化规律与生态系统和种群结构有着密切的关系,C_v 值在不同级别河流中的空间变化是生态条件的一种指标,随着河流级别的增加,C_v 值变小。

河流年际变化对于生态系统同样有着重要的意义。对于物种的补充来说,一些植物需要长时段的夏季低流量来播种和补充含种子的泥土;另一些植物,如杨木,则需要结合一些极端水文年的组合。大洪水提供了有新鲜泥土的洪泛区域,接着几年的小流量使树苗能够长大而不至于被下一场洪水冲走。这种极端水文年的组合具有一定的恢复功能,如特大洪水能够通过冲刷淤沙,恢复长期废弃的河道(黄勇,1999)。

2.2.2.3　洪水

洪水是一种峰高量大、水位急剧上涨的自然现象。洪水给人类正常生产生活带来了损失和祸患,但与此同时洪水又是河流的必要组成部分。在一般情况下,河流决定着洪水的行进方向,而洪水有时又要冲刷或淤积河床,甚至让河流改道。自然洪水的存在对生态系统有其积极的意义。正是由于河流与洪水的相互影响、相互作用,河流生态系统才得以逐渐进化,生物多样性才得以不断丰富,生态环境也才不断朝着有利于人类生存与发展的方向演替。

洪水一般包括江河洪水、城市暴雨洪水、海滨河口的风暴潮洪水、山洪、凌汛等。根据河流的水情和防洪水平可以将洪水划分为:一般洪水、较大洪水、大洪水、特大洪水、罕见特大洪水等。洪水的形成往往受气候、下垫面等自然因素与人类活动因素的影响,不同流域的洪水发生的时间存在一定的差异。自然洪水的历时和涨落特征取决于流域的降雨过程和河流地形地貌条件,洪水的涨落速率与其历时关系密切。一般而言,洪水的历时较长,则表现为洪水的涨落平缓;反之,如果洪峰流量大,洪水历时短,则表现为陡涨陡落。定量描述洪水的指标有洪峰流量、洪峰水位、洪水过程线、洪水总量、洪水历时、洪水频率(或重现期)等,其中洪峰流量是表征洪水大小的重要特征值。对于一般河流来说,在没有或很少区间水加入的情况下,由于河道槽蓄作用的影响,洪峰流量总是沿程递减的,而且通常是洪水过程线愈瘦,递减也愈大。对于有区间入汇的情况,由于不同地域的洪水遭遇,则会出现洪峰的叠加,洪峰流量沿程增加。洪峰大小决定着进入河流两岸滩地的流量,对于河漫滩各种栖息地的塑造起着重要作用。

洪水对于水生生物特别是鱼类有着重要的生态学意义。在高水期河滩地是珍贵鱼类的产卵地和育肥场,洪水频率和持续时间以及水深对河滩地的形成具有重要意义。洪水过程消失,洪水期滩地得不到洪水泛滥时的水源补给,两岸湿地面积变小,降低了河滩地淹没的持续性和频率,导致生物产物的脱水和减产。河滩地失去了其农业和渔业作用,这将会对某些洄游性鱼类的产卵繁殖造成极大破坏,导致鱼类产卵、孵化和迁徙激发因素中断,鱼类无法进入湿地或回水区,改变了水生生物的食物网结构,岸边植被复原能力降低或消失,植被生长的速度减缓。洪水历时过长也会带来一定的灾害,对于河流漫滩植物而言,洪水历时越长也就意味着其淹没的时间越长,其根部出现缺氧情况越严重,洪水历时过长会导致其根部腐烂,河漫滩植物衰亡。

2.2.2.4 枯水

流域内降雨量较少、通过河流断面的流量过程低落而比较稳定的时期,称为枯水季节或枯水期,其间所呈现出的河流水文情势称为枯水。枯水期的河流流量主要由汛末滞留在流域中的蓄水量的消退而形成,其次来源于枯季降雨。枯水期的起止时间和历时,完全决定于河流的补给情况。如雨水补给的南方河流,每年冬季降雨量很少,所以雨水补给的河流每年冬季经历一次枯水阶段。以雨水补给的北方河流,每年可能经历两次枯水径流阶段,即一次在冬季,主要因降水量少,全靠流域蓄水补给;另一次在春末夏初,因积雪已全部融化,并由河网泄出,夏季雨季尚未来临而造成的。各河流的枯水径流具体经历时间决定于河流流域的气候条件及补给方式。枯水径流的消退主要是由流域蓄水量的消退形成的,其消退规律与地下水消退规律类同,可用式(2-4)表示,即

$$Q_t = Q_0 e^{-at} \qquad (2-4)$$

其中 a 是反映枯水径流消退规律的参数,式(2-4)反映了流域蓄水量补给枯水径流的汇流特性。因此当流域需水量大时出现流量大,相应的流速也大,所以 a 值也较大,流域退水快。当蓄水量沿河分配情况不同时,如蓄水量主要集中在上游,则消退较慢。

枯水期的水量同样对水生生物有着重要的影响。长时间的小流量将会导致水生生物聚集,植被减少或下降,植被的多样性消失,植物生理胁迫导致植物生长速度缓慢,引起地形的变化。改变淹没时间会改变植被的覆盖类型,延长淹没时间使得植被功能发生变化,对树木有致命的影响,水生生物的浅滩生境丧失。

2.3　水利工程对河流生态水文系统的影响

2.3.1　对河流生态水文系统中非生物环境的影响

2.3.1.1　对河流径流的影响

大坝的蓄水作用改变了河流原有的径流模式,对径流产生显著调节作用,这种作用既是其能够发挥工程效益的根本保障,也是下游河流生态系统发生变化的根本诱因(陈竹青,2005)。从大多数水坝的运行情况来看,大坝已经使坝址下游 100 km 范围内的径流及泥沙流的运动规律发生了季节性的变化,有些重要的水利工程对下游的影响范围甚至达到了1 000 km,如埃及的阿斯旺水坝(马广慧,2007;王东胜,2004)。水库对径流调节的总体特征表现为:汛期洪峰削减、枯水流量加大、中水期流量增大、中水期延长、流量过程的起伏变小。由于水库的调节作用,洪水过程也发生了较大的变化。建库前大洪水峰型尖瘦,持续时间短,而建库后峰型肥胖,持续时间长。河流径流变化会影响河流生态系统的完整性以及河流及其洪泛区的连续性(Babbitt,2002;Sparks,1995),不同河流径流变化的生态影响取决于该河流水文要素相对于河流自然状态下的变化程度,并且相同人类活动在不同地点也会带来不同的生态影响(Poff,1990)。径流条件的变化影响了生物栖息地的物理特征,包括水温、溶解氧、水化学特性、底层颗粒的大小等,进而间接改变湿地生态系统的组成结构和功能。

2.3.1.2　对河流泥沙特性的影响

水利工程的蓄水作用使库区内流速大大小于天然河道流速,河流的冲刷能力大为削弱,水流挟沙能力减弱,大量泥沙在库区淤积,出库泥沙要比建库前天然河道泥沙小很多。水库的清水下泄改变了河道原有的水沙平衡,使下游年平均含沙量变小,年输沙量减少,造成下游河段冲刷,河床下降。

2.3.1.3　对水温及水质的影响

河流中原本流动的水在水库中停滞后,造成库区水温和有机物的明显分层现象(Berkam,2000),表层内变化较大,随着水深的增加,变化趋势逐渐趋缓,至水库底层基本维持不变,常年处于低温低溶解氧状态。从这一水层下泄的水流会给坝下天然河流环境带来影响,同时影响河流中污染物的迁移、扩散和转化,导致河流纳污能力的降低,水质变差。最典型的表现就是水体富营养化问题,由于水库中的水体流动缓慢,工矿企业生产污水、城市生活污水及雨后径流含有大量的氮、磷有机物,这些将导致水生生物(主要是各种藻类)大量繁殖和水体中的溶解氧急剧下降,使水体处于严重缺氧状态,造成鱼类大量死亡,出现腐臭的恶劣气味,致使水库水质严重恶化(李凤楼,2007)。

2.3.1.4　对库区淤积和库岸侵蚀的影响

水利工程运行蓄水后,河流上游部分河段及相连的湖泊等水域的水位升高,坝体上下游水位落差变大。水库运行期也使库区及库岸、水位升高区的过程重新平衡,容易造成库区淤积和库岸侵蚀。大量研究表明,水库淤积形成的主要来源有:从汇水流域进入水库的泥沙;

由于库岸的改变、岛屿冲毁、库岸坡上不同的重力作用等产生的入库泥沙;由于水中悬移质沉降、淤积,成为库底沉积物,从而导致其重力固结、含水量减小、有机物质矿化。随着水库运行年限的增加,库底淤积也会逐渐加重,淤积的面积也会逐渐增加。从水库蓄水开始,由于侵蚀作用和堆积作用,在新的水边线地带开始了库岸形成的过程。大型水库的运行经验表明,库岸的形成正是冲蚀和堆积直接作用的结果。在水库淤积和库岸形成的过程中,会造成水土流失、生态环境变化、水质的变化等,水库运行后,在较长的时间里,逐渐形成工程与自然环境新的协调和平衡。

2.3.1.5 对下游河流形态的影响

水利工程建设对河流廊道有着显著影响,影响的程度和范围依赖于大坝的功能和坝体规模与河流流量间的关系。水电站的下泄流量随着用电的负荷变化而不同,这对河流形态具有明显的影响。下泄流量变化率是影响下游河岸侵蚀的重要因素,从而导致岸边生境的丧失。大坝下游下泻的高速水流侵蚀下游的河岸和河床,使得靠近大坝下游的河道逐渐变深变窄,河道逐渐萎缩,也使得下游由江心洲、沙洲、河滩地和多重河流交织的蜿蜒型河流变成相对笔直的单一河流,河床质沿河流也将发生变化。泥沙、营养物质、生境要素随水流在更远的河道沉积,使得该段河道的河床逐渐升高。另外,大坝对沉积物的拦蓄作用还会对三角洲及海岸线产生深远的影响。三角洲是由上千年的河流沉积物积累,并在沉积物压实与海洋侵蚀的相互作用下形成的,沉积物的减少会导致滨海地区严重侵蚀,而这种影响将从河口沿海岸线延伸到较远的地方(蔡玉鹏,2007)。

2.3.2 对河流生态水文系统水生生物的影响

2.3.2.1 对浮游生物和水生附着生物的影响

(1)上游库区。浮游生物适宜于在静水或缓流中生活,水库未修建时,山区河床坡降大,水流较急,浮游生物的种类和数量都比较少,种类组成多以硅藻和绿藻为主;水库修建后流速减缓,而且库区周围急雨冲刷下来的无机悬浮物和有机碎屑在库区沉积,带来无机和有机营养物,这样为浮游生物的生长创造了良好的条件,其数量会有所增多。水库蓄水后,淹没和浸没使大量浮游生物受损,新淹没区有机质开始分解,往往引起微生物种群爆发式地释放养分,从而增加了氮、磷含量,刺激浮游生物的迅速发展,进而导致蓝藻、绿藻倍增。水库形成的前期,对浮游动植物区系组成、生物量、初级生产力等都会产生一定影响(Pett,1980)。水生附着生物是指附着于任何淹没对象的藻类层,包括较大的植物。从激流环境转换到静水环境,对某些水生附着生物物种是有利的,却有可能破坏另一些物种的栖息地。在浅水靠近水库边缘光渗透强的地方,水生附着生物最有可能激增,具体的物种组成则取决于基质、大型水生植物的存在、库区的水温、化学性质和大坝的运行(Berkam,2000)。

(2)下游河道。水库蓄水后能通过改变流态、水温、化学性质和浑浊度等条件改变大坝以下河流系统中浮游生物的组成部分,或使下游水体中浮游生物增殖。这些变化将不仅影响到总浮游生物,也会影响浮游生物的组合。大坝削弱了洪峰,调节了水温,降低了下游河水的稀释作用,使得浮游生物数量大为增加,微型无脊椎动物的分布特征和数量显著改变。大坝通过保持水库释放出来的种群和提高浮游生物生长的条件,使得调控河流内浮游生物种群高于天然河流。在静水河流中,降低洪水规模和频率,减少浊度及调控温度(如冬季温度提高),往往会促进藻类生长;中速和稳定的流量会促进水生附着生物的生长,但流量调节对基底稳定性的影响可能是最重要的制约因素。由于水库对流量的调节作用,各种天然的流量条件消失,或在频率上减少,水中悬垂生物群落被周期性中断,使得水生附着生物群落得以发展(Pett,1980)。

2.3.2.2 对大型水生植物的影响

大型水生植物指生理上依附于水环境,至少部分生殖周期发生在水中或水表面的植物类群,包括小型藻类以外所有水生植物类群,主要是维管植物。按照原生演替的规律,由沿岸带到水体中心依次为湿生植物、挺水植物、浮叶植物和沉水植物。

(1)上游库区。水库蓄水对高等水生植物的直接影响主要是淹没,通过间接改变水域的形态特性,土壤、水的营养性能,水位状况和原始种源,来影响高等水生植物的生存和生长(刘兰芬,2002)。水库沿岸和亚沿岸区的水生植物有可能增加,河口附近快速堆积起来的三角洲在减少水库水深的同时促进水生植物的生长。如果水库的水位起伏较大,外加光照深度不够,水生植物移植到这些地区可能会受到局限,但在富营养及平稳的状态下,物种通过流动侵入成为可能。

(2)下游河道。水深和透明度是影响高等植物组成和空间格局的重要因素,流速和基底对冲蚀的敏感性对植物的分布也起着主导作用。因此,水利工程对水文因素的影响往往导致它们对水生植物的影响。与天然河道相比,水库蓄水后减少了下游河道的洪水淹没频率和基质冲蚀,增加了富营养化细沙泥的沉积,大坝下河床稳定性慢慢增加,植物根系受冲刷的影响减少,渐趋稳定的河床使得大型水生植物能够生长繁殖。水库对下游流量的调节不仅降低了高流量频率,抑制河床物质运动,而且容易诱导支流或污水提供的细沉积物的沉积。河道淤积,特别是含有丰富营养物质的淤泥,有利于大型水生植物的生长繁殖,从而显著改变水生植物的分布情况。

2.3.2.3 对鱼类种群的影响

鱼类是水生生态系统中营养级别较高的类群,是重要的水生生物资源,水利工程建设对水生生物的影响主要体现在其对鱼类资源的影响上。鱼类的生存、繁衍所需的生态环境是在漫长的生物进化过程中形成的,相对稳定的生态环境是保证鱼类种群和资源量稳定的前提(贾敬德,1996)。已有研究表明,水库建设是近百年来造成全球9 000种可识别淡水鱼类近1/5遭受灭绝、受威胁或濒危的主要原因(IUCU,1999)。

(1)直接影响。水库蓄水和泄水过程会淹没和冲毁鱼类原有的产卵场地,改变鱼类产卵的水文条件;大坝的分割作用切断了天然河道或江河与湖泊之间的通道,减缓或阻隔洄游性鱼类在上下游之间的洄游通道,使鱼类的觅食洄游和生殖洄游受阻;对于不需要洄游觅食和繁殖的鱼类,大坝建设可能会影响不同水域物种之间的遗传交流,导致种群整体遗传多样性丧失;幼鱼和某些鱼类在经过溢洪道、水轮机时,因高压高速水流的冲击而受伤和死亡。

(2)间接影响。河流水位的急剧变化加速了下游河道的冲刷与侵蚀,交替地暴露和淹没鱼群在浅水中有利的休息场所,使鱼类产卵条件恶化,影响鱼群产卵,同时也将影响鱼类繁殖量或者推迟繁殖季节等;由于水生生物常以日长及日水温作为繁殖信号,故坝下水温的降低会影响鱼类产卵及生长周期;季节性洪峰流量由于水库的削峰作用及水库运行调度等因素而减弱或丧失,鱼类产卵、孵化和迁徙所需的激发因素中断;水库蓄水后水流减缓,使上游产漂流性卵的鱼类所产的鱼卵没有足够的漂流距离,增加鱼类的早期死亡率,坝下江段洪水的人为调节又使波峰型产卵的鱼类所需要的繁殖生态条件不能满足;通常洄游鱼类的产卵和肥育与水量、流速有关,河流涨水时间持续长将促进洄游鱼类的性成熟和产卵数目的增加;水库中激流的消失也会导致某些鱼类(如幼鲤鱼)迷失向下游迁徙的方向感,进而被其他动物猎食;大部分鱼类喜欢在静水缓流、水体底质、浅水湖或河湾、浅水草丛中产卵繁殖,在水库开闸泄水时,大量急速下泄的水流会以较强的冲击力冲刷下游河段,在尾水段与自然减水河段汇合处形成激流,强大的冲击力将影响甚至破坏鱼卵的附着和孵化,不利于鱼类繁殖。

综上所述,水利工程建设减缓了水生生物的迁徙过程,进而影响河流廊道的食物链功能,还影响了水生生物的产卵场,干扰了水生生物的生长发育过程,最终导致生物多样性减少。就鱼类而言,以上各类因素的叠加作用,会导致在水利工程修建一定时期后,很多原有的、适应流水环境的鱼类种群逐步消失,鱼类种类结构发生根本性的变化。

第三章

研究区概况

3.1 长江中游流域概况

　　长江是我国第一大河,发源于"世界屋脊"——青藏高原唐古拉山主峰格拉丹东雪山西南侧,全长 6 380 余 km,流域形状呈东西长南北窄的狭长形。长江流域水资源丰富,多年平均径流量为 9 560 亿 m³,占全国总水量的 36%。

　　长江流域地势西北高、东南低,自西向东流经我国三大地形阶梯(图 3-1)。长江出了三峡后进入第三台阶,即长江中下游平原和丘陵山地,海拔高程一般在 500 m 以下,江面突然展宽、水势平缓。其中,荆江河段两岸地面高程通常低于汛期洪水位几米至十几米,全靠荆江大堤保护,常常遭受洪水的威胁。

图 3-1　长江流域地形图(USGS 100m 数字地形资料)

　　长江流域地处欧亚大陆东部的副热带地区,东临太平洋,海陆热力差异及大气环流的季节变化使长江流域的大部分地区,特别是中下游地区,成为典型的季风气候区。夏季盛行偏南风,冬季盛行偏北风,夏汛冬枯,冬冷夏热,四季分明。

　　长江自宜昌至湖口为中游,长约 948 km,流域面积 68 万 km²,次一级支流有清江、汉江等,洞庭湖流域湘、资、沅、澧四水和鄱阳湖流域赣、抚、信、饶、修五河。长江中游湿地面积广大。分布在长江中游两侧,深受长江影响,在防洪、养殖、旅游、航运以及生态平衡、环境保护等方面发挥着巨大作用,是我国确立的湿地和淡水水域生物多样性关键地区之一,也是世界自然基金会确立的"全球 200"中的关键生态区之一。

3.2　长江中游故道群概况

3.2.1　下荆江概况

　　长江中游自枝城至城陵矶的河段被称为荆江,而自藕池口至城陵矶河段被称为下荆江(图 3-2)。下荆江全长约 175 km,是典型的蜿蜒型河道,由向家洲、沙滩子、调关、中洲子、监利、上车湾、荆江门、熊家洲、七弓岭、观音洲共 10 个弯曲段组成(王越等,2011)。

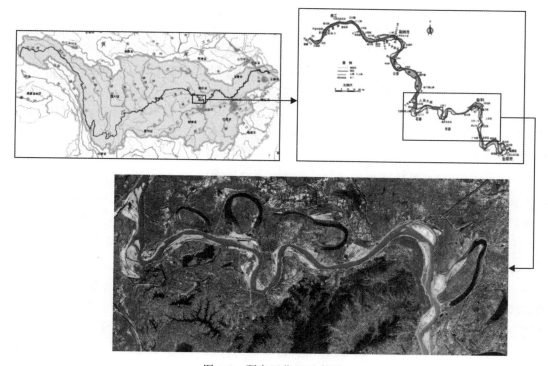

图 3-2　研究区位置示意图

　　下荆江河段地处长江Ⅰ级阶地的前缘,发育自历史上云梦泽的湖泊三角洲末端,河床卵石层已深埋床面以下,河床沉积物主要为中细砂。下荆江河床质的组成多样,但主要部分是石英和长石。下荆江得到弯曲带的南岸为墨山丘陵阶地区,由古变质岩和花岗岩组成,丘陵外围是更新世中、晚期地层组成的两级阶地,有较大的抗冲能力,阻挡了下荆江的南移,北岸的荆北平原是全新世河流的松散冲积物,仅在局部区域有湖沼相淤积物,抗冲能力较弱(吴文胜,2005)。

　　下荆江区域属于亚热带季风气候,光能充足,全年日照总时数 1 800～2 000 h,年太阳辐射总量达 104～110 kJ/cm²,能充分满足植物光合作用的需要。区域内四季分明、雨热同期,年平均气温 15.9～16.6℃,年无霜期 242～263 d,多年平均降水量在 1 100～1 300 mm,

12个月份中,7月平均气温最高约28.5℃,最冷月1月平均气温3.5℃左右,6月降水量最多,达191 mm左右,降水量最少月份为1月,只有30 mm左右。冬季受蒙古冷高压控制和影响,偏北风,天气干燥、寒冷;夏季受太平洋副热带高压、印度洋热低压影响和控制,偏南风,天气炎热;春季、初夏、晚秋,南北冷热空气经常在长江中下游一带汇合交锋,造成较多降水,常出现春雨、梅雨和秋雨。

下荆江河段气候湿润、土地肥沃,湿地发育良好,形成了长江重要的故道群,并建设有长江天鹅洲豚类国家级自然保护区、石首麋鹿国家级自然保护区两大自然保护区,以及老河渔场、老江河渔场两大"四大家鱼"国家级亲鱼原种基地。下荆江河道的演变会对河道及其周边故道的生态环境产生直接的影响,从而影响到两大保护区及两大渔场的物种保护与经济效益,因此对于该河段河道演变的研究有着重要的生态意义。

3.2.2　天鹅洲故道

天鹅洲长江故道位于湖北省石首市东北部,长江中游下荆江段北岸。天鹅洲故道北抵石首市横沟市镇,南达长江沙滩子大堤,西接人民大垸,东与小河镇和监利县珠湖口村相连,中心点地理坐标为东经112°57′,北纬29°82′。天鹅洲俗名"天鹅抱蛋",外围为长达约40 km的外围边滩和子堤,内环长约21 km的长江故道,中间环抱面积约为14 km²的六合垸天鹅洲岛。1998年长江流域的大洪水后,当地修建了沙滩子大堤,阻隔了长江与天鹅洲故道的自然连通,目前仅在故道下口留有天鹅洲闸,在汛期通过人为调控与长江相通。

3.2.2.1　形态特征

天鹅洲故道为典型的牛轭湖故道,故道形态呈现新月形牛轭状,中间环绕面积为14 km²椭圆形的天鹅岛,河道最大弯曲系数达到3.98,远高于1.5的蜿蜒型河道标准,为典型的蜿蜒型河流。天鹅洲故道多年平均水域面积为15.6 km²,故道岸线长度约为21 km,最大宽度为1.2 km,平均水深为4.5 m,故道岸线发育系数为1.41,湖盆发育系数为0.54。

3.2.2.2　地质地貌

天鹅洲故道位于江汉平原南缘,属江汉湖盆的一部分,地质构造属新华夏系第二沉降带,是石首市江北凹陷带的组成部分。根据人民大垸的地质勘探资料显示,底部为砾石层,上部分别为沙石(厚约30 m)、黏土层(5~6 m)和沙质黏土层(约12 m),属于河流冲积和洪积物,反映了自第四纪以来该区域一直是河湾港汊纵横。

天鹅洲故道于1972年下荆江自然截弯取直而形成,故道呈牛轭状、新月形,环绕天鹅洲岛,天鹅洲岛呈椭圆形,与石首市小河镇相连。天鹅洲地貌属典型的近代河流相冲积、洪积物堆积而成的洲滩平原,故道内以水面为最低,由故道浅滩逐渐向江岸增高,外围为大堤所环绕,故道水下地形相对高差可达12 m,洲滩地形相对高差较小。故道自然截弯取直后,一年一度的洪水泛滥,加上洞庭湖的顶托作用,水流变缓、泥沙淤积,形成大片的芦苇沼泽湿地,构成了淤积洲滩和牛轭湖相互交融的典型洪泛平原湿地景观。

3.2.2.3　水文与水质

天鹅洲故道位于四湖流域,下荆江河段北岸。故道水域呈牛轭形,全长21 km,在丰水期最宽处可达1 200 m,最窄处仅为400 m左右,平均水深4.5 m,最深处达15 m,总蓄水量为1.2×10⁸~1.5×10⁸ m³。枯水季节平均水面面积约为1 418 hm²,丰水季节水面面积可达 1 758~2 400 hm²。1998 年沙滩子大堤修筑前,每年的丰水期与长江相通,枯水期上口与长江隔断,而下口常年与长江相通,因此在汛期故道水位随长江水位的涨落而变化。1998 年沙滩子大堤修筑以后,天鹅洲故道水位受到天鹅洲闸的人为调控,闸底板高程为 30.5 m。每年汛期故道承接了上游新厂、大垸、横市、天鹅洲开发区、监利大部分农田暴雨排涝水,通过冯家潭泵站排入故道内,此外还包括复兴闸、春风闸等闸口,控制天鹅洲岛和故道外围向故道内排水。

天鹅洲故道水温冬季最低为 5.9 ℃,夏季最高为 26.9 ℃,pH 值为 7.00~7.49,与长江相同为中性,透明度高,水质良好。天鹅洲地下水资源丰富,水质良好,洲滩地下水埋藏深度为 0.5 m 左右,农田地下水埋深为 1.5~2 m。

总结对比 1992—2014 年不同研究者对天鹅洲故道水体理化因子的研究结果以及中科院测地所于 2009 年现场测定的结果(表 3-1),结果表明,天鹅洲故道水体总体水质较好,水质常年保持在 Ⅰ 至 Ⅱ 类标准,水体 pH 值一般保持在 7~8,呈中性微偏碱,与长江水体 pH 值接近。水中溶解氧丰富,一般在 5.7~10.5 mg/L,基本保持在饱和溶解氧的 80% 以上。水体透明度较高,一般在 1 m 以上。天鹅洲故道水体氨氮(NH_3-N)、总氮(TN)、总磷(TP)以及高锰酸盐指数(COD_{Mn})等各项水体理化指标总体上呈现增加的趋势,水质等级总体上由 Ⅰ 至 Ⅱ 类水向 Ⅱ 类至 Ⅲ 类变化的趋势。

表 3-1　天鹅洲故道水体理化性质变化　　　　　　　　　　　　　(mg/L)

年份	NH_3-N	TN	TP	COD_{Mn}	资料来源
1992	0.106	0.988 5	0.05	1.68	何绪刚等
1993	0.092	1.007	0.04	1.64	
1994	0.134	0.84	0.051	1.73	
2003	0.14	0.67	0.06	2.72	潘保柱等
2005	0.182	1.5	0.075	2.85	江永明等
2009	0.186	0.858	0.098	2.52	中科院测地所实测
2012	0.18	1.73	0.11	—	李青青
2014	0.20	1.19	0.096	—	长江大学

1998 年前,天鹅洲故道水体中 TN 的年平均浓度变化范围为 0.85~1.1 mg/L,TP 的年平均浓度变化范围为 0.03~0.04 mg/L,NH_3-N 年平均浓度变化范围为 0.009~0.13 mg/L(何绪刚,1999),1998 年沙滩子大堤修建后,天鹅洲故道与长江的连通性大为降低,故道水体不能得到充分交换,故道水体正处在从中营养水体向富营养水体发展阶段。2005 年天鹅洲故道的 TN 浓度达到 1.5 mg/L,TP 的浓度达到 0.075 mg/L,NH_3-N 的浓度达到 0.18 mg/L(江永明,2006),至 2012 年天鹅洲故道的 TN 浓度升至 1.7 mg/L,年平均浓度约为 1998 年之前的 1.5~2 倍,TP 的浓度升至 0.11 mg/L,年平均浓度约为 1998 年之前的 3~4 倍(李青青,2014)。

通江次数和时间不足成为故道水体水质变差的原因之一。据 2001—2003 年天鹅洲闸的开启统计记录,2001 年共开闸 11 次,总天数约近 60 d,2002 年共开闸 5 次,总通江时间不足 30 d;2003 年共开闸 10 次,总通江时间不足 40 d。据李青青对 2012 年夏季故道的两次开闸前后水质监测结果显示,通江换水对天鹅洲故道水质改善起到积极作用(李青青,2014)。此外,冯家潭闸的排涝水以及天鹅洲岛六合垸上的农业生产和居民生活污水未经处理直接排入故道中,也成为故道水体污染物的主要来源。

3.2.2.4　土壤与植被

天鹅洲故道区为典型的近代河流相冲积、洪积物堆积而成的洲滩平原,土壤形成的历史较短,为典型的冲积平原冲积土壤,成土母质以砂质黏土为主,黏土剖面中混有沙子。发育的土壤类型主要为草甸土类、浅色草甸土亚类、河滩草甸土属,质地为轻壤和沙壤土,有机质含量高。由于历史上洪水泛滥,长期的间歇性淹没,造成泥沙淤积,河漫滩土以淤泥黏土为主,上层松软,下层坚实,有机质丰富。地质沉积物随长江流经盆地的河流沉积作用形成,包括各种沉积岩。根据沉积物沙泥含量比,细分为芦苇河沙泥土、荒地河沙土、荒地河沙泥土等土种,适合苜蓿(*Medicago lupulina*)、狗牙根(*Cynodon dactylon*)、马鞭草(*Veubena officinalis*)及莎草科(*Cyperaceae*)植物为主的草甸植被生长。

据2015年两个保护区综合科学考察结果显示,保护区内共分布的蕨类植物共计6科、7属、8种,种子植物共计56科、176属、264种。主要优势种有:意杨、接骨草、芦苇、水蓼、苍耳、紫苏、葎草、薹草等。主要植物群系类型包括:意杨群系、水蓼群系、苍耳群系、紫苏群系等。

根据《湖北省第二次湿地资源调查报告》及陈伟烈于1995年提出的湿地植被分类系统,天鹅洲故道区范围内的主要湿地植被可划分为2个植被组型、3个植被型、7个群系,主要植物群系分布及特点如下。

1. 阔叶林湿地植被型组(落叶阔叶林湿地植被型)

意杨(*Populus euramevicana*)群系:意杨为故道区分布最广的乔木群系,广布于故道、长江岸边,均为人工栽培。均高约15 m,行距6 m×3 m,平均胸径15 cm,冠幅2 m×2 m,郁闭度0.5。草本层覆盖度较大,可达90%,高约1.3 m,主要有接骨草、紫苏、苍耳、水蓼等,林窗大的地方有葎草。

2. 草丛湿地植被型组

1)禾草型湿地植被型

芦苇(*Phragmites australis*)群系:芦苇高约2 m,数量最多,其次为狗牙根,样方周围有苍耳、半边莲,盖度达100%。层外植物可见有葎草。

2)杂类草湿地植被型

(1)水蓼(*Polygonum hydropiper*)群系:水蓼群系在故道区中最为常见群系之一,群系高约0.4 m,盖度70%~90%,群系中还有苍耳、紫苏,有的样方中还有狗牙根、海蚌含珠、一年蓬等。

(2)接骨草(*Sambucus chinensis*)群系:接骨草群系为意杨林林下常见群系,群系高约1 m,盖度50%~70%,群系中还有苍耳、紫苏、马唐、千金子(*Leptochloa chinensis*)、豨莶等。

(3)苍耳(*Xanthium sibiricum*)群系:故道区中的苍耳群系盖度一般较大,可达90%以上,高约0.8~1 m。除苍耳外,还可见有水蓼、一年蓬、紫苏、蒲公英、野胡萝卜、牛筋草、小白酒草等。此外,层外植物种类也较多,主要有葎草等。

(4)紫苏(*Perilla frutescens*)群系:故道区中紫苏群系常和苍耳群系伴生,盖度为

70%～90%,高约 0.7～1 m。除紫苏外,常见苍耳、接骨草、狼尾草、荩草、龙葵等。

(5)空心莲子草(*Alternanthera philoxeroides*)群系:故道区内常见群系,成片分布于岸边及浅水处,常混生有水蓼、荭蓼(*Polygonum orientale*)等。

3.2.2.5 湿地管理体制

天鹅洲湿地保护管理委员会是石首市直属派出机构,湖北省分管机构,对天鹅洲豚类和石首麋鹿两个国家级自然保护区以及所辖属的 6 个自然村和 1 个渔场(天鹅洲渔场)进行行政管理,为副县级单位。同时,两个国家级自然保护区分别受到上级(省级)主管部门湖北省水产局和湖北省环保厅的业务领导。

长江天鹅洲豚类国家级自然保护区于 1992 年批准成立,主要担负长江 89 km 石首江段和天鹅洲故道内豚类及其生境的监测与保护,总面积 152.5 km²。石首市编委批准成立了湖北长江天鹅洲白鱀豚国家级自然保护区管理处(后保护区更名为长江天鹅洲豚类国家级自然保护区)。1996 年农业部批准确定了保护区的"三区",即以黄海高程为基点,34.5 m 以下为核心区,34.5～35.5 m 为缓冲区,35.5～36.5 m 为试验区,保护区天鹅洲故道部分功能分区图见图 3-3。

图 3-3　长江天鹅洲豚类国家级自然保护区功能分区图(天鹅洲故道部分)

湖北石首麋鹿自然保护区于 1991 年 11 月经湖北省人民政府批准成立省级自然保护区,国务院于 1998 年 8 月 18 日将保护区晋升为国家级自然保护区,2007 年保护区隶属于湖北省环保厅。石首麋鹿保护区总面积 1 567 hm²,其中核心区面积近 1 000 hm²,大致呈三角形,四面为新洲垸围堤,南面为长江江岸沙滩子大堤,从西北到东南以长江故道的水面为界,保护区在核心区外围修筑了围栏,以防止麋鹿进入农田以及减少人类活动的干扰。缓冲区在核心区的南沿,即沙滩子大堤外侧的洲滩,面积约为 496 hm²;实验区在保护区西北侧边缘地带,面积约 71 hm²,保护区功能分区图见图 3-4。

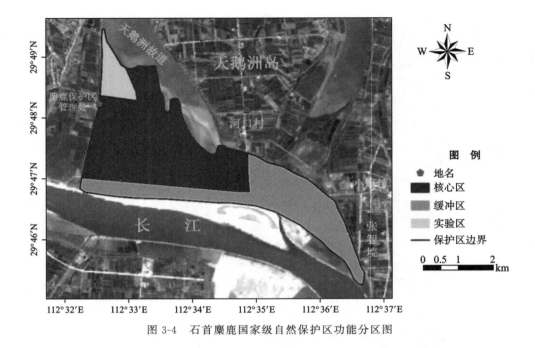

图 3-4　石首麋鹿国家级自然保护区功能分区图

3.3　洞庭湖概况

3.3.1　自然环境

洞庭湖位于湖南省东北部,长江下荆江南岸,是我国第二大淡水湖泊(图 3-5)。湖体呈近似"U"字形,面积 2 625 km²,最大水深 23.5 m,平均水深 6.39 m,相应蓄水量 167×10⁸ m³。受地质运动、泥沙淤积、筑堤垸等自然和人类活动的影响,洞庭湖处在不断的演变过程中。特别是近现代,经历了剧烈的演变过程,湖体明显地分化为东洞庭湖、南洞庭湖和西洞庭湖三个不同的湖区。

(1)东洞庭湖:位于洞庭湖下游,地势较低,是西洞庭湖和南洞庭来水汇入长江必经之路。东洞庭湖水面宽阔,面积约 1 300 km²,约占洞庭湖总面积的 50%。

(2)南洞庭湖:指赤山岛以东至乔口,并以湘江为界的长带状水域,面积超过 900 km²,面积占洞庭湖总面积的 34%。湖体包括东南湖、万子湖、铁尺湖、团林湖、横岭湖、荷叶湖等子湖,其中东南湖、万子湖和横岭湖为主体。泥沙淤积使湖底日益增高,北部发育大片洲滩。

(3)西洞庭湖:位于赤山岛以西,主要包括大连湖、沅江洪道、澧水洪道和目平湖,面积约 340 km²,约占洞庭湖总面积的 13%。西洞庭湖泥沙淤积最为严重,七里湖已基本消失,成为澧水的行洪水道。

3.3.2　地貌与水文

洞庭湖流域北部濒临长江荆江段,与江汉平原隔江相望。洞庭湖流域呈东、南、西三面高起,向北倾斜,为敞口的马蹄形富士盆地结构。在这一地貌格局控制下,洞庭湖水系呈扇形展布,形成以湖泊为中心的向心状水系。

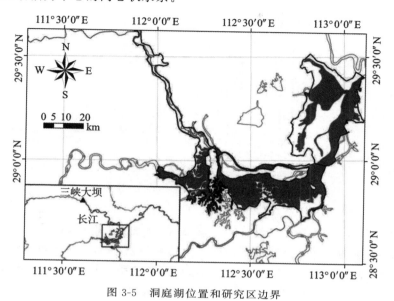

图 3-5　洞庭湖位置和研究区边界

洞庭湖呈现"涨水湖,退水为洲"的动态景观。它承接湘(江)、资(水)、沅(水)、澧(水)四水和四口(调弦口于 1958 年堵口后为三口)分泄的长江洪水,由城陵矶注入长江。

1951—1998 年多年平均入湖径流为 $3\ 001\times10^8\ m^3$。其中四口、四水和区间来水分别占 33.99%、56.15% 和 9.86%。径流年内分配不均,5—10 月入湖流量占全年 70% 以上。洞庭湖汛期长,水位变幅大。4 月开始涨水,6—8 月水位达到最高峰,9 月水位下降,12 月至次年 3 月水位为最低值。

随着 1966—1972 年荆江三次裁弯,葛洲坝工程以及三峡工程等的影响,四口和四水入湖流量占比,以及洞庭湖出口流量都在发生变化。四口入湖流量占比显著下降,四水入湖流量占比显著上升;洞庭湖出口流量逐渐下降。

泥沙伴随入湖径流进入洞庭湖。1951—1998 年,年均入湖泥沙为 $17\ 302\times10^4\ t$,其中四口占 80.69%,四水占 19.31%。入湖泥沙量呈减少趋势,1951—1958 年,入湖泥沙总量为 $26\ 415\times10^4\ t$,1991—1998 年为 $9\ 648\times10^4\ t$。1951—1998 年由城陵矶输出的泥沙量为 $4\ 664\times10^4\ t$。三峡工程运行以后,洞庭湖泥沙淤积量有大幅度的减少。

3.3.3　近代洞庭湖演变和环境问题

洞庭湖是发育于河湖切割平原之上的浅水湖泊。在自然和人类活动的双重作用下,洞庭湖处在不停地演变过程中(图 3-6),曾经历多次扩张和萎缩的过程(杜耘等,2003;张晓阳等,1995)。在咸丰、同治年间四口形成后,入湖水沙大增,洞庭湖处在湖面淤浅、水面扩张的状况,在 19 世纪后 30 年,湖泊面积曾达到 5 400 km² 左右(卞鸿翔,1986)。进入 20 世纪后,由于泥沙淤积和人类修堤围垸,洞庭湖进入快速萎缩的阶段,至 1949 年,湖泊面积降至 4 350 km²。新中国成立后,洞庭湖又经历 20 世纪 50 年代末,20 世纪 60—70 年代几次大规模围湖造田活动,湖泊加速萎缩。直到 20 世纪 80 年代,国家水利部下令停止围垦后,围垦现象才大为减少。到 1983 年,洞庭湖面积减少到 2 691 km²。

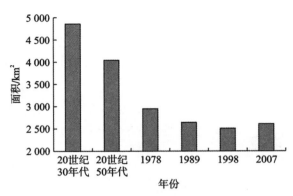

图 3-6　洞庭湖湖泊面积变化
（引自 Zhao S，2005；孙占东等，2011）

　　自 1958 年洞庭湖区各县成立芦苇生产基地后，滩地植被群落演替规律被打破，植物群落结构发生变化，湿地天然植被群落逐渐向人工植被群落转化。洞庭湖开始面临滩地天然植被遭受破坏的问题。20 世纪 70 年代后，洞庭湖区开始引种杨树，并且从垸内发展到垸外滩地，从零星种植发展到成片造林。滩地造林进一步破坏了湿地天然植被，甚至改变了湿地结构，破坏了湿地功能。改革开放后，随着经济发展和人口增加，洞庭湖区工农业污染加剧，洞庭湖湿地又面临严重的污染问题。洞庭湖湿地生态环境的退化，引起一系列生态环境问题。洪涝灾害加剧，生物多样性降低，土壤潜育化，污染负荷增加，湿地资源衰退等已经对经济和环境造成了不良影响（姜加虎等，2004）。

3.4　研究区水文站点

　　宜昌站是长江干流上游的出口控制站，控制流域面积为 100.6 万 km²，上游 6 km 处为葛洲坝水利枢纽，44 km 处为三峡大坝，下游右岸 39 km 有清江汇入，对宜昌水位有顶托影响。监利站位于下荆江河段的中部，控制流域面积约 104 万 km²，占整个长江流域面积的一半以上，其径流泥沙主要来自长江宜昌上游，区间来水来沙主要是清江支流和沮漳河支流以及荆江三口（松滋口、太平口、藕池口）的分流分沙。城陵矶站位于荆江与洞庭湖汇合处，是洞庭湖水沙汇入长江干流的重要防洪控制站。螺山站位于长江中游城陵矶至汉口河段内，上距下荆江与洞庭湖汇合口约 30 km，下游约 47 km 处有陆水河从右岸入汇，左岸约 210 km 处有长江最大支流汉江在武汉市入汇，这些支流的涨落对螺山站的水位、流量有一定影响。螺山站控制流域面积为 129.49 万 km²，是洞庭湖出流与荆江来水的重要控制站，其水位流量关系及泄洪能力直接关系到长江、洞庭湖的防洪形势。汉口站位于三峡大坝下游 687 km，地处汉江汇入长江以下约 1.4 km，上游承接荆江、洞庭湖和汉江来水，下游左岸有府环河、倒、举、巴、浠、蕲等水入汇，右岸有富水、梁子湖、鄱阳湖水系入汇，下游支流来水对汉口站有回水顶托影响。汉口站是汉江汇入长江后的重要控制站，直接关系武汉市的防洪形势，控制流域面积为 148.8 万 km²。湖口站位于长江与鄱阳湖出口汇合处，是鄱阳湖汇入长江的重要控制站,关系到鄱阳湖地区和长江下游的防洪形势。大通站是长江下游最后一个不受潮流影响的控制站,位于安徽省贵池区,在支流九华河入口上游1 km左右,下距淮河入长江口339 km,距长江入海口620 km,是长江入海水沙的参考站。大通站通常视为长江干流流量的总控制站,控制流域面积为170.548万km²,占长江流域面积的94.7%(图3-7,表3-2)。

表3-2 长江中下游水文站信息

编号	站点	地理位置		流域面积(km²)	特征描述
		经度	纬度		
1	宜昌	111°17′E	30°42′N	1 005 501	距离三峡大坝最近的水文控制站
2	监利	112°53′E	29°49′N	—	"四大家鱼"产卵河段
3	城陵矶	113°08′E	29°25′N	—	洞庭湖水系出口控制站
4	螺山	113°22′E	29°40′N	1 294 911	洞庭湖汇入长江干流的控制站
5	汉口	114°17′E	30°35′N	1 488 036	汉江汇入长江的重要控制站
6	湖口	116°13′E	29°45′N	162 225	鄱阳湖汇入长江的重要控制站
7	大通	117°37′E	30°46′N	1 705 480	最后一个不受潮流影响的控制站

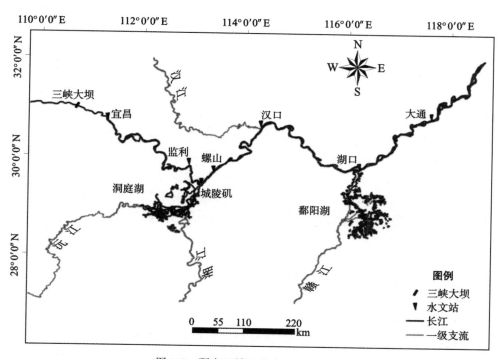

图3-7 研究区域及水文站点位置图

第四章

长江中游河道形态与下荆江故道演变

几千年来,在河流、湖泊湿地系统的自然发育与筑堤围垸、裁弯取直等人为因素共同作用下,长江故道群伴随着江汉平原古云梦泽的历史演化进程,与荆江河曲的历史变迁过程逐步形成演化(张修桂,1980)。独特的地质地貌条件、水文因素与人为叠加作用条件下,促成了下荆江地区典型自由河曲的发展,形成了世界上独特而典型的长江故道牛轭湖湿地。

4.1 荆江河曲的历史变迁

荆江河段位于长江中游的冲积平原上,上起湖北枝江,下迄湖南城陵矶,全长约 400 km,藕池口以上为上荆江,以下为下荆江。先秦两汉至唐宋时期,长江出三峡进入平坦的冲积扇地区,过江陵而汇入云梦泽,长期的泥沙充填使得云梦泽在唐宋时期已完全分解成为古迹,云梦泽地区被众多的小湖沼所代替,荆江统一河床塑造完成。在江汉平原古云梦泽的消亡和荆江统一河床塑造完成的背景下,水流与河床的相互作用决定了下荆江河床形态的发育形成(林一山,1978)。根据流量及河床边界条件的不同,下荆江河床形态的演变大致经历了三个阶段:即分流分汊河床形态、单一顺直河床形态和单一蜿蜒河型(张修桂,1980)。

分流分汊河床形态形成于魏晋时期,结束于隋唐时期,下荆江河床边界由沙层与亚沙层组成,质地松散、抗冲性弱,水流作用下河岸极易受到冲刷,河床迅速展宽,大量泥沙以江心洲的形式沉积在河床中,因此而形成大量的穴口和岔流(袁樾方,1980),是典型的分流分汊河床形态,具有流量均匀、水位变幅小、洪水过程极不显著等特点。

单一顺直河床形态形成于唐宋时期,云梦泽消亡后,统一河谷河床塑造完成,河床边界逐渐演变为具有二元结构的沙层与黏土层组成,河岸稳定性日益增强,大量的穴口和岔流已完全淤废甚至消失,江心洲不断靠岸或消失,至明隆庆年间,已无江心洲的记载(钟凯文,2006),分流分汊河型演变成单一顺直河型。该河床形态具有水位变幅和流量不均匀系数增大,洪水过程极其显著的特点。

单一蜿蜒河床形态形成于元明时期,该时期河床日趋缩窄,新滩靠岸成为边滩,迫使水流弯曲侵蚀对岸,在弯道环流的作用下,河弯不断得到发展,再加上壅水及洞庭湖顶托作用的影响,蜿蜒河型开始出现。至明末清初,河曲迅速发展,有下游向上游发展的趋势,有些河段甚至已出现自然裁直的牛轭湖遗迹(如明末时期的东港湖)。清朝时,河床曲流已高度发育,河曲活动更为频繁,清朝后期,蜿蜒河型得到全线发展(张修桂,1980)(图 4-1)。

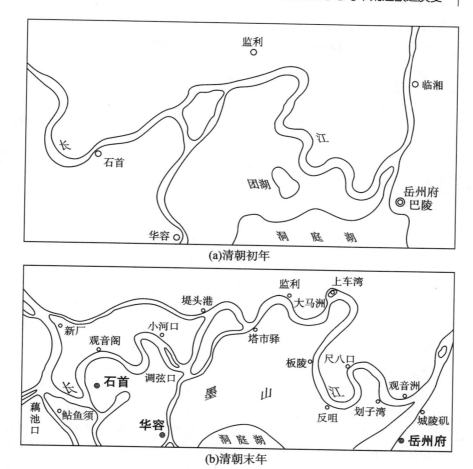

图 4-1　清朝初年(a)与清朝末年(b)下荆江河曲对比图(张修桂，1980)

4.2　长江故道的形成过程

下荆江河道经历了从分流分汊型河道到单一蜿蜒型河道转变的历史演变过程，河曲发育完全，由于同时受到冲淤变化引起的自然裁弯过程和人类改造河道引起的人为裁弯过程的双重影响，19世纪末到20世纪末，荆江河曲经历了数次重大的自然或人工裁弯过程，促进了长江故道群湿地的形成与演变。

4.2.1　自然裁弯

蜿蜒型河道的历史演变过程中，由于冲淤的变化经常会发生自然裁弯现象。下荆江河道作为典型的蜿蜒型河道，其横向摆动幅度较大，西端可达 20 km，东端最大达 30 km。河道的水沙冲淤加上河床的二元结构，使得河道凹岸不断崩塌，弯顶不断向下游蠕动，凸岸不断淤积。当河弯发展到一定弯曲程度时，在水动力和河床边界条件的作用下则会发生自然裁弯或切滩撇弯现象,形成牛轭状故道。目前长江中游区域较为典型的裁弯河段有尺八口、古长堤、沙滩子、碾子湾等(唐日长,1999)。从表4-1中可以看出,下荆江河段的自然裁弯过程十分频繁,1821—1994年的173年间,下荆江共发生9次自然裁弯或撇弯切滩过程,充分体现了下荆江河道迅速而剧烈的变化过程(蔡晓斌等,2013)。近几十年来,随着该河段堤防工程和护岸工程的控制作用增强,下荆江河道逐步趋向于稳定状态,发生自然裁弯的概率大大降低。但在一些典型的弯道地区,剧烈的水沙变化过程使得河道变化依然十分剧烈,河势变得更加不稳定。

表 4-1　下荆江自然裁弯年代表

裁弯地段	裁弯年代	裁弯地段	裁弯年代
东港湖、老河	明末	古长堤	1887
西湖	1821—1850年	尺八口	1909
月亮河	1886	碾子湾	1949
街河	1886	沙滩子	1972
大公湖	1887	向家洲(撇弯)	1994

4.2.2　人工裁弯

为缓解下荆江河段防洪压力,扩大下荆江河道泄洪能力,改善通航条件,控制下荆江河势,1960年长江水利委员会在大量勘测、调查和分析研究的基础上,选定在石首、中洲子、沙滩子、观音洲和上车湾等五地实施人工裁弯工程。五处拟实施的人工裁弯工程,仅中洲子和上车湾两处分别于1966年和1968年实际实施开工,第二年竣工。其他如沙滩子弯道于1972年发生自然裁弯,石首弯道的向家洲河段在1994年发生自然撇弯切滩,裁弯条件已不具备,只能进行河势调整。而观音洲裁弯方案因涉及荆江与洞庭湖汇流段的治理,至今尚未实施。

裁弯工程实施前,下荆江河道全长236.51 km,裁弯后的1970年为184.64 km,河道的弯曲率由2.67下降到2.08。裁弯后裁弯段及其上游河段同流量洪水位降低,泄洪能力因比降加大和断面扩大而有所增强,在一定程度上减轻了洞庭湖区的防汛压力(潘庆燊,2011)。

4.3　下荆江故道群空间分布

下荆江河段在经历一系列的自然与人为裁弯工程后,在其河道周边区域留下了一系列的牛轭湖故道群(图4-2),主要包括北碾子湾故道、天鹅洲故道、黑瓦屋故道、上车湾故道、老江河故道、黄家拐湖故道、东港湖故道等。

长江故道群主要分布在湖北省石首市和监利县长江下荆江河段附近,因该区域独特的地质地貌条件,故道大多分布在下荆江左岸,各故道的基本特征见表4-2。受人类围垦及护岸与防洪大堤等工程的影响,目前自然通江的仅剩上车湾故道和黑瓦屋故道,北碾子湾故道、天鹅洲故道与老江河故道通过涵闸人为的控制通江,东港湖故道与黄家拐湖故道现已与下荆江失去了直接的水文连通。现存的7条故道中,天鹅洲故道内拥有天鹅洲豚类国家级自然保护区和石首麋鹿国家级自然保护区,老江河故道为长江水系"四大家鱼"种质资源库和国家湿地公园,上车湾故道为何王庙豚类省级自然保护区,北碾子湾故道为石首老河国家级"四大家鱼"原良种场,东港湖故道为黄鳝国家级水产种质资源保护区,长江牛轭湖故道群湿地具有极为突出的生态地位。

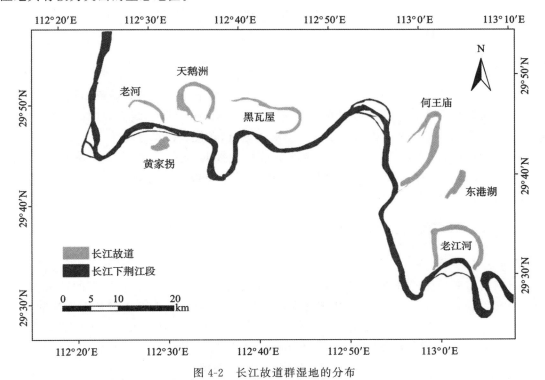

图 4-2　长江故道群湿地的分布

表 4-2　长江故道群湿地基本情况表

故道名称	别名	形成年代	江湖连通	方位
北碾子湾故道	筻子口故道	1949	控制通江	左岸
	老河故道			
黄家拐湖故道		1960	阻隔	右岸
天鹅洲故道	沙滩子故道	1972	控制通江	左岸
	六合垸故道			
黑瓦屋故道	中洲子故道	1966	自然通江	左岸
上车湾故道	何王庙故道	1968	自然通江	左岸
老江河故道	尺八口故道	1909	控制通江	左岸
东港湖故道		明末	阻隔	左岸

　　下荆江河道的演变与裁弯,使其成为典型的故道分布区,该区湿地发育良好,生物多样性丰富,是我国河流故道分布密度最大的河段之一。7 条故道中尚有 5 条故道通江,其中黑瓦屋与上车湾属于自然通江,剩下 3 条故道通过涵闸控制通江的方式与荆江河道相通,故道的通江特性对于故道的生态环境、生物多样性有着重要的影响,特别是对建设有国家级自然

保护和国家亲鱼原种基地的故道而言。河道的冲淤变化和摆动对故道与长江的连通性有显著作用,因此对下荆江河道演变规律的研究对于该区域生态环境的保护有重要的意义。

4.4　下荆江河道形态变化规律

河道的形态变化,包括河道面积、宽度、河长、弯曲系数以及主体河道的摆动,对防洪、航道整治及河道周边生态环境有着重要影响。下荆江河段作为长江典型蜿蜒型河道,其形态演变一直都备受关注。但河道形态变化受水位变动的影响,对河道演变规律的分析往往不够精确。结合水位频率和水位对河道提取影响的分析,在代表性水位段24.5~25.5 m的下荆江影像数据中,选择年份间隔大致一致的五幅影像数据,包括1983年、1988年、1995年、2002年、2009年、2013年,利用MNDWI和NDWI指数提取河道信息,对下荆江的河道演变规律进行分析研究。

4.4.1　数据源及数据处理

4.4.1.1　数据源

对河道演变规律的研究,不仅要有长时间段的影像数据,而且对影像数据的质量和空间分辨率有着较高的要求,因此选用代表性水位下的陆地卫星Landsat影像数据为基础,其中1983年为Landsat-MSS影像数据,1988年、1995年、2009年为Landsat-TM数据,2002年为Landsat-ETM+影像数据,2013年为Landsat-OLI数据,其具体日期及水位值见表4-3。

表4-3　下荆江河道影像数据

数据日期	1983-02-08	1988-04-28	1995-12-28	2002-01-05	2009-01-16	2013-12-29
当日水位/m	25.44	25.52	24.53	24.74	24.93	24.96
传感器类型	Landsat-MSS	Landsat-TM5	Landsat-TM5	Landsat-ETM+	Landsat-TM5	Landsat-OLI

4.4.1.2　数据处理

研究下荆江河道的演变规律,需要将选定的6幅不同年份遥感影像进行一系列处理,包括几何校正、水体信息指数MNDWI和NDWI的计算、阈值方法提取河道边界以及河道中心线的提取。

1.几何校正

遥感影像在成像时都会因系统及非系统性的因素而引起图像的变形,因此在进行河道提取前要对影像进行几何校正。以2009年的下荆江的TM正射遥感影像为参考影像,对其他5幅影像进行配准,使6幅影像的误差在1个象元以内,以确保河道的空间位置信息准确。

2.水体信息指数选择及计算

NDWI指数虽然可以用于水体信息的提取,但是该指标忽略了土地、建筑物在绿光和近红外波段波谱特征与水体接近一致的特点,在进行水体信息提取时会形成噪声。而水体在中红外波段的反射率继续走低,对于 TM 与 ETM+遥感影像而言,将公式(4-1)中近红外波段替换为中红外波段后指数增大,与土地和建筑物区别开来,减少了噪声,提取的水体信息将更加精确,因此生成一个新的指标——改进的归一化差异水体指数 MNDWI(Xu, H., 2006)。

$$MNDWI=(Green-MIR)/(Green+MIR) \qquad (4-1)$$

式中 MIR 是中红外波段。绿光波段与中红外波段分别是 TM 与 ETM+影像中的波段 2、波段 5。

对于下荆江遥感影像的 TM、ETM+与 OLI 数据可以用 MNDWI 提取水体的遥感信息。但是,由于 1983 年的影像数据为 Landsat MSS,且无中红外波段,因此只能利用 NDWI 指数进行水体信息的提取。在水体指数计算结果的基础上,通过阈值法提取河道边界,结果见图 4-3。从这 6 个年份的下荆江河道变化图可以看出,近 30 年来下荆江河段有着明显的形态变化。

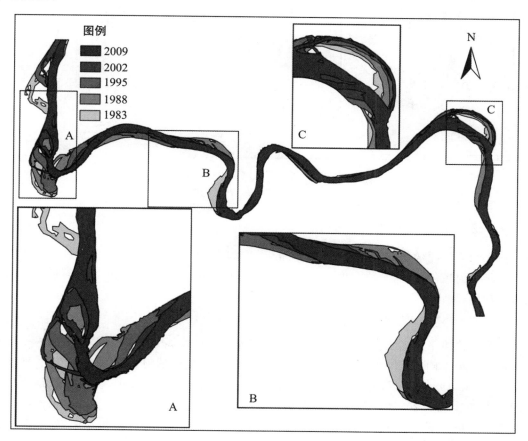

图 4-3 近 30 年下荆江河道变化图
A 为石首弯道,B 为调关弯道,C 为监利弯道

为说明下荆江河段主河道的摆动变化,利用提取的河道边界数据,利用骨架线法提取河道中心线,并分析其变化,见图 4-4。结果显示,1983—2009 年,下荆江河道中心线最大摆动距离约为 1 493 m,出现在 1988—1995 年的石首弯道,且在 1995 年后下荆江河道整体摆动幅度变小。

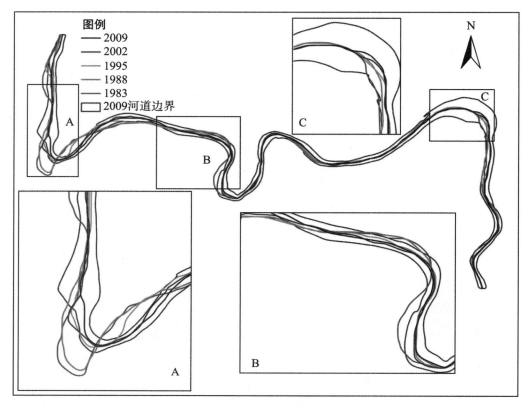

图 4-4　近 30 年下荆江河道中心线演变图

A 为石首弯道,B 为调关弯道,C 为监利弯道

4.4.2　下荆江河道面积变化

河道演变规律的研究,从河道面积、河道平均宽度以及河道弯曲率等方面进行分析。为使不同年份河道的面积、平均宽度及弯曲系数的差值具有可比性,对提取到的河道及其中心线统一裁切,保证 6 个年份河道的直线距离一致。

4.4.2.1　河道水面增减变化

代表水位段下河道的面积变化,能够反映河流水面的增减过程。以提取出的 5 个年份的河道数据为基础,统计每年河道的面积,并分析随年份变化的河道面积变化情况,见表 4-4。结果显示,1988 年,下荆江河段河道面积最大,其值为 109.46 km²,河道面积最小值为 96.04 km²,出现于 2013 年。(从河道面积的年际变化看,在 1988—1995 年水面面积年变化率为 1.623 km²/a,为最大值,而最小值出现于 2002—2009 年,年变化率为 0.22 km²/a,且河道面积在 1983—1988 年有所增加外,1988—2009 年面积不断减小,年变化率也呈减小的趋势)

表 4-4　不同年份下荆江河道水面面积

年份	1983	1988	1995	2002	2009	2013
面积/km²	108.32	109.46	100.38	96.83	98.51	96.04

4.4.2.2 河道长度、宽度及弯曲系数变化

下荆江河道形态的变化,主要从河流长度、平均宽度以及河流的弯曲系数的变化进行分析。河流长度、宽度以及弯曲系数随时间的变化,可以反映河流弯曲程度的变化以及河流弯道的摆动变化幅度。

1. 长度及宽度变化

利用河道中心线计算得出河道长度,并结合下荆江河段面积计算得其河道平均宽度,见表 4-5。由结果可以看出,在研究的 5 个年份中,下荆江河道长度最大值出现在 1983 年,值为 125.32 km,最小值为 113.31 km,出现在 2013 年;河道最宽出现在 1988 年,宽度为 913.8 m,最窄时出现在 2013 年,宽度值为 843.1 m。1983—2013 年,河道长度逐渐减小,各年份间河长减小的百分比分别为 4.42%、2.3%、0.22%、1.22% 和 1.24%,年变化率分别为 110 m/a、390 m/a、40 m/a、200 m/a 和 260 m/a(近 30 年间河道长度减小率为 6%,年变化率为 0.25 km/a。下荆江河道宽度 1983—1988 年增加了 93.72 m,增加率为 11%,年变化率为 18.74 m/a,为最大年变化率;1995—2009 年,河宽年变化率不断减小,最小值出现在 2002—2009 年,年变化率为 0.50 m/a)。

表 4-5 不同年份下荆江河道长度与宽度值

年份	1983	1988	1995	2002	2009	2013
河长/km	125.32	119.78	117.02	116.76	115.34	113.31
河宽/m	864.4	913.8	857.8	829.3	854.1	843.1

2. 河道弯曲系数变化

弯曲系数表征河流的总体形态(许炯心,2000;常祖峰,2011),其值的大小能说明河道的弯曲程度,其公式为:

$$Ka = L/l \tag{4-2}$$

式中:Ka——弯曲系数;

L——河段实际长度,km;

l——河段两端的直线长度,km。

弯曲系数 Ka 值越大,河段越弯曲。河流弯曲系数大于 1.3 时,可以视为弯曲河流,河流弯曲系数小于等于 1.3 时,可以视为平直河流。

以下荆江河段中心线的长度作为实际河长,河段的直线长度为 60 km,计算下荆江河段不同年份的弯曲系数(见表 4-6)。结果显示,1983 年下荆江河道弯曲系数最大,为 2.088,且弯曲系数随着时间的推移不断减小,近 30 年来河道有向平直河道变化的趋势。虽然如此,但截至目前,河道的弯曲系数仍远大于 1.3,但仍是典型的弯曲性河道。如果保持目前的变化趋势,200 多年后下荆江河道才有可能转变为平直河道。

表 4-6 下荆江河段弯曲系数值

年份	1983	1988	1995	2002	2009	2013
弯曲系数	2.088	1.995	1.949	1.945	1.921	1.898

4.4.3　下荆江河道分段分析

河流的不同河段,因河道形态、水流动力的不同,其形态变化趋势也可能有不同的表现。下荆江河道蜿蜒曲折,河流动力形式复杂,特别是不同的弯道河段,其演变过程可能存在很大程度的不同。以石首河段、监利河段两段分别测量其变化河道变化程度和中心线摆动距离,定量分析其近 30 年的演变过程,从而总结不同河段的河道演变规律。

4.4.3.1　石首河段演变过程

石首河段位于长江中游下荆江之首,由顺直过渡段与急弯段组成,并在本河段进口附近右岸有藕池口分流入洞庭湖,河道形态较为复杂。河段上起古长堤、下至北碾子湾,长约 16 km(假冬冬,2010)。对石首河段中有明显变化的新厂附近河段、向家洲弯道和调关弯道等河段的冲淤变化和中心线摆动距离分段进行了分析。

1.新厂附近河段

1983—1988 年,石首上段顺直河道右汊河道淤积与陆地相连成洲滩,后左汊河道变主汊,右岸冲刷,河道中心线向右摆动,摆动距离最大处约 1 311 m,河流分汊消失,整体河道变窄;1988—1995 年,河道上段右汊冲开,河流又出现分汊,江心洲形成,但过江心洲后水流重新汇聚,河道变宽明显,河道中心线向左摆动,最大摆动距离约为 1 010 m;1995—2002 年,河道上段右汊河道变窄,江心洲左岸冲刷,右汊河道右岸淤积,河道中心线摆动变小,最大摆动距离仅为约 531 m;2002—2009 年,河道右汊淤积,河道江心滩与江岸相接成为洲滩,河道中心线摆动不大,距离最大处约为 582 m。

2.向家洲弯道

石首河段由顺直河道急转,形成"鹅头型"急弯。1983—1988 年,向家洲弯道弯顶以上约 3.5 km 处河道左右岸均出现冲刷,弯顶附近河道左岸冲刷、右岸淤积,向家洲弯道弯顶以上河道中心线向北移动,最大摆动距离约 468 m;1988 年后向家洲弯道弯顶上河道右岸淤积,左岸持续冲刷,弯顶以下河道左岸淤积、右岸冲刷,并在 1994 年 6 月石首向家洲发生自然裁弯撇湾(潘庆燊,2011),弯顶以上河道中心线北移,弯顶以下河道中心线南移,至 1995 年河道中心线摆动最大距离处约 1 493 m,裁弯后弯顶以上主泓线持续北移,弯顶右岸主泓顶冲点持续下移,弯顶以下主泓线持续南移(杨晓刚,2010);1995—2002 年,弯道弯顶以上河道内江心洲向南移,河道左岸冲刷,弯顶以下河道左岸淤积、右岸冲刷,河道中心线南移,最大摆动距离约为 919 m,河道摆动幅度变小;2002—2009 年,河道整体摆动幅度不大,但是由于弯顶以上河道内北部较小江心滩面积增加,而南部较大江心洲与江岸相接,河道中心线随之北移且移动距离最大处约 880 m,约为河道右岸北移最大距离的一半。

3.调关弯道

调关弯道在沙滩子河弯 1972 年汛期自然裁弯后,河势发生了较明显的调整变化。根据河道中心线的量算结果,1983—1988 年,弯顶以上河道左岸冲刷,右岸淤积,河道东移,河道中心线最大移动距离约为 1 078 m;1988—1995 年,调关弯道附近河道摆动不明显;1995—2002 年,调关弯道弯顶附近的河道左岸冲刷,河道摆动幅度在 150 m 左右,摆动幅度明显减小;2002 年后,弯顶附近河道左岸进一步冲刷,河道摆动距离最大处约均 394 m,河道中心线北移。

4.4.3.2 监利河段演变过程

监利河段位于典型的蜿蜒型河道下荆江的中段,该河段历史悠久,演变十分复杂。根据史料记载,明末时监利河段为微弯河型,此后弯曲系数逐渐变大。

1861 年以前,该河段为单一的弯道,至 1921 年河段下段出现较大江心洲,河道弯曲系数逐渐加大,并发展为急弯,主流走左汊,逐渐发展成鹅头型分汊河段。1931 年的特大洪水造成切滩撇弯,右岸边滩被水流切割成江心洲,河流右汊被冲开,使得监利河段开始形成分汊河道。1934 年河道深泓南移至右汊,原鹅头型分汊河道逐渐淤积衰退。随着水流对乌龟洲的冲刷切割,河道深泓逐年北移,至 1945 年深泓随乌龟洲右缘的崩退和右岸边滩的淤长而重新形成左汊,江心形成新的乌龟洲,原鹅头型汊道衰亡,原洲体(小乌龟洲)并岸(邓彩云,2010)。1970—1975 年,监利河段主流走右汊,而 1976—1977 年主流走左汊,1978 年后,主流摆动不定,汛期走南,枯期走北,1980 年汛期起主泓又走左汊,左岸岸线迅速崩退和下延。

结果显示,监利河段在 1983 年河道主流走左汊,右汊河道左岸冲刷,左汊河道右岸淤积,左岸冲刷,特别是乌龟洲滩尾附近冲刷幅度较大,乌龟洲洲体北移,洲头与洲尾都有心滩切出,河道主泓有南移的趋势,乌龟洲洲尾附近河道中心线北移,最大摆动距离约为 475 m;1988 年后,右汊河道左岸持续冲刷,河宽逐渐增加,左汊河道右岸淤积,河道逐渐变窄,乌龟洲洲体进一步北移,整体河道中心线摆动不明显,最大移动距离仅为 289 m 左右;1995—2002 年,右汊河道持续扩展,河道主流线过渡到右汊,1996 年后主流一直在右汊运行(彭玉明,2005),右汊河道左岸持续冲刷,乌龟洲洲体北移,左汊河道变窄,整体河道中心摆动距离在 317 m 左右;2002 年后,右汊河道持续变宽,乌龟洲洲体继续向北移动,整体河道中心线摆动距离最大约为 389 m。

4.5 下荆江堤防及护岸工程

河道形态的变化除了受河道冲淤变化的影响外,河道堤防及护岸工程的建设对河道形态的变化以及河道的摆动变化也有一定的影响。以 2010 年 11 月 5 日 Landsat-ETM+遥感影像为基础,运用 ESRI Pan-sharpened 融合方法得到 15 m 分辨率的多波段影像融合结果。在 4、3、2 的波段组合下进行目视解译,提取了下荆江河段的堤防与护岸工程信息,提取结果见图 4-5。在此结果基础上,分别量算了各堤防与护岸段的长度与空间分布特征。

4.5.1 堤防工程建设

下荆江河道内的堤防分为干堤与子堤两种类型,其中干堤包括位于左岸的荆江大堤、监利洪湖长江干堤和位于右岸的荆南长江干堤、岳阳长江干堤(见图 4-5)。根据遥感影像提取的干堤测量结果,统计量算得到研究区内干堤总长度约为 215.15 km。其中,荆江大堤为国家一级堤防,始建于东晋年间,于元代初具规模,至 1954 年范围确定为荆州区枣林岗至监利县城南,全长 182.35 km,堤身最大高度 14~16 m(赵坤云等,2001),研究区范围内长约为 65 km。荆南长江干堤、岳阳长江干堤和监利洪湖长江干堤均为二级堤防。荆南长江干堤上起松滋市查家月堤,下至石首市五马口,宋代开始修建,并于明清续建形成整体,现有的堤身

经过了逐年的加固,研究区范围内堤长约为 51 km。岳阳长江干堤位于湖南省境内五马口
至赤壁山,全长 170 km,研究区范围内长度约为 40 km。监利洪湖长江干堤位于江汉平原东
南端,从监利县城南至洪湖市胡家湾全长 226 km,研究区内堤长约为 48 km。

　　研究区子堤总长度约为 316.86 km,其中河道左岸子堤长度为 250 km,占子堤总长度的
78.9％,分布于石首河段长江故道以北、六合垸堤、永和垸堤、自茂林口至中洲子河段沿岸、
监利至集成垸河段沿岸、集成垸堤以及天星阁附近河段沿岸;右岸的子堤主要分布于郑家河
头至石首河段沿岸和北门口至调关河段沿岸。

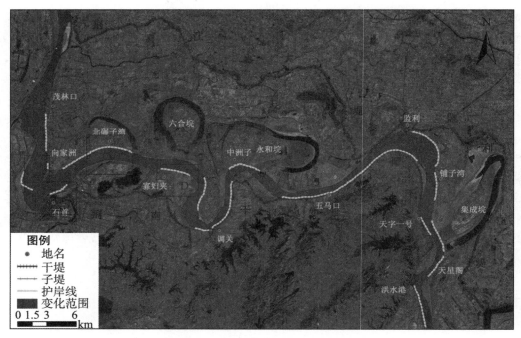

图 4-5　下荆江堤防与护岸工程分布图

　　为分析不同等级堤防对河道演变的影响,利用河段两岸堤防的控制宽度,即两岸堤防的
平均间距,与河道平均宽度作比值,比值越小,说明该堤防对河道的控制能力越明显,对河道
演变的影响越显著。结果显示(见表 4-7),研究区中干堤的总长度约为 215.15 km,河道两
岸干堤的控制宽度约为 11 km,与河道平均宽度的比值为 13.70,干堤间距远远大于河道的
宽度;研究区中,子堤总长度约为 316.86 km,河道两岸子堤的控制宽度约为 3 km,与河道宽
度的比值为 3.64,明显小于两岸干堤控制宽度与河宽的比值。说明研究区内近 30 年来下荆
江河道的摆动距干堤较远,受长江干堤的影响较小,而主要受河道两岸子堤的控制。调关至
洪水港河段右岸,由于没有子堤的建设,且干堤位于河道近岸,因此该河段右岸主要受长江干
堤的控制。图 4-5 中,变化范围是指 1983—2009 年下荆江河道岸线变化的最大范围,从图可以
看出河道的变化范围在子堤的范围以内,进一步说明子堤对下荆江河道演变的控制作用。

表 4-7　下荆江堤防工程数据

	长度/km	间距/km	间距与河宽比值
干堤	215.15	11	13.70
子堤	316.86	3	3.64

4.5.2 护岸工程建设

根据资料统计,下荆江护岸工程最早自 1952 年开始建设,并于 1998 年洪水过后对护岸工程进一步加固,主要的护岸线岸段有石首河段的茂林口至古长堤河段(左岸)、向家洲(左岸)、送江码头(右岸)、北门口(右岸)、鱼尾洲至北碾子湾河段(左岸)、中洲子河段(左岸)、寡妇夹河段(右岸)、连心垸(右岸)、金鱼沟(左岸)、调关(右岸),以及监利河段的铺子湾河段(左岸)、天字一号河段(右岸)、集成垸与天星阁河段(左岸)以及洪水港附近河段(左岸)等(潘庆燊,2011)。根据护岸工程的提取结果(见图 4-5)统计计算得到研究区内护岸线总长度约为 95 503 m,其中石首河段内护岸工程长度约为 67 012 m,监利河段内护岸工程约为 28 491 m。鹅公凸至新沙洲段护岸线长度约为 20 854 m,是最长的护岸线,最短的护岸线为向家洲段,长度约为 815 m。

表 4-8 下荆江护岸工程数据

	护岸线	修建年限	长度/m
石首段	茂林口—古长堤	1975—2001	5 188
	向家洲	1994—2001	815
	送江码头	2000	3 525
	北门口	1994—2002	2 894
	鱼尾洲—北碾子湾	1971—2001	10 442
	寡妇夹	2001—2002	4 049
	连心垸	1974—2001	1 955
	金鱼沟	1977—1994	4 869
	调关	1952—2001	7 699
	中洲子	1968—2000	4 722
	鹅公凸—新沙洲	1969—2001	20 854
监利段	铺子湾	1977—2002	10 999
	集成垸	1983—2001	4 763
	天星阁	1982—1986	3 625
	天字一号	1969—2002	2 949
	洪水港	1962—2002	6 155
合计			95 503

通过对下荆江四段护岸线附近岸线的变化分析,探究护岸工程对河岸的控制与保护作用。以向家洲河段、北碾子湾河段左岸与北门口、寡妇夹河段右岸为例(图 4-6),各段自 1983—2002 年均持续冲刷,岸线崩退至护岸线附近,而 2002 年后岸线维持在护岸线附近,河岸基本不再崩退。其中北门口右岸甚至出现了少量淤积。从四个代表河岸的侵蚀崩退过程来看,护岸带对河岸的侵蚀有较强的防护作用,限制了河道的摆动幅度,基本保证了防护河段的稳定性。由于河道侧蚀崩退受阻,进一步加剧了河床的纵向侵蚀冲刷。

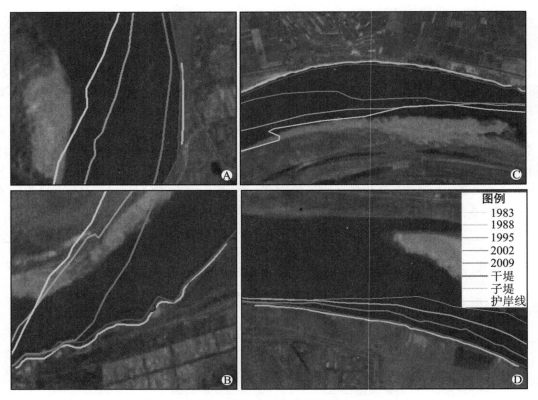

图 4-6　北碾子湾段与寡妇夹段护岸与岸线变化图
A 为向家洲,B 为北门口,C 为北碾子湾,D 为寡妇夹

5.1　数据选取与研究时段划分

这里主要选取了位于长江中游干流的宜昌、监利、螺山、城陵矶、汉口、湖口以及下游的大通等 7 个水文站 1980—2012 年的实测日均流量、日均水位数据,以及各水文站 1987—2012 年的实测日均含沙量数据,其中城陵矶和大通站的日均流量、日均水位数据时间序列为 1987—2012 年,并且缺失湖口站的日均含沙量数据,城陵矶、螺山和汉口站缺失 1989 年的含沙量数据。为了分析三峡水库建设前后长江中下游各水文站的水文情势改变程度,本文以三峡水库的起始蓄水年份(即 2003 年)为分界点对研究时段进行划分,1980—2002 年(或 1987—2002 年)代表三峡蓄水前长江中下游的水文情势,2003—2012 年代表三峡蓄水后长江中下游的水文情势。利用 Mann-Kendall 趋势检验法对各水文站流量、水位和含沙量的年际变化趋势进行分析,并根据 RVA 法计算各水文站在三峡蓄水后不同 IHA 指标的改变程度。

5.2　研究方法

5.2.1　Mann-Kendall 趋势检验法

基于秩的 Mann-Kendall 趋势检验法是一种非参数统计检验方法,简称 M-K 法,最初是由 Mann 和 Kendall 提出原理并发展了这一方法(魏凤英,1999;张建云,2007)。Senyers 则进一步完善了这种方法,它以检测范围宽、人为因素较少、定量化程度高等优点而富有生命力(符涂斌,1992)。这种非参数检验方法亦称无分布检验,其优点是不需要样本遵从一定的分布,也不受少数异常值的干扰,更适用于类型变量和顺序变量,计算也比较简便,因此常用来对水文变量进行趋势性检验(黄锡荃,1993;李运刚,2008;王文圣,2008)。

在 Mann-Kendall 中,原假设 H_0 为时间序列$(x_1,x_2,\cdots,x_n)$,是 n 个独立的、随机变量同分布的样本;备择假设 H_1 是双边检验,对于所有的 $k,j \leqslant n$,且 $k \neq j$,x_k 和 x_j 的分布是不相同的,M-K 法定义了其检验统计量 S 如下式:

$$S = \sum_{j=1}^{n-1}\sum_{k=j+1}^{n} \text{sgn}(x_k - x_j)$$

(5-1)

$$\operatorname{sgn}(x_k - x_j) = \begin{cases} 1, x_k - x_j > 0 \\ 0, x_k - x_j = 0 \\ -1, x_k - x_j < 0 \end{cases} \tag{5-2}$$

其中 sgn( ) 为取符号函数, x_j, x_k 分别为 j, k 对应的变量值, 且 $k > j$,

$$Var(s) = \frac{n(n-1)(2n+5)}{18} \tag{5-3}$$

$$Z = \begin{cases} (s-1)/\sqrt{Var(s)}, s > 0 \\ 0, s = 0 \\ (s-1)/\sqrt{Var(s)}, s < 0 \end{cases} \tag{5-4}$$

式中, Z 为一个服从正态分布的统计量, 在双边趋势检验中, 在给定的 α 置信水平上, 如果 $|Z| \geqslant Z_{1-\alpha/2}$, 则原假设是不可接受的, 即在 α 置信水平上, 时间序列数据存在明显的上升或下降趋势。对于统计变量 Z, 正值表示原序列有上升的趋势, 负值表示原序列有下降的趋势。当 Z 的绝对值大于或等于 1.64、1.96、2.58 时, 表示分别通过了置信度 90%、95% 和 99% 的显著性水平检验。

5.2.2　变化范围法

5.2.2.1　RVA 法基本理论

变化范围法(Range of Variability Approach, RVA)最初是由 Richter 等于 1997 年提出的(Richter B. , 1997), 该方法建立在水文变化指标法(IHA, Indicators of Hydrologic Alteration)的基础上, 主要思路是根据河流的逐日水文资料, 分别从量值大小、发生时间、频率、持续时间和变化率 5 个方面的特征值对水体进行描述, 将水文数据转换为具有生态意义的水文指标系列, 然后根据受人类活动影响前的水文统计资料设定各个指标参数的上下限, 即 RVA 目标范围, 将 IHA 指标受人类活动影响前后进行对比, 便可以评估河流受人类活动影响后的改变程度, 并据此进一步分析将会给生态系统带来的一系列影响。

5.2.2.2　IHA 指标及含义

IHA 一般用于分析水文系列(如流量和水文系列)的变化情况, 利用长系列的日水文数据, 通过将其转换为一种与生态相关的、易采集、表征性强、多参数的水文指标系列, 来评价水文系统变化程度及其对生态系统的影响, 该指标体系尤其适用于受人类干扰河流的水文情势及生态系统影响评价。按水文情势的五种基本特征(量值、出现时间、频率、历时及变化速率), 该指标体系的 32 个水文指标分为以下五组(具体见表 1-1)。

第一组是月均值指标, 包括每个月的月平均值, 共 12 个指标;

第二组是年极端水文条件的量值及历时指标, 包括年内最大及最小 1 d、3 d、7 d、30 d 及 90 d 的量值, 河流基流指数, 共 11 个指标;

第三组是年极端水文条件出现的时间, 包括 2 个指标, 分别是年最大及最小 1 d 水文事件发生的儒略日(从每年的 1 月 1 日起算的第多少天);

第四组是高、低脉冲的频率和历时指标, 包括每年高脉冲(未受影响前频率为 75% 的日流量)及低脉冲(对应频率为 25% 的日流量)的发生频率及历时, 共 4 个指标;

第五组是水文条件变化的速度和频率, 包括 3 个指标, 分别是相邻两日流量的平均增加率、减少率以及流量过程的转换次数(即日流量由增加变成减少或由减少变成增加的次数)。

5.2.2.3 RVA 评估方法

RVA 以详细的流量资料来评估受影响前后的流量自然变化状态,一般以日流量未受影响前自然变化情况为基准评估流量序列受影响的程度。评价 IHA 各指标是否受影响的标准需要以生态方面的资料作为依据,但实际应用中往往缺乏生态方面的资料,从而导致无法进行评估。Richter 等提出以各 IHA 指标的平均值加减一个标准差作为 RVA 的目标(Richter B.,1997),而实际应用中的大部分研究成果将各 IHA 指标排序后进行频率计算,采用发生频率为 75% 和 25% 的值作为各 IHA 指标参数的上、下限,即 RVA 目标范围。若受人类活动干扰后的流量记录统计的 IHA 指标值落在 RVA 目标内的频率与受人类活动干扰前的频率保持一致,则表明人类活动的干扰对河流的影响轻微,河流仍然具有原有自然状态的流量变化特征,此项干扰落在天然生态系统可以承受的范围之内;若受影响后的流量记录统计的 IHA 指标值落于 RVA 标的内的频率很大程度上偏离了受影响前的频率,则表明人类活动的干扰已经改变了原有河流的流量变化特征,此项干扰已经超过了天然生态系统可以承受的范围,并且认为改变原有河流的流量变化特征这一现象将可能进一步对河流的生态系统造成严重的负面影响(张洪波,2008)。

5.2.2.4 水文改变度计算

为了量化人类活动干扰后 IHA 各指标的变化程度,Richter 等建议通过水文改变度来评估(Richter,1997),其定义如下:

$$D_i = \frac{N_o - N_e}{N_e} \times 100\%$$

(5-5)

式中:D_i——第 i 个 IHA 的水文改变度;

　　N_o——观测数,指受人类活动影响后第 i 个 IHA 落在 RVA 目标内的年数;

　　N_e——预期年数,指受人类活动影响后第 i 个 IHA 预期落在 RVA 目标内的年数,可以用 $r \times N_T$ 来表示,其中 r 为受人类活动影响前 IHA 落在 RVA 目标内的比例,若以各 IHA 的 75% 和 25% 作为 RVA 的目标范围,则 $r = 50\%$,而 N_T 为受人类活动影响后流量记录的总年数;正值表示影响后 IHA 指标值落入 RVA 目标内的年数大于预期年数,负值表示影响后 IHA 指标值落入 RVA 目标内的年数小于预期年数。

不同物种能够容忍的水文变化程度是不同的,这就需要量化特定的 IHA 指标改变的严重程度,但这些数据非常有限难以满足要求。为了设定一个客观的标准来判断水文改变度的严重性,Richter 等认为可以将水文改变度 D_i 简单地分为三个不同的严重级别(Richter,1997),一般定义若 $|D_i|$ 值介于 0~33% 属于无或低度改变;33%~67% 属于中度改变;67%~100% 属于高度改变,据此量化数值来判断人类活动对河流水文情势的影响程度。

5.2.2.5 水文整体改变度

在实际评价过程中,上述表征河流生态水文特征的 32 个指标通常具有不同的水文改变度。为了对受干扰后河流水文情势的整体变化程度进行合理判断,需要综合 32 个 IHA 指标的水文变化情况。研究中采用整体水文改变度来作为评判的依据,结合相关研究(康玲,2010),定义整体水文改变度 D_o 为:

$$D_0 = \sqrt{\frac{1}{32}\sum_{i=1}^{32}D_i^2} \tag{5-6}$$

5.2.2.6 RVA 法评价步骤

(1)以人类活动影响前的日水文资料计算 32 个 IHA 指标的年变化情况;

(2)依据上一步计算的影响前的 IHA 指标结果定义各个 IHA 指标的 RVA 阈值范围,本文选取发生频率为 75% 和 25% 的值作为各 IHA 指标参数的上、下限;

(3)以人类活动影响后的日水文资料计算 32 个 IHA 指标的年变化情况;

(4)以步骤 2 所得的 RVA 阈值范围来评价步骤 3 所得的人类活动影响后的结果,评判计算的结果是否落在步骤 2 的阈值范围内;

(5)通过步骤 4 的比较结果,用数字量化 IHA 的变化等级,分析河流生态水文特性的整体水文改变度。

5.3 河流流量变化

5.3.1 趋势变化分析

利用 M-K 法计算长江中下游宜昌、监利、螺山、城陵矶、汉口、湖口和大通等 7 个水文站 1980—2012 年的多年平均流量变化趋势。从表 5-1 可以看出,7 个水文站的多年平均流量均有不同程度的下降趋势,其中宜昌站和监利站的下降趋势最为显著,M-K 检验值达到 −2.80 和 −1.81,分别通过 99% 和 90% 的显著性水平检验;湖口站的下降趋势最不明显,M-K 检验值只有 −0.42;其余各站呈不显著的下降趋势。从不同阶段的变化来看,7 个水文站在整个阶段(1980—2012 年)的多年平均流量值均低于蓄水前而高于蓄水后的多年平均流量值,这也进一步验证了三峡水库蓄水后长江中下游的整体年均流量值呈现一种下降趋势。从年均流量过程线的变化趋势来看(图 5-1),除 1998 年大洪水和 2006 年、2011 年极端干旱之外,各水文站的年均流量变化相对比较稳定,其中宜昌和监利站的年均流量变化趋势基本一致,变化均比较平缓,受荆江三口分流的影响,监利站的年均流量值小于宜昌站;螺山、汉口和大通三个站的变化趋势非常相似,变化幅度均大于宜昌和监利站;由于两大天然湖泊(洞庭湖和鄱阳湖)的调蓄作用,城陵矶和湖口站的年均流量值均小于长江干流上的其他水文站,且二者变化趋势基本一致。

表 5-1 年均流量的 Mann-Kendall 检验统计结果

	流量变化	宜昌	监利	城陵矶	螺山	汉口	湖口	大通
多年平均流量/ (m³/s)	整个时段(1980—2012 年)	13 301	11 977	8 198	20 094	22 417	5 087	28 475
	蓄水前(1980—2002 年)	13 714	12 209	8 801	20 730	22 972	5 308	29 659
	蓄水后(2003—2012 年)	12 350	11 444	7 533	18 633	21 139	4 577	26 582
	变化率/%	−9.9	−6.3	−14.4	−10.1	−8.0	−13.8	−10.4
	Z 值	−2.80***	−1.81*	−1.41	−1.60	−1.38	−0.42	−1.01

备注:*表示通过置信度为 90% 的显著性水平检验;***表示通过置信度为 99% 的显著性水平检验。

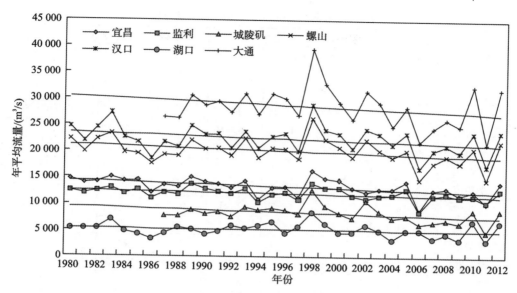

图 5-1　各水文站年平均流量过程线

5.3.2　IHA 指标变化分析

根据宜昌、监利、城陵矶、螺山、汉口、湖口和大通等 7 个水文站的逐日流量数据,采用变化范围法(RVA)分别计算各水文站 32 个 IHA 指标在三峡蓄水前、后两个时段内的平均值,以及蓄水后各 IHA 指标相对于蓄水前的偏差率和水文变化度,偏差率的计算公式如下:

$$P_i = \frac{P_{\text{蓄水后}} - P_{\text{蓄水前}}}{P_{\text{蓄水前}}} \tag{5-7}$$

式中:P_i 为各 IHA 指标的偏差率,$P_{\text{蓄水前}}$ 为各 IHA 指标在蓄水前(1980—2002 年)的特征值,$P_{\text{蓄水后}}$ 为各 IHA 指标在蓄水后(2003—2012 年)的特征值。

5.3.2.1　宜昌站

根据表 5-2 中的计算结果,三峡蓄水后宜昌站的流量变化特征如下:

第 1 组指标:三峡蓄水后,6—12 月的月平均流量较蓄水前呈现减少现象,以 10 月最为明显,减少率达 30.68%;1—5 月的月平均流量较蓄水前有所增加,尤其是 2 月、3 月,如图 5-2(a)所示。各月份平均流量的水文改变度以中、低度改变为主,只有 2 月、10 月为高度改变。从图 5-2(b)可以看出,三峡蓄水后 10 月的月平均流量远低于蓄水前,且大部分落在 RVA 目标范围以外。

第 2 组指标:从量值上看,蓄水后年极端最小流量值有一定程度的增加,而年极端最大流量值则呈现出一定程度的减少趋势,且年极端最小流量的偏差率大于年极端最大流量的偏差率,基流指数也呈相应的增加趋势,增加率达 45.49%。从水文改变度来看,年极端最小流量为中、高度改变,年极端最大流量全部为低度改变,其中年最小 1 日流量改变度最大,达到 -84%。如图 5-2(c)所示,蓄水后年最小 1 日流量呈明显的上升趋势,且大部分高于 RVA 目标范围的上限。

第 3 组指标:蓄水后年最小 1 日流量出现时间由 2 月中旬提前至 1 月下旬,偏差率为 -46.81%,为中度改变;年最大 1 日流量出现时间由 7 月下旬推迟至 8 月上旬,表现为低度改变。

表 5-2　宜昌站流量和水位 IHA 指标统计表

IHA 指标	流量				水位			
	蓄水前/ (m³/s)	蓄水后/ (m³/s)	偏差率/ %	变化度/ %	蓄水前/ m	蓄水后/ m	偏差率/ %	变化度/ %
第 1 组指标								
1 月平均值	4 280	4 615	7.83	−12(L)	39.41	39.15	−0.66	−29(L)
2 月平均值	3 855	4 523	17.33	**−82(H)**	39.07	38.99	−0.20	−12(L)
3 月平均值	4 200	5 190	23.57	−47(M)	39.4	39.37	−0.08	24(L)
4 月平均值	5 725	5 975	4.37	42(M)	40.49	39.86	−1.56	−12(L)
5 月平均值	9 840	10 350	5.18	6(L)	42.75	42.23	−1.22	6(L)
6 月平均值	16 850	15 080	−10.50	−12(L)	45.36	43.95	−3.11	−65(M)
7 月平均值	31 300	25 850	−17.41	−29(L)	49.05	47.47	−3.22	−47(M)
8 月平均值	25 300	23 450	−7.31	−12(L)	48.09	47.16	−1.93	−12(L)
9 月平均值	25 000	20 980	−16.08	6(L)	47.84	46.37	−3.07	6(L)
10 月平均值	17 600	12 200	−30.68	**−67(H)**	45.23	42.6	−5.81	**−82(H)**
11 月平均值	9 050	8 045	−11.10	−18(L)	41.88	40.61	−3.03	−65(M)
12 月平均值	5 700	5 375	−5.70	59(M)	40.37	39.43	−2.33	**−100(H)**
第 2 组指标								
年均 1 日最小值	3 350	4 200	25.37	**−84(H)**	38.63	38.75	0.31	−29(L)
年均 3 日最小值	3 503	4 235	20.90	**−82(H)**	38.74	38.76	0.05	−29(L)
年均 7 日最小值	3 533	4 298	21.65	−65(M)	38.88	38.87	−0.03	−29(L)
年均 30 日最小值	3 741	4 398	17.56	−65(M)	39.06	38.94	−0.31	−12(L)
年均 90 日最小值	4 147	4 968	19.80	**−82(H)**	39.37	39.22	−0.38	6(L)
年均 1 日最大值	50 400	44 250	−12.20	−29(L)	52.27	51.72	−1.05	6(L)
年均 3 日最大值	50 130	43 820	−12.59	−29(L)	52.19	51.48	−1.36	24(L)
年均 7 日最大值	46 740	39 660	−15.15	−29(L)	51.44	50.9	−1.05	6(L)
年均 30 日最大值	35 130	31 780	−9.54	−29(L)	49.69	49.19	−1.01	6(L)
年均 90 日最大值	29 060	26 090	−10.22	6(L)	48.35	47.57	−1.61	6(L)
基流指数	0.25	0.37	45.49	−65(M)	0.90	0.92	2.10	−47(M)
第 3 组指标								
年最小值出现时间	47	25	−46.81	−51(M)	45	36.5	−18.89	−29(L)
年最大值出现时间	202	215.5	6.68	−29(L)	202	215.5	6.68	−29(L)
第 4 组指标								
低脉冲次数	4	6.5	62.50	**−85(H)**	4	4.5	12.50	1(L)
低脉冲历时	4.5	2	−55.56	−65(M)	7	3	−57.14	−39(M)
高脉冲次数	6	6	0.00	−23(L)	5	4	−20.00	−34(M)
高脉冲历时	8	5	−37.50	31(L)	7	5.75	−17.86	38(M)
第 5 组指标								
上升率	400	287.5	−28.13	−51(M)	0.17	0.14	−17.65	−65(M)
下降率	−400	−372.5	−6.88	−54(M)	−0.17	−0.185	8.82	−65(M)
逆转次数	127	162	27.56	**−82(H)**	132	159.5	20.83	**−100(H)**

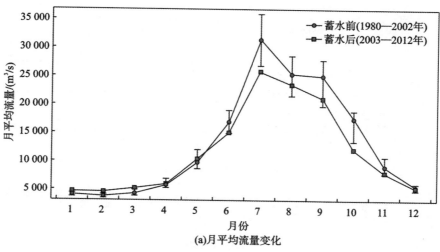

(a)月平均流量变化

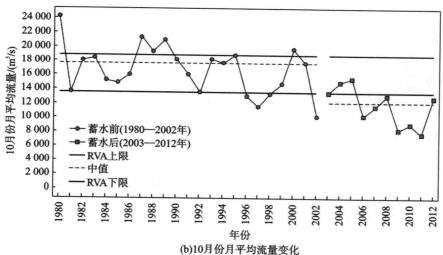

(b)10月份月平均流量变化

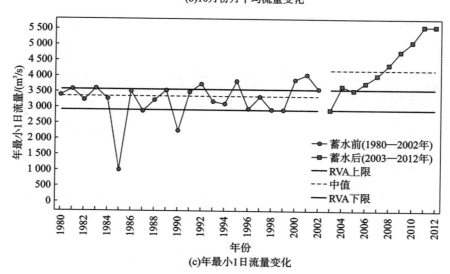

(c)年最小1日流量变化

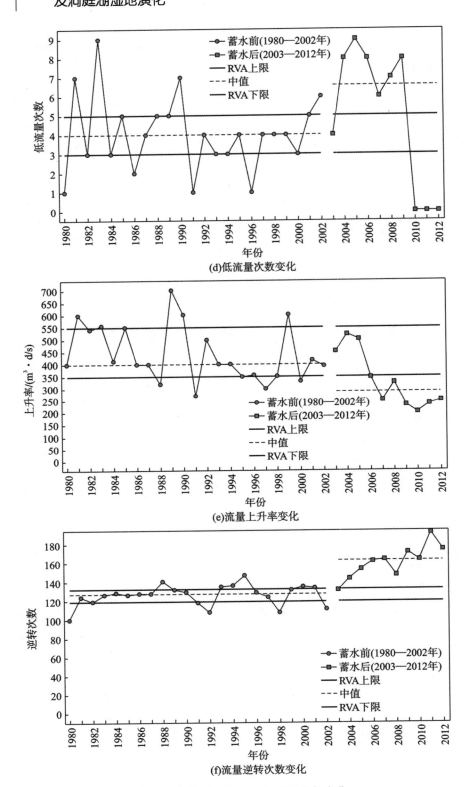

图 5-2　宜昌站流量要素的 IHA 指标变化

第 4 组指标:蓄水后,低流量次数增加,高流量次数维持不变,极端流量持续时间均有所缩短。从水文改变度来看,低流量次数为高度改变,低流量持续时间为中度改变;高流量次数和持续时间均为低度改变,由此可见,蓄水后低流量值较蓄水前变化明显。由图 5-2(d)可看出,低流量次数这一指标在蓄水后变化幅度比较大,且大部分落在 RVA 目标范围以外。

第 5 组指标:这一组指标总体上均发生了显著的变化,上升率和下降率较蓄水前均有所减少,表现为中度改变;流量涨落次数增加 27.56%,表现为高度改变,水文改变度达到 −82%。如图 5-2(e)所示,流量平均上升率在蓄水后低于蓄水前,尤其是 2006 年以后均低于 RVA 目标范围的下限;而流量逆转次数则明显增加[图 5-2(f)],在蓄水后很少落在 RVA 阈值范围内。

5.3.2.2 监利站

根据表 5-3 中的计算结果,三峡蓄水后监利站的流量变化特征如下:

第 1 组指标:三峡蓄水后,监利站的月平均流量变化趋势与宜昌站类似,同样出现了 6—11 月的月平均流量减少,12 月至第二年 5 月的月平均流量减少的趋势,如图 5-3(a)所示。从水文改变度来看,以中、低度改变为主,其中 2 月和 7 月的改变度最高,均为 −65%。

第 2 组指标:年极端流量指标中,与最小流量有关的指标改变度都较大,除最小 90 日流量为中度改变外,其余指标均为高度改变,水文改变度高达 −82%,且最小流量在三峡蓄水后明显增加,平均增加率为 21.8%,而与最大流量有关的指标较蓄水前略有减少,且均表现为低度改变。如图 5-3(b)所示,年最小 1 日流量在蓄水后很少落在 RVA 目标范围内,且明显高于 RVA 阈值上限,保持持续增加的趋势。

第 3 组指标:年极端流量发生时间在蓄水后均属于低度改变,年最小流量出现时间由 2 月中旬提前至上旬,年最大流量出现时间由 7 月下旬推迟至 8 月上旬。

第 4 组指标:三峡蓄水后,极端流量发生次数均有所减少,极端流量的持续时间也较蓄水前有所缩短,且低流量指标的偏差率高于高流量指标,这也表明三峡蓄水对低流量的影响较大。从水文改变度来看,除高流量历时为低度改变外,其余均为中度改变。

第 5 组指标:流量上升率和下降率发生显著变化,水文改变度较大,均表现为高度改变。蓄水后上升率和下降率分别减少 50.61% 和 20.83%,大部分值落在 RVA 目标范围以外[图 5-3(c),图 5-3(d)]。流量逆转次数变化不大,表现为低度改变。

表 5-3 监利站流量和水位 IHA 指标统计表

IHA 指标	流量				水位			
	蓄水前/ (m³/s)	蓄水后/ (m³/s)	偏差率/ %	变化度/ %	蓄水前/ m	蓄水后/ m	偏差率/ %	变化度/ %
第 1 组指标								
1 月平均值	4 700	5 285	12.45	−47(M)	24.13	24.92	3.27	−29(L)
2 月平均值	4 175	4 930	18.08	−65(M)	23.99	24.77	3.25	−47(M)
3 月平均值	4 600	5 970	29.78	−34(M)	24.86	25.35	1.97	6(L)
4 月平均值	6 450	6 763	4.85	6(L)	26.32	26.23	−0.34	24(L)
5 月平均值	9 930	10 700	7.75	24(L)	28.69	29.17	1.67	−47(M)
6 月平均值	14 850	13 730	−7.54	−29(L)	30.68	30.47	−0.68	−29(L)

IHA 指标	流量				水位			
	蓄水前/ (m³/s)	蓄水后/ (m³/s)	偏差率/ %	变化度/ %	蓄水前/ m	蓄水后/ m	偏差率/ %	变化度/ %
7月平均值	25 500	20 300	−20.39	−65(M)	33.48	32.29	−3.55	−65(M)
8月平均值	21 200	19 050	−10.14	−1(L)	32.2	32.37	0.53	24(L)
9月平均值	20 700	19 200	−7.25	−12(L)	31.84	31.88	0.13	6(L)
10月平均值	15 150	11 550	−23.76	−47(M)	29.95	29.14	−2.70	−29(L)
11月平均值	9 000	8 421	−6.43	−29(L)	27.34	26.85	−1.79	−29(L)
12月平均值	5 950	6 125	2.94	38(M)	25.1	25.32	0.88	24(L)
第2组指标								
年均1日最小值	3 700	4 575	23.65	**−82(H)**	23.56	24.41	3.61	−47(M)
年均3日最小值	3 767	4 612	22.43	**−82(H)**	23.57	24.45	3.73	−29(L)
年均7日最小值	3 823	4 680	22.42	**−82(H)**	23.62	24.49	3.68	−29(L)
年均30日最小值	4 086	4 972	21.68	**−82(H)**	23.9	24.63	3.05	−12(L)
年均90日最小值	4 645	5 516	18.75	−47(M)	24.47	25.17	2.86	−12(L)
年均1日最大值	37 500	34 700	−7.47	6(L)	35.78	35.19	−1.65	−12(L)
年均3日最大值	36 770	33 670	−8.43	−29(L)	35.66	35.07	−1.65	−47(M)
年均7日最大值	34 470	31 710	−8.01	−29(L)	35.53	34.71	−2.31	−47(M)
年均30日最大值	27 410	25 860	−5.65	−12(L)	34.18	33.96	−0.64	−47(M)
年均90日最大值	23 330	21 360	−8.44	24(L)	32.89	32.77	−0.36	24(L)
基流指数	0.318 9	0.444 9	39.51	−47(M)	0.834 3	0.861 8	3.30	−65(M)
第3组指标								
年最小值出现时间	46	39.5	−14.13	6(L)	47	2.5	−94.68	−65(M)
年最大值出现时间	203	220.5	8.62	15(L)	203	213	4.93	−12(L)
第4组指标								
低脉冲次数	4	2.5	−37.50	−54(M)	2	3	50.00	−5(L)
低脉冲历时	11.5	7.5	−34.78	−39(M)	15.75	16	1.59	53(M)
高脉冲次数	6	5.5	−8.33	−39(M)	3	2	−33.33	−27(L)
高脉冲历时	7	6.25	−10.71	−1(L)	15.5	32.5	109.68	−12(L)
第5组指标								
上升率	410	202.5	−50.61	**−85(H)**	0.12	0.095	−20.83	−51(M)
下降率	−300	−237.5	−20.83	**−71(H)**	−0.105	−0.1	−4.76	−18(L)
逆转次数	111	112	0.90	−18(L)	70	72.5	3.57	−47(M)

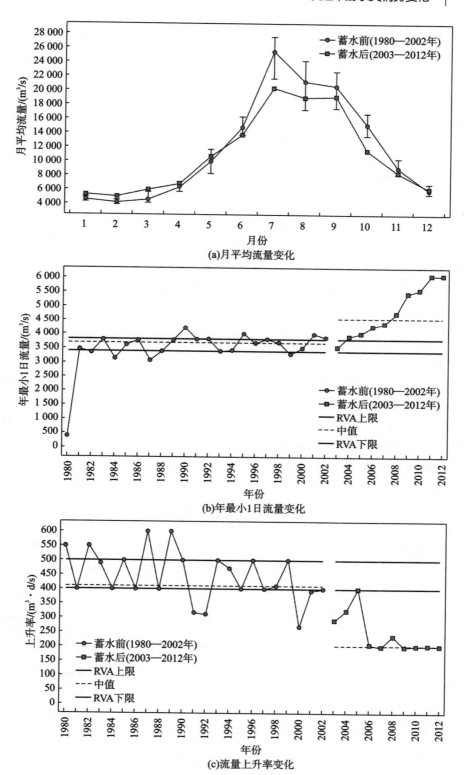

(a)月平均流量变化

(b)年最小1日流量变化

(c)流量上升率变化

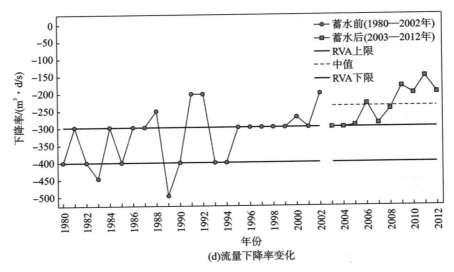

(d)流量下降率变化

图 5-3　监利站流量要素的 IHA 指标变化

5.3.2.3　城陵矶站

根据表 5-4 中的计算结果,三峡蓄水后城陵矶站的流量变化特征如下:

第 1 组指标:三峡蓄水后多年月平均流量整体呈下降趋势,只有 1 月、3 月、5 月的月平均流量稍有增加,其中 7 月的月平均流量的减少量最大,达到 5 800 m³/s,从变化比率来看,11 月的月平均流量的减少率最大,为 45.32%[图 5-4(a)]。从水文改变度来看,主要以中、低度改变为主,只有 5 月、10 月的月平均流量表现为高度改变,改变度均为−80%,且蓄水后只有少数值落在 RVA 阈值范围内[图 5-4(b)]。

第 2 组指标:三峡蓄水后,年最大流量指标的偏差率普遍大于年最小流量,且全部表现为减少趋势。相对而言,年最小流量指标中年 1 日和 90 日最小流量呈减少趋势,其余指标呈增加趋势。从水文改变度来看,年最小流量指标的改变度较大,主要表现为中、高度改变,其中年均 7 日、90 日最小流量为高度改变;而年最大流量指标中除年均 7 日最大流量为中度改变外,其余均为低度改变。从图 5-4(c)可看出,蓄水后年均 90 日最小流量较蓄水前变幅减小,且落在 RVA 目标范围内的频率大于蓄水前,这一现象表明洞庭湖的调蓄作用对城陵矶站的流量变化具有明显影响。

表 5-4　城陵矶站流量和水位 IHA 指标统计表

IHA 指标	流量				水位			
	蓄水前/ (m³/s)	蓄水后/ (m³/s)	偏差率/ %	变化度/ %	蓄水前/ m	蓄水后/ m	偏差率/ %	变化度/ %
第 1 组指标								
1 月平均值	2 235	2 345	4.92	20(L)	20.6	20.84	1.17	20(L)
2 月平均值	3 698	3 048	−17.58	40(M)	20.97	20.98	0.05	40(M)
3 月平均值	5 300	5 330	0.57	0(L)	22.22	22.46	1.08	−20(L)
4 月平均值	8 350	7 590	−9.10	0(L)	23.94	23.76	−0.75	40(M)
5 月平均值	10 230	11 500	12.41	**−80(H)**	26.13	26.52	1.49	0(L)

IHA 指标	流量				水位			
	蓄水前/ (m³/s)	蓄水后/ (m³/s)	偏差率/ %	变化度/ %	蓄水前/ m	蓄水后/ m	偏差率/ %	变化度/ %
6 月平均值	12 730	11 500	−9.66	0(L)	27.65	27.73	0.29	0(L)
7 月平均值	17 600	11 800	−32.95	−40(M)	30.82	29.38	−4.67	−60(M)
8 月平均值	11 600	9 590	−17.33	20(L)	29.31	29.76	1.54	40(M)
9 月平均值	10 350	8 923	−13.79	40(M)	28.42	29.12	2.46	40(M)
10 月平均值	7 400	4 870	−34.19	**−80(H)**	26.77	25.6	−4.37	−40(M)
11 月平均值	4 910	2 685	−45.32	−40(M)	24.27	22.64	−6.72	−20(L)
12 月平均值	2 540	2 290	−9.84	20(L)	21.47	21.39	−0.37	60(M)
第 2 组指标								
年均 1 日最小值	1 375	1 145	−16.73	0(L)	19.76	20.18	2.13	−20(L)
年均 3 日最小值	1 428	1 523	6.65	40(M)	19.92	20.29	1.86	0(L)
年均 7 日最小值	1 537	1 709	11.19	**80(H)**	20.04	20.38	1.70	20(L)
年均 30 日最小值	1 962	2 103	7.19	40(M)	20.33	20.8	2.31	0(L)
年均 90 日最小值	3 760	3 060	−18.62	**80(H)**	21.37	21.56	0.89	20(L)
年均 1 日最大值	28 700	22 100	−23.00	−20(L)	32.84	31.83	−3.08	0(L)
年均 3 日最大值	28 230	21 830	−22.67	−20(L)	32.79	31.78	−3.08	0(L)
年均 7 日最大值	27 010	20 110	−25.55	−40(M)	32.66	31.58	−3.31	−20(L)
年均 30 日最大值	20 410	16 380	−19.75	0(L)	31.53	30.83	−2.22	0(L)
年均 90 日最大值	14 920	12 720	−14.75	−20(L)	29.81	29.61	−0.67	20(L)
基流指数	0.179 2	0.236 8	32.14	0(L)	0.786 5	0.811 9	3.23	−20(L)
第 3 组指标								
年最小值出现时间	366	311	−15.03	60(M)	33	1	−96.97	−20(L)
年最大值出现时间	199	199.5	0.25	−40(M)	201.5	213	5.71	40(M)
第 4 组指标								
低脉冲次数	3	6.5	116.67	−52(M)	2	3	50.00	−26(L)
低脉冲历时	12.5	5.25	−58.00	−20(L)	27	20	−25.93	**80(H)**
高脉冲次数	7	6	−14.29	−20(L)	3	2	−33.33	−26(L)
高脉冲历时	7	5.75	−17.86	−4(L)	14.5	43	196.55	0(L)
第 5 组指标								
上升率	400	290	−27.50	**−100(H)**	0.135	0.125	−7.41	−27(L)
下降率	−300	−210	−30.00	−60(M)	−0.11	−0.11	0.00	−13(L)
逆转次数	99.5	102	2.51	44(M)	46.5	50.5	8.60	20(L)

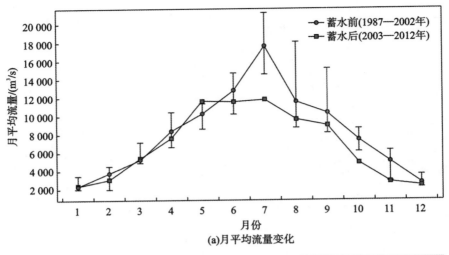

(a)月平均流量变化

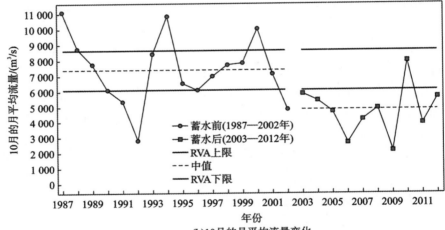

(b)10月的月平均流量变化

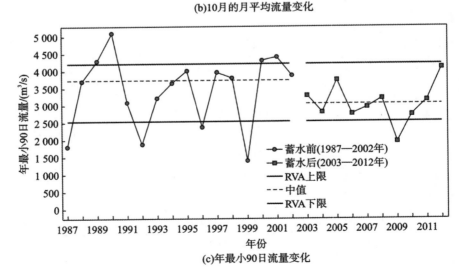

(c)年最小90日流量变化

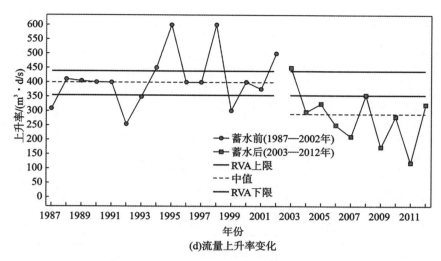

(d)流量上升率变化

图 5-4　城陵矶站流量要素的 IHA 指标变化

第 3 组指标:年极端流量发生时间在蓄水后均属于中度改变,年最小流量出现时间明显提前,由蓄水前的 12 月底提前至 11 月初,而年最大流量出现时间在蓄水前后变化不大。

第 4 组指标:极端流量的持续时间较蓄水前缩短,低流量发生次数明显增加,偏差率达 116.67%,而高流量发生次数略有减少,且低流量指标的偏差率高于高流量指标。从水文改变度来看,除低流量次数为中度改变外,其余均为低度改变。

第 5 组指标:流量上升率和下降率在蓄水后表现为下降趋势,上升率水文改变度最大,达到−100%,为高度改变,下降率和逆转次数属于中度改变。如图 5-4(d)所示,上升率在蓄水后全部落在 RVA 阈值范围外,造成高度改变。

5.3.2.4　螺山站

根据表 5-5 中的计算结果,三峡蓄水后螺山站的流量变化特征如下:

第 1 组指标:由图 5-5(a)可知,1 月、2 月、3 月、5 月和 8 月的月平均流量较蓄水前有所增加,其余月的月均流量呈不同程度的减少趋势,且减少幅度明显小于上游的宜昌和监利站,加上支流有洞庭湖的径流开始汇入,说明三峡蓄水对该河段的影响开始减弱。7 月的月均流量的下降最为明显,减少率为 23.47%,水文改变度也最大,属于中度改变[图 5-5(b)]。另外,2 月、3 月、8 月的月均流量也表现为中度改变,其余月份均属于低度改变。

表 5-5　螺山站流量和水位 IHA 指标统计表

IHA 指标	流量				水位			
	蓄水前/（m³/s）	蓄水后/（m³/s）	偏差率/%	变化度/%	蓄水前/m	蓄水后/m	偏差率/%	变化度/%
第 1 组指标								
1 月平均值	6 870	8 090	17.76	6(L)	19.04	19.52	2.52	24(L)
2 月平均值	7 680	8 300	8.07	42(M)	19.54	19.69	0.77	24(L)
3 月平均值	10 900	11 200	2.75	59(M)	20.8	21.22	2.02	24(L)
4 月平均值	15 200	14 280	−6.05	6(L)	22.81	22.44	−1.62	24(L)

IHA 指标	流量				水位			
	蓄水前/（m³/s）	蓄水后/（m³/s）	偏差率/%	变化度/%	蓄水前/m	蓄水后/m	偏差率/%	变化度/%
5月平均值	20 600	21 750	5.58	−29（L）	24.82	25.36	2.18	−12（L）
6月平均值	26 350	25 200	−4.36	−29（L）	26.56	26.58	0.08	−12（L）
7月平均值	42 400	32 450	−23.47	−65（M）	29.72	28.34	−4.64	−65（M）
8月平均值	32 800	33 100	0.91	42（M）	28.44	28.66	0.77	42（M）
9月平均值	32 300	30 100	−6.81	6（L）	27.47	28.16	2.51	24（L）
10月平均值	22 400	18 300	−18.30	−29（L）	25.74	24.5	−4.82	−47（M）
11月平均值	14 350	11 630	−18.95	−29（L）	23.11	21.61	−6.49	−29（L）
12月平均值	8 450	8 375	−0.89	31（L）	20.18	20.04	−0.69	6（L）
第2组指标								
年均1日最小值	5 730	6 600	15.18	−65（M）	18	19	5.56	**−100（H）**
年均3日最小值	5 937	6 622	11.54	−12（L）	18.51	19.04	2.86	−12（L）
年均7日最小值	6 020	6 751	12.14	**−82（H）**	18.53	19.08	2.97	−12（L）
年均30日最小值	6 377	7 716	21.00	−47（M）	18.78	19.4	3.30	6（L）
年均90日最小值	8 638	9 618	11.35	42（M）	19.9	20.29	1.96	6（L）
年均1日最大值	52 800	45 300	−14.20	−47（M）	31.64	30.78	−2.72	−12（L）
年均3日最大值	51 600	44 970	−12.85	−47（M）	31.57	30.72	−2.69	−12（L）
年均7日最大值	50 070	43 640	−12.84	−47（M）	31.35	30.54	−2.58	6（L）
年均30日最大值	43 910	38 710	−11.84	−29（L）	30.23	29.77	−1.52	−12（L）
年均90日最大值	37 110	33 620	−9.40	−12（L）	28.83	28.59	−0.83	6（L）
基流指数	0.289 8	0.360 8	24.50	**−82（H）**	0.771 7	0.794 4	2.94	−47（M）
第3组指标								
年最小值出现时间	31	0.5	−98.39	−65（M）	37	0.5	−98.65	−65（M）
年最大值出现时间	200	211	5.50	−47（M）	204	212.5	4.17	6（L）
第4组指标								
低脉冲次数	2	3	50.00	−14（L）	2	3	50.00	−3（L）
低脉冲历时	40	14.75	−63.13	−29（L）	21	20	−4.76	6（L）
高脉冲次数	3	2	−33.33	2（L）	3	2	−33.33	−3（L）
高脉冲历时	17	31	82.35	−51（M）	23.5	32.5	38.30	−12（L）
第5组指标								
上升率	500	400	−20.00	−51（M）	0.13	0.117 5	−9.62	−18（L）
下降率	−400	−300	−25.00	**−74（H）**	−0.11	−0.11	0.00	31（L）
逆转次数	72	72.5	0.69	24（L）	50	52	4.00	31（L）

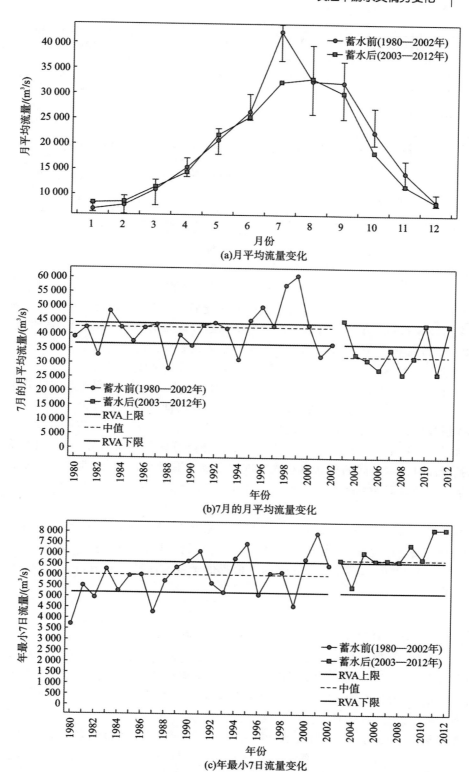

(a)月平均流量变化

(b)7月的月平均流量变化

(c)年最小7日流量变化

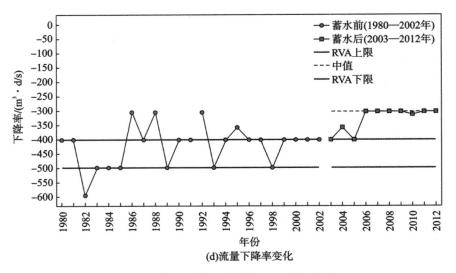

(d)流量下降率变化

图 5-5　螺山站流量要素的 IHA 指标变化

第 2 组指标:三峡蓄水后,极端最小流量有一定程度的增加,而极端最大流量则呈现出一定程度的减少趋势。年均 7 日最小流量的增加趋势最为明显[图 5-5(c)],改变度也最大,达到 -82%,为高度改变,与该指标相关的基流指数也表现为高改变度。年均 3 日最小流量和年均 30 日、90 日最大流量改变度最小,为低度改变,其余指标均为中度改变。

第 3 组指标:年极端流量发生时间在蓄水后均属于中度改变,年最小流量出现时间提前近 1 个月,由 1 月底提前至 1 月初,而年最大流量出现时间在蓄水后推迟 11 天。

第 4 组指标:高、低流量发生次数和持续时间在蓄水前后的变化趋势恰好相反,三峡蓄水后低流量发生次数增加,而高流量则减少;低流量持续时间在蓄水后缩短,而高流量则延长,且高、低流量持续时间的偏差率和改变度均要高于其发生次数,表明三峡蓄水对螺山站极端流量的持续时间影响较大。从水文改变度来看,除高流量历时为中度改变外,其余均为低度改变。

第 5 组指标:流量上升率和下降率在蓄水后表现为下降趋势,下降率的水文改变度较大,为 -74%,属于高度改变,上升率为中度改变。流量逆转次数较蓄水前略有增加,为低度改变。如图 5-5(d)所示,蓄水后下降率的中值远低于蓄水前的下限值,且从 2006 年开始基本没有变化。

5.3.2.5　汉口站

根据表 5-6 中的计算结果,三峡蓄水后汉口站的流量变化特征如下:

第 1 组指标:由图 5-6(a)可知,4 月、7—11 月的月平均流量较蓄水前呈减少趋势,其他月份流量则表现为不同程度的增加,其中 7 月的月均流量的减少率最大,为 18.72%,1 月的月均流量的增加率最大,为 18.9%。各月平均流量的水文改变度较小,2—7 月和 9 月的月均流量属于低度改变,其余月份为中度改变。

第 2 组指标:同螺山站,极端最小流量有一定程度的增加,而极端最大流量呈一定程度的减少趋势,且最小流量的偏差率要大于最大流量。与最小流量有关的指标中,除年均 90日最小流量为低度改变外,其余指标均为中度改变,所有与最大流量有关的指标均表现为低度改变。基流指数在蓄水后明显增加,除 2004 年外,其余年份的值都落在 RVA 阈值范围以外,属于高度改变,水文改变度达—82%[图 5-6(b)]。

表 5-6 汉口站流量和水位 IHA 指标统计表

IHA 指标	流量				水位			
	蓄水前/（m³/s）	蓄水后/（m³/s）	偏差率/%	变化度/%	蓄水前/m	蓄水后/m	偏差率/%	变化度/%
第 1 组指标								
1 月平均值	8 120	9 655	18.90	−47(M)	14.17	14.43	1.83	15(L)
2 月平均值	8 880	10 220	15.09	6(L)	14.63	14.43	−1.37	42(M)
3 月平均值	11 900	13 100	10.08	24(L)	15.99	16.34	2.19	6(L)
4 月平均值	16 350	15 550	−4.89	24(L)	18.08	16.99	−6.03	−12(L)
5 月平均值	21 900	23 650	7.99	−12(L)	20	20.33	1.65	−12(L)
6 月平均值	28 350	28 500	0.53	−12(L)	21.82	21.68	−0.64	−29(L)
7 月平均值	43 800	35 600	−18.72	−29(L)	24.68	23.09	−6.44	−47(M)
8 月平均值	36 500	35 800	−1.92	42(M)	23.52	23.27	−1.06	42(M)
9 月平均值	34 650	34 130	−1.50	15(L)	22.6	22.98	1.68	24(L)
10 月平均值	24 600	20 200	−17.89	−47(M)	21.01	19.59	−6.76	−47(M)
11 月平均值	17 100	14 180	−17.08	−34(M)	18.6	16.86	−9.35	−29(L)
12 月平均值	10 200	10 650	4.41	42(M)	15.48	15.19	−1.87	−18(L)
第 2 组指标								
年均 1 日最小值	6 400	8 715	36.17	−47(M)	13.24	13.91	5.06	−47(M)
年均 3 日最小值	7 013	8 842	26.08	−47(M)	13.56	13.95	2.88	6(L)
年均 7 日最小值	7 066	8 996	27.31	−47(M)	13.6	14.01	3.01	6(L)
年均 30 日最小值	7 801	9 636	23.52	−47(M)	13.87	14.38	3.68	6(L)
年均 90 日最小值	10 270	11 340	10.42	−12(L)	15.02	15.23	1.40	42(M)
年均 1 日最大值	59 400	53 900	−9.26	−12(L)	26.59	25.41	−4.44	−12(L)
年均 3 日最大值	58 770	53 480	−9.00	6(L)	26.52	25.38	−4.30	−12(L)
年均 7 日最大值	56 560	50 680	−10.40	−12(L)	26.33	25.25	−4.10	−12(L)
年均 30 日最大值	48 620	44 220	−9.05	−12(L)	25.24	24.63	−2.42	−12(L)
年均 90 日最大值	40 980	37 840	−7.66	6(L)	23.95	23.45	−2.09	−12(L)
基流指数	0.314 2	0.398	26.67	***−82(H)***	0.694 7	0.753 6	8.48	−65(M)
第 3 组指标								
年最小值出现时间	28	3.5	−87.50	−47(M)	36	1	−97.22	−65(M)
年最大值出现时间	199	211.5	6.28	−12(L)	204	212	3.92	6(L)
第 4 组指标								
低脉冲次数	2	3	50.00	−14(L)	2	3	50.00	15(L)

IHA 指标	流量				水位			
	蓄水前/ （m³/s）	蓄水后/ （m³/s）	偏差率/ %	变化度/ %	蓄水前/ m	蓄水后/ m	偏差率/ %	变化度/ %
低脉冲历时	21	15.5	−26.19	−12（L）	37.5	23.5	−37.33	42（M）
高脉冲次数	3	2.5	−16.67	22（L）	2	2	0.00	−12（L）
高脉冲历时	14	27	92.86	24（L）	46	34.75	−24.46	−12（L）
第 5 组指标								
上升率	500	380	−24.00	−57（M）	0.13	0.1	−23.08	**−73（H）**
下降率	−400	−300	−25.00	−1（L）	−0.1	−0.095	−5.00	−18（L）
逆转次数	70	57.5	−17.86	−51（M）	47	44	−6.38	23（L）

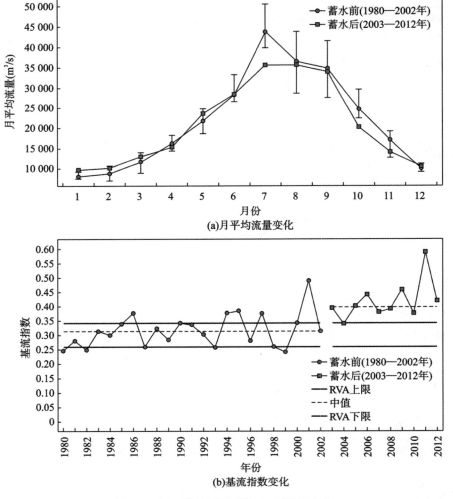

(a)月平均流量变化

(b)基流指数变化

图 5-6　汉口站流量要素的 IHA 指标变化

第 3 组指标:该组指标的变化趋势与螺山站基本一致,年最小流量出现时间由 1 月底提前至月初,偏差率高达 −87.5%,属于中度改变,而年最大流量出现时间在蓄水后推迟约 12 天,属于低度改变。

第 4 组指标:该组指标受三峡蓄水的影响比较小,均表现为低度改变。低流量发生次数增加,持续时间缩短,而高流量发生次数减少,持续时间延长。

第 5 组指标:流量上升率、下降率和逆转次数在蓄水后均呈下降趋势,上升率和逆转次数属于中度改变,而下降率属于低度改变,水文改变度只有 −1%。

5.3.2.6 湖口站

根据表 5-7 中的计算结果,三峡蓄水后湖口站的流量变化特征如下:

表 5-7 湖口站流量和水位 IHA 指标统计表

IHA 指标	流量				水位			
	蓄水前/ (m³/s)	蓄水后/ (m³/s)	偏差率/ %	变化度/ %	蓄水前/ m	蓄水后/ m	偏差率/ %	变化度/ %
第 1 组指标								
1 月平均值	1 730	1 630	−5.78	42(M)	8.03	7.78	−3.18	−12(L)
2 月平均值	2 470	2 198	−11.01	6(L)	8.85	8.32	−5.99	15(L)
3 月平均值	4 880	4 370	−10.45	−12(L)	10.4	10.39	−0.10	−12(L)
4 月平均值	7 600	5 430	−28.55	−47(M)	12.53	10.85	−13.41	−47(M)
5 月平均值	7 680	6 785	−11.65	−29(L)	14.5	13.87	−4.34	−12(L)
6 月平均值	7 010	8 798	25.51	−47(M)	15.71	14.93	−4.96	−65(M)
7 月平均值	6 560	4 895	−25.38	59(M)	18.32	16.22	−11.46	−65(M)
8 月平均值	5 460	5 615	2.84	−47(M)	17.29	16.23	−6.13	24(L)
9 月平均值	4 795	4 125	−13.97	42(M)	16.68	15.96	−4.32	24(L)
10 月平均值	4 250	3 360	−20.94	−12(L)	14.78	12.81	−13.33	−65(M)
11 月平均值	3 230	1 710	−47.06	−65(M)	12.23	9.83	−19.62	−65(M)
12 月平均值	1 570	1 605	2.23	15(L)	9.2	8.52	−7.39	−12(L)
第 2 组指标								
年均 1 日最小值	309	398.5	28.96	−12(L)	7.32	7.44	1.64	15(L)
年均 3 日最小值	435.3	659	51.39	42(M)	7.37	7.48	1.49	24(L)
年均 7 日最小值	559.7	910.7	62.71	−12(L)	7.46	7.55	1.27	42(M)
年均 30 日最小值	1 226	1 370	11.75	−12(L)	7.75	7.93	2.39	24(L)
年均 90 日最小值	2 454	2 114	−13.85	−12(L)	9.13	8.79	−3.69	24(L)
年均 1 日最大值	15 800	13 200	−16.46	−12(L)	19.76	18.04	−8.70	−12(L)
年均 3 日最大值	15 630	12 730	−18.55	−29(L)	19.73	18.01	−8.72	−12(L)
年均 7 日最大值	15 240	11 560	−24.15	6(L)	19.61	17.96	−8.41	−12(L)
年均 30 日最大值	12 590	9 738	−22.65	−12(L)	18.99	17.43	−8.21	−47(M)

IHA 指标	流量				水位			
	蓄水前/（m³/s）	蓄水后/（m³/s）	偏差率/%	变化度/%	蓄水前/m	蓄水后/m	偏差率/%	变化度/%
年均90日最大值	9 252	7 360	−20.45	−47(M)	17.55	16.48	−6.10	−47(M)
基流指数	0.119	0.209 3	75.88	−47(M)	0.568 4	0.602 6	6.02	−12(L)
第3组指标								
年最小值出现时间	240	213.5	−11.04	24(L)	33	3	−90.91	−36(M)
年最大值出现时间	176	172	−2.27	42(M)	201	215.5	7.21	−51(M)
第4组指标								
低脉冲次数	4	6.5	62.50	−46(M)	1	2	100.00	−8(L)
低脉冲历时	12	9.25	−22.92	−47(M)	64	45.75	−28.52	6(L)
高脉冲次数	4	4	0.00	−27(L)	2	2	0.00	−6(L)
高脉冲历时	11	11.25	2.27	−18(L)	42	18.5	−55.95	**−82(H)**
第5组指标								
上升率	190	160	−15.79	−18(L)	0.105	0.1	−4.76	−8(L)
下降率	−160	−115	−28.13	**−82(H)**	−0.09	−0.095	5.56	−19(L)
逆转次数	43	74.5	73.26	**−85(H)**	42	43	2.38	15(L)

第1组指标：由图5-7(a)可知,三峡蓄水后多年月平均流量整体呈下降趋势,只有6月、8月、12月的月平均流量比蓄水前增加,其中6月的月平均流量的增加率最大,为25.51%,11月的月平均流量的减少率最大,为47.06%[图5-7(a)]。各月平均流量的水文改变度以中、低度改变为主。

第2组指标：最小流量有关的指标中,除年均90日最小流量比蓄水前减少外,其余指标均有不同程度的增加;最大流量的所有指标呈一定程度的减少趋势。从水文改变度来看,年均3日最小流量、年均9日最大流量和基流指数表现为中度改变,其余指标均属于低度改变。

第3组指标：三峡蓄水后年极端流量出现时间均有所提前,与其他水文站情况不同的是,年最小流量出现时间不是在冬季,而是在夏季,由8月底提前至8月初,表现为低度改变;而年最大流量出现的时间一般在6月中、下旬,主要表现为中度改变,这一现象主要与鄱阳湖对长江干流流量变化的调蓄作用有关。

第4组指标：三峡蓄水后低流量发生次数增加,持续时间缩短,均表现为中度改变;高流量发生次数在蓄水前后没有变化,持续时间略有延长,均属于低度改变。

第5组指标：流量上升率和下降率在蓄水后均呈下降趋势,下降率的水文改变度较大,达到−82%,为高度改变,而上升率的水文改变度很低,只有−18%,属于低度改变。流量逆转次数在蓄水后有明显的增加趋势,且远远高于RVA阈值的上限值,表现为高度改变[图5-7(b)]。

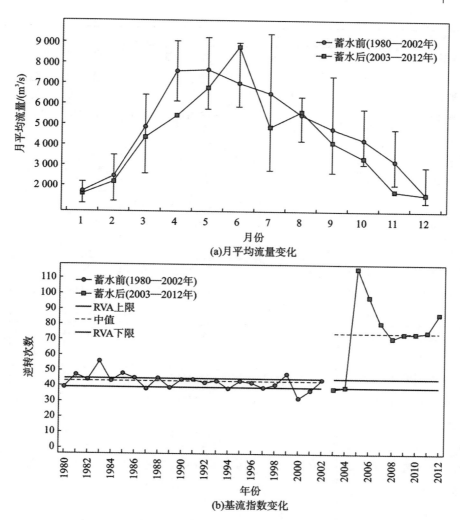

(a)月平均流量变化

(b)基流指数变化

图 5-7　湖口站流量要素的 IHA 指标变化

5.3.2.7　大通站

根据表 5-8 中的计算结果,三峡蓄水后大通站的流量变化特征如下:

表 5-8　大通站流量和水位 IHA 指标统计表

IHA 指标	流量				水位			
	蓄水前/ (m³/s)	蓄水后/ (m³/s)	偏差率/ %	变化度/ %	蓄水前/ m	蓄水后/ m	偏差率/ %	变化度/ %
第 1 组指标								
1 月平均值	11 450	11 850	3.49	33(L)	4.955	4.93	−0.50	40(M)
2 月平均值	12 650	12 950	2.37	14(L)	5.208	5.191	−0.33	40(M)
3 月平均值	17 850	19 400	8.68	**−73(H)**	6.48	6.8	4.94	−64(M)
4 月平均值	25 200	20 710	−17.82	−20(L)	8.115	6.953	−14.32	−40(M)
5 月平均值	33 250	31 450	−5.41	−20(L)	10.04	9.345	−6.92	−40(M)

IHA 指标	流量				水位			
	蓄水前/ (m³/s)	蓄水后/ (m³/s)	偏差率/ %	变化度/ %	蓄水前/ m	蓄水后/ m	偏差率/ %	变化度/ %
6月平均值	39 100	36 050	−7.80	−47(M)	11.17	10.19	−8.77	**−80(H)**
7月平均值	55 700	41 000	−26.39	**−73(H)**	13.54	11.36	−16.10	−40(M)
8月平均值	43 850	40 050	−8.67	7(L)	12.06	11.47	−4.89	60(M)
9月平均值	41 650	40 150	−3.60	33(L)	11.74	11.14	−5.11	40(M)
10月平均值	31 500	27 280	−13.40	−40(M)	9.775	8.755	−10.43	−60(M)
11月平均值	23 100	17 030	−26.28	−20(L)	8.01	6.365	−20.54	−40(M)
12月平均值	14 050	13 300	−5.34	33(L)	5.785	5.345	−7.61	40(M)
第2组指标								
年均1日最小值	9 130	10 350	13.36	−54(M)	4.28	4.41	3.04	40(M)
年均3日最小值	9 178	10 430	13.64	−47(M)	4.315	4.443	2.97	20(L)
年均7日最小值	9 631	10 640	10.48	−20(L)	4.394	4.549	3.53	40(M)
年均30日最小值	10 840	11 410	5.26	33(L)	4.769	4.89	2.54	40(M)
年均90日最小值	14 200	14 420	1.55	7(L)	5.697	5.576	−2.12	20(L)
年均1日最大值	63 700	51 750	−18.76	−47(M)	14.39	12.78	−11.19	−40(M)
年均3日最大值	63 550	51 680	−18.68	−47(M)	14.34	12.78	−10.88	−40(M)
年均7日最大值	63 190	51 190	−18.99	−47(M)	14.22	12.73	−10.48	−60(M)
年均30日最大值	57 220	47 690	−16.66	−47(L)	13.64	12.34	−9.53	−40(M)
年均90日最大值	47 330	42 140	−10.97	−47(M)	12.47	11.59	−7.06	0(L)
基流指数	0.332 6	0.383 9	15.42	−20(L)	0.502	0.542	7.97	−20(L)
第3组指标								
年最小值出现时间	8.5	10.5	23.53	**−77(H)**	21.5	25.5	18.60	−20(L)
年最大值出现时间	200	215.5	7.75	**−73(H)**	197	215.5	9.39	−47(M)
第4组指标								
低脉冲次数	1.5	3.5	133.33	−42(M)	1	2	100.00	−25(L)
低脉冲历时	49	22.5	−54.08	60(M)	70.25	49.75	−29.18	40(M)
高脉冲次数	2	2	0.00	−9(L)	1.5	2	33.33	−14(L)
高脉冲历时	43.75	35	−20.00	7(L)	50	27.5	−45.00	−40(M)
第5组指标								
上升率	400	400	0.00	7(L)	0.08	0.08	0.00	60(M)
下降率	−400	−400	0.00	14(L)	−0.08	−0.077 5	−3.13	−20(L)
逆转次数	46	51	10.87	−47(M)	46.5	47	1.08	−20(L)

第 1 组指标：由图 5-8(a)可知,三峡蓄水后 1—3 月的月平均流量比蓄水前增加,4—12 月的月平均流量有不同程度的减少趋势,其中 3 月的月平均流量增加率最大,7 月的月平均流量减少率最大,蓄水后只有个别年份的值落在 RVA 阈值范围内[图 5-8(b)],二者的水文改变度均为 73%,表现为高度改变。6 月和 10 月的月平均流量的水文改变度为中度改变,其余月份表现为低度改变。

第 2 组指标：极端最小流量有一定程度的增加,而极端最大流量的减少趋势较为明显,与汉口站不同的是,大通站最大流量的偏差率要大于最小流量,表明大通站极端最大流量值的改变度较大。从水文改变度来看,以中、低度改变为主。

第 3 组指标：三峡蓄水后年极端流量出现时间均有所推迟,水文改变度分别为 −77% 和 −73%,均属于高度改变。如图 5-8(c),最大流量出现时间的变化幅度较蓄水前变大,且大部分未落在 RVA 目标范围内。

第 4 组指标：三峡蓄水后低流量发生次数增加,增加率达到 133.33%[图 5-8(d)],但持续时间缩短,均表现为中度改变;高流量发生次数在蓄水前后没有变化,持续时间缩短 20%,均属于低度改变。

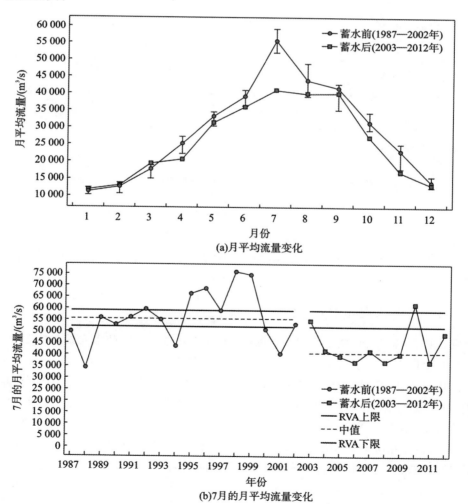

(a)月平均流量变化

(b)7月的月平均流量变化

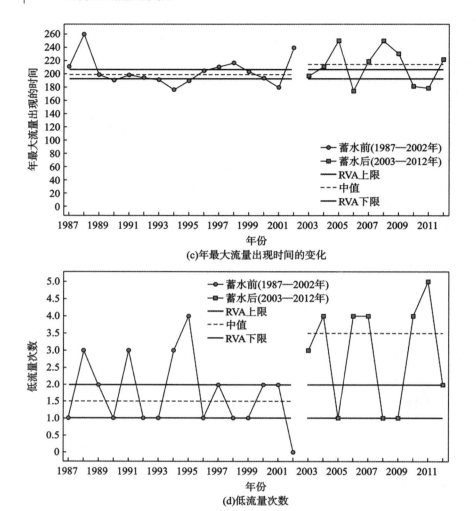

(c)年最大流量出现时间的变化

(d)低流量次数

图5-8　大通站流量要素的IHA指标变化

第5组指标：流量上升率和下降率在蓄水前后均未发生变化，属于低度改变；流量逆转次数有所增加，属于中度改变。

5.3.3　整体改变度分析

分别计算宜昌、监利、城陵矶、螺山、汉口、湖口和大通7个典型水文站各组IHA指标的整体水文改变度以及各水文站的整体水文改变度，计算结果如表5-9所示。

根据各组水文改变度的计算结果可以得出，宜昌站5组指标都属于中度改变；监利站第5组指标属高度改变，第3组指标属低度改变，其余三组指标属中度改变；城陵矶站第5组指标属高度改变，第4组指标属低度改变，其余三组指标属中度改变；螺山站第4组指标属低度改变，其余四组指标均属中度改变；汉口站第1组、第4组属低度改变，其余三组属中度改变；湖口站第5组指标属高度改变，第2组指标属低度改变，其余三组属中度改变；大通站第3组指标属高度改变，第5组指标属低度改变，其余三组属中度改变。总体而言，三峡水库蓄水后长江中下游流量要素改变程度最大的是流量的变化率与频率，其次是极端流量值大小及其出现时间,改变程度最小的是月平均流量和高、低流量发生频率与历时。

表 5-9　各水文站流量序列整体水文改变度

水文站	各组水文改变度					整体改变度 D_o
	第一组	第二组	第三组	第四组	第五组	
宜昌	41.2	57.7	41.5	56.9	63.9	51.7
监利	38.6	55.4	11.4	38.6	86.0	50.0
城陵矶	41.2	41.3	51.0	29.7	72.0	44.5
螺山	36.1	51.7	56.7	30.2	53.7	44.7
汉口	31.2	38.4	34.3	18.7	44.2	34.2
湖口	40.1	26.8	34.2	36.7	69.0	39.2
大通	40.0	40.6	75.0	37.1	28.6	42.0
平均值	38.3	44.6	43.4	35.4	59.6	43.8

　　由整体水文改变度计算结果得出,长江中下游 7 个水文站的流量要素特征在三峡蓄水前后均属于中度改变。整体来看,随着离三峡大坝距离的增加,水文改变度呈现出依次略微减小的趋势,汉口和湖口站除外。汉江支流的汇入在一定程度上缓解了三峡蓄水对流量变化的影响,使得汉口站的整体水文改变度较低;鄱阳湖对长江干流流量的调蓄作用也在某种意义上对三峡水库蓄水的影响有一定的缓冲效应。

5.4　河流水位变化

5.4.1　趋势变化分析

　　利用 M-K 法计算长江中下游宜昌、监利、螺山、城陵矶、汉口、湖口和大通等 7 个水文站 1980—2012 年的多年平均水位变化趋势。从表 5-1 可以看出,除监利站的多年平均水位略有上升之外,其他各站均有不同程度的下降趋势,其中宜昌站和大通站的下降趋势最为显著,M-K 检验值分别达到 -4.42 和 -3.39,均通过 99% 的显著性水平检验;湖口站的 M-K 检验值为 -2.28,通过 95% 的显著性检验。从不同阶段的变化来看,7 个水文站在整个阶段(1980—2012 年)的多年平均水位均低于蓄水前而高于蓄水后的多年平均水位,进一步表明三峡蓄水后长江中下游的多年平均水位整体呈一种下降趋势。从年均水位过程线的变化趋势来看(图 5-9),与流量变化基本一致,除 1998 年大洪水和 2006 年、2011 年极端干旱之外,各水文站的年均水位变化相对比较稳定,各水文站水位过程线的走势也基本保持一致。

表 5-10 年均水位的 Mann-Kendall 检验统计结果

水位变化		宜昌	监利	城陵矶	螺山	汉口	湖口	大通
多年平均水位/m	整个时段(1980—2012 年)	43.01	28.36	25.19	24.06	19.16	12.90	8.27
	蓄水前(1980—2002 年)	43.29	28.42	25.37	24.21	19.37	13.20	8.90
	蓄水后(2003—2012 年)	42.37	28.23	24.90	23.73	18.68	12.21	5.81
变化率/%		−2.1	−0.7	−1.9	−2.0	−3.6	−7.5	−34.7
Z 值		−4.42***	0.11	−0.88	−0.51	−1.60	−2.28**	−3.39***

备注:**表示通过置信度为 95%的显著性水平检验;***表示通过置信度为 99%的显著性水平检验。

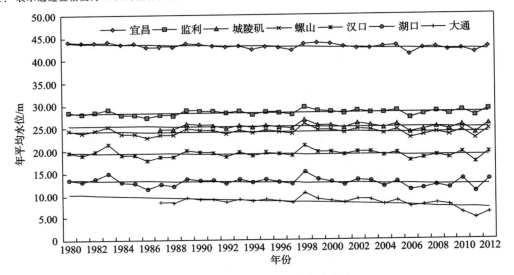

图 5-9 各水文站年平均水位过程线

5.4.2 IHA 指标分析

5.4.2.1 宜昌站

根据表 5-2 中的计算结果,三峡蓄水后宜昌站的水位变化特征如下:

第 1 组指标:各月的月平均水位较蓄水前均有不同程度的下降趋势,6—12 月的下降幅度较大[图 5-10(a)]。受三峡蓄水的影响,10 月的月平均水位明显低于蓄水前,且大部分落在 RVA 目标范围以外[图 5-10(b)],水文改变度为−82%,属于高度改变,12 月的月平均水位的改变度最大,达到−100%。6 月、7 月的月平均水位表现为中度改变,其他月份则表现为低度改变。

第 2 组指标:与极端最低水位相关的指标中,年均 1 日、3 日最低水位在蓄水后略有上升,年均 7 日、30 日和 90 日最低水位略有下降;不同频率的极端最高水位均表现为一定程度的下降趋势,且偏差率大于极端最低水位指标。水位基流指数在蓄水后呈增加趋势,水文改变度最大,为−47%,属于中度改变,其他指标均为低度改变。

第 3 组指标:极端水位发生的时间与极端流量发生的时间基本一致,三峡蓄水后,极端水位发生时间的改变度不大,均为−29%,属于低度改变。年最小水位出现时间由 2 月中旬提前至 2 月上旬,年最大水位出现时间由 7 月下旬推迟至 8 月上旬。

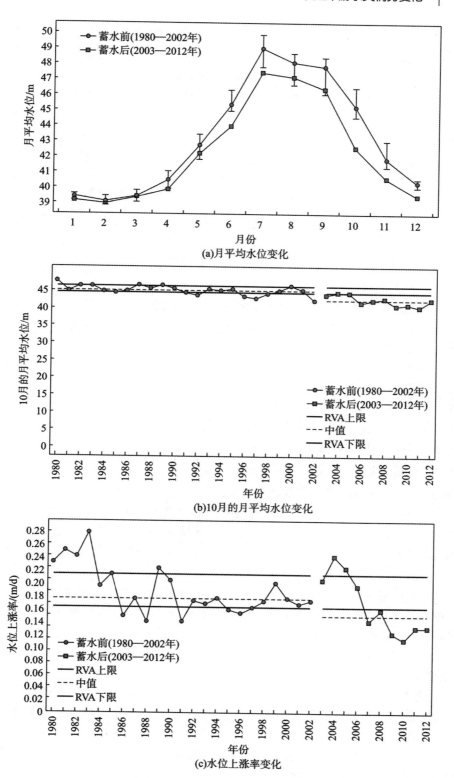

(a)月平均水位变化

(b)10月的月平均水位变化

(c)水位上涨变化

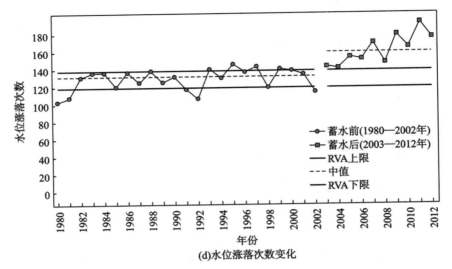

(d)水位涨落次数变化

图 5-10　宜昌站水位要素的 IHA 指标变化

第 4 组指标:蓄水后,低水位发生次数略有增加,但持续时间明显缩短,偏差率最大,达到－57.14％;而高水位发生次数有所减少,持续时间也相应缩短。除低水位发生次数为低度改变外,其余三个指标均为中度改变。

第 5 组指标:这一组指标总体上变化显著,水位上涨率较蓄水前有所降低,部分值落在RVA 阈值范围以外[图 5-10(c)],而下降率则有所增加,这一变化主要是受三峡水库"蓄丰补枯"调度方式的影响;从水文改变度来看,二者均为中度改变。水位涨落次数比蓄水前明显增加,远远大于 RVA 目标范围的上限值,且全部落在 RVA 阈值以外[图 5-10(d)],水文改变度达到－100％,属高度改变。

5.4.2.2　监利站

根据表 5-3 中的计算结果,三峡蓄水后监利站的水位变化特征如下:

第 1 组指标:由图 5-11(a)可知,三峡蓄水后各月平均水位变化不是很大,4 月、6 月、7月、10 月和 11 月的月平均水位略有下降,以 7 月下降最为明显,偏差率为－3.55％,水文改变度也最高,达到－65％;其他月的月平均水位稍有上升。从水文改变度来看,2 月、5 月和 7月为中度改变,其他月份均属低度改变。

第 2 组指标:极端最低水位较蓄水前有所上升,而极端最高水位则表现为一定程度的下降,且极端最低水位指标的偏差率要大于极端最高水位。但是从水文改变度来看,极端最低水位指标以低度改变为主,只有年均 1 日最低水位呈中度改变;而极端最高水位指标主要表现为中度改变,年均 1 日和 9 日最高水位呈低度改变。水位基流指数也较蓄水前有所增加,属中度改变。

第 3 组指标:年最低水位出现时间在蓄水后明显提前,由 2 月中旬提前至 1 月上旬,接近 45 d,偏差率达到－94.68％,属于中度改变;年最高水位出现时间在蓄水后推迟 10 d 左右,属于低度改变。

第 4 组指标:三峡蓄水后,低水位发生次数增加,而高水位发生次数则减少;高、低水位持续时间均有所增长,高水位持续时间增长更为明显,偏差率高达 109.68％。从水文改变度来看,只有低水位持续时间属中度改变,其他三个指标均呈低度改变。

第 5 组指标:水位上涨率和下降率较蓄水前都有所减少,上涨率的减少尤为明显[图 5-11(b)],水文改变度为-51%,属中度改变;下降率为低度改变;水位涨落次数较蓄水前略有增加,为中度改变,该组指标的变化表明蓄水后监利站的水位变化幅度减小,但波动更加频繁。

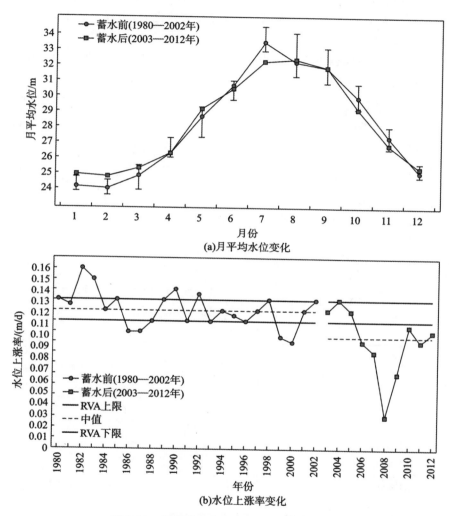

图 5-11 监利站水位要素的 IHA 指标变化

5.4.2.3 城陵矶站

根据表 5-4 中的计算结果,三峡蓄水后城陵矶站的水位变化特征如下:

第 1 组指标:如图 5-12(a)所示,三峡蓄水后,4 月、7 月、10—12 月的月均水位略有下降,其中 11 月的水位下降较为明显,偏差率为-6.72%;其他月的月均水位略微上升,但变化幅度不大。从水文改变度来看,主要以中、低度改变为主。

第 2 组指标:极端最低水位较蓄水前有所上升,而极端最高水位则表现为一定程度的下降趋势,该组指标整体变化比较小,全部表现为低度改变。

第 3 组指标:与极端流量出现时间相比,极端水位出现时间有一定的滞后性,如极端最低水位主要集中在 1 月,极端最高水位主要出现在 7 月底,这主要是受洞庭湖对长江水位顶托作用的影响。三峡蓄水后,极端低水位的出现时间由1月底提前至1月初,属低度改变;而极端最高水位由7月中旬推迟至7月底,表现为中度改变。

　　第4组指标:低水位发生次数较蓄水前增加,持续时间缩短;高水位发生次数减少,但持续时间延长。由图5-12(b)可知,低水位持续时间在蓄水后变化幅度减小,实际落在RVA目标范围内的频率大于预期值,几乎全部落在RVA阈值之内,表现为高度改变;其余三个指标均属低度改变。

　　第5组指标:该组指标总体变化很小,均属低度改变。水位上涨率略有下降,下降率在蓄水前后没有变化,涨落次数略有增加。

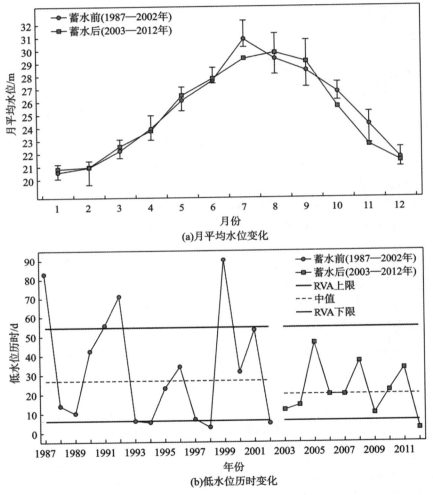

图 5-12　城陵矶站水位要素的 IHA 指标变化

5.4.2.4　螺山站

　　根据表5-5中的计算结果,三峡蓄水后螺山站的水位变化特征如下:

　　第1组指标:三峡蓄水后螺山站的月均水位变化与城陵矶站基本一致,如图5-13(a)所示,4月、7月、10—12月的月均水位略有下降,其中11月的水位下降较为明显,偏差率为－6.49%;其他月的月均水位略微上升,但变化幅度不大。从水文改变度来看,7月和10月的月均水位为中度改变,其余月份均表现为低度改变。

第2组指标:极端水位指标较蓄水前变化不大,整体以低度改变为主。极端最低水位较蓄水前有一定程度的上升,而极端最高水位则有所下降。如图5-13(b),年均1日最低水位在蓄水后变化更为平缓,且大部分高于 RVA 阈值的上限值,几乎全部落在 RVA 目标范围以外,水文改变度高达−100%,表现为高度改变。水位基流指数则表现为中度改变。

第3组指标:螺山站的年极端水位发生时间与年极端流量发生时间基本一致。三峡蓄水后,极端低水位出现时间由2月初提前至1月初,提前近一个月,表现为中度改变;极端高水位出现时间略有推后,属低度改变。

第4组指标:高、低水位发生次数和历时指标在三峡蓄水后变化均很小,全部表现为低度改变。

第5组指标:水位上涨率、下降率以及涨落次数在蓄水后变化不大,均为低度改变。上涨率略有减少,下降率没有变化,涨落次数略有增加。

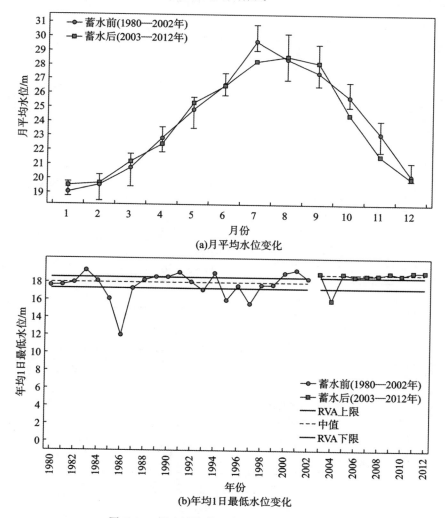

(a)月平均水位变化

(b)年均1日最低水位变化

图 5-13 螺山站水位要素的 IHA 指标变化

5.4.2.5　汉口站

根据表5-6中的计算结果,三峡蓄水后汉口站的水位变化特征如下:

第1组指标:由图5-14(a)可知,1月、3月、5月和9月的月平均水位在蓄水后略有上升,其他月的月平均水位呈不同程度的下降趋势,11月的下降率最大,为9.35%。各月平均水位的改变度较小,2月、7月、8月和10月表现为中度改变,其他月份均为低度改变。

第2组指标:同汉口站,极端最低水位较蓄水前有一定程度的上升,而极端最高水位则有所下降。与最低水位相关的指标中,年均1日和90日最小水位呈中度改变,其余指标为低度改变;所有与最高水位相关的指标均表现为低度改变;基流指数属中度改变。

第3组指标:该组指标的变化趋势与螺山站基本一致,极端低水位出现时间由2月初提前至1月初,提前近一个月,表现为中度改变;极端高水位出现时间略有推后,属低度改变。

第4组指标:低水位发生次数增加,持续时间缩短,而高水位发生次数不变,持续时间缩短。该组指标受三峡蓄水的影响比较小,除低水位持续时间为中度改变外,其他指标均表现为低度改变。

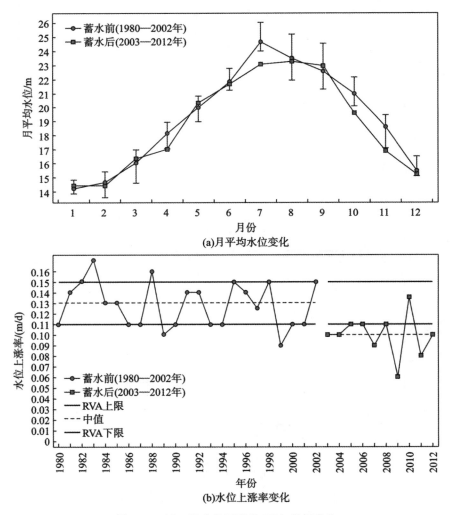

(a)月平均水位变化

(b)水位上涨率变化

图5-14　汉口站水位要素的IHA指标变化

第5组指标:水位上涨率较蓄水前有明显的下降趋势,大部分值低于 RVA 阈值的下限值,落在 RVA 目标范围内的频率小于预期值,表现为高度改变[图 5-14(b)]。水位下降率和涨落次数略有减少,呈低度改变。

5.4.2.6　湖口站

根据表 5-7 中的计算结果,三峡蓄水后湖口站的水位变化特征如下:

第1组指标:由图 5-15(a)可知,三峡蓄水后,各月的月平均水位呈不同程度的下降趋势,尤以 11 月的下降趋势最为明显,偏差率达到−19.62%。从水文改变度来看,4 月、6 月、7 月、10 月和 11 月的月均水位呈中度改变,其他月份为低度改变。

第2组指标:极端低水位指标中只有年均 90 日最低水位在蓄水后下降,其余指标均有所上升,极端高水位指标都表现为不同程度的下降趋势,且变化幅度大于极端最低水位指标。从水文改变度来看,年均 7 日最低水位、年均 30 日和 90 日最高水位呈中度改变,其他指标为低度改变。

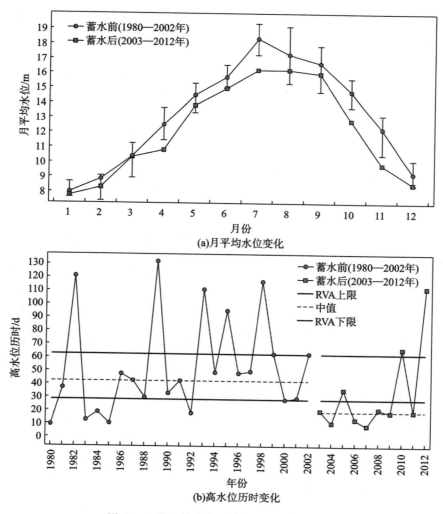

(a)月平均水位变化

(b)高水位历时变化

图 5-15　湖口站水位要素的 IHA 指标变化

　　第 3 组指标:极端低水位出现时间较蓄水前提前近 1 个月,极端高水位出现时间则推迟约半个月,二者均表现为中度改变。

　　第 4 组指标:低水位发生次数增加,持续时间缩短,而高水位发生次数不变,持续时间缩短。如图 5-15(b)所示,高水位持续时间在蓄水后明显缩短,大部分值都低于 RVA 阈值的下限值,只有个别年份落在 RVA 目标范围内,水文改变度达−82%,为高度改变。其余三个指标为低度改变。

　　第 5 组指标:水位上涨率、下降率以及涨落次数在蓄水后变化不大,均为低度改变。上涨率略有减少,下降率和涨落次数略有增加。

5.4.2.7　大通站

　　根据表 5-8 中的计算结果,三峡蓄水后大通站的水位变化特征如下:

　　第 1 组指标:由图 5-16(a)可知,三峡蓄水后,大通站的月平均水位呈不同程度的下降趋势,只有 3 月的月平均水位略有上升,其中下降幅度最大的是 11 月,下降率达 20.54%。从水文改变度来看,该组指标整体改变比较大,除 6 月的月平均水位表现为高度改变以外[图 5-16(b)],其他月份均呈中度改变。

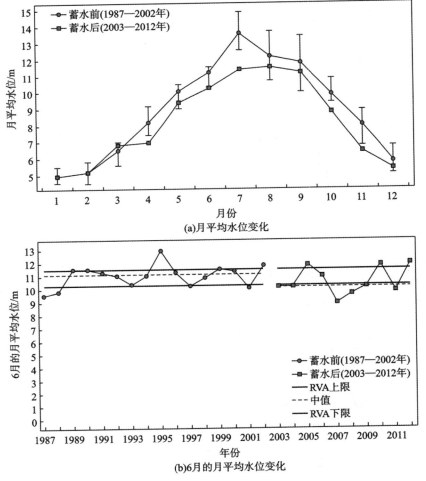

(a)月平均水位变化

(b)6月的月平均水位变化

图 5-16　大通站水位要素的 IHA 指标变化

第 2 组指标:同湖口站,极端低水位指标中只有年均 90 日最低水位在蓄水后下降,其余指标均有所上升,极端高水位指标都表现为不同程度的下降趋势,且变化幅度大于极端低水位指标。从水文改变度来看,年均 3 日最低水位、年均 90 日最低和最高水位以及基流指数呈低度改变,其他指标为中度改变。

第 3 组指标:极端水位出现时间较蓄水前均有所推迟,年最低水位出现时间比年最小流量出现时间滞后接近半个月。从水文改变度来看,年最低水位出现时间为低度改变,年最高水位出现时间呈中度改变。

第 4 组指标:该组指标在蓄水后的变化趋势与流量要素基本一致,高、低水位发生次数增加,表现为低度改变;高、低水位持续时间缩短,表现为中度改变。

第 5 组指标:该组指标在蓄水前后变化不大,水位上涨率表现为中度改变,下降率和涨落次数表现为低度改变。

5.4.3 整体改变度分析

分别计算宜昌、监利、城陵矶、螺山、汉口、湖口和大通 7 个典型水文站各组 IHA 指标的整体水文改变度以及各水文站的整体水文改变度,计算结果如表 5-11 所示。

表 5-11 各水文站水位序列整体水文改变度

水文站	各组水文改变度					整体改变度 D_0
	第 1 组	第 2 组	第 3 组	第 4 组	第 5 组	
宜昌	49.4	22.7	29.2	32.1	78.2	43.0
监利	33.9	37.7	46.4	30.6	41.2	36.5
城陵矶	37.0	14.8	31.6	44.1	20.9	30.6
螺山	31.8	34.4	45.9	6.9	27.7	31.5
汉口	30.2	28.4	45.9	23.6	45.3	31.9
湖口	41.6	27.9	44.0	41.6	14.6	35.7
大通	50.5	36.2	35.9	31.8	38.3	41.8
平均值	39.2	28.9	39.9	30.1	38.0	35.8

根据各组水文改变度的计算结果可以得出,宜昌站第 5 组指标属高度改变,第 1 组指标属中度改变,其余三组指标为低度改变;监利站第 4 组指标属低度改变,其余四组指标均属中度改变;城陵矶站第 1 组和第 4 组指标属中度改变,其余三组指标属低度改变;螺山站第 2 组和第 3 组指标为中度改变,其余三组为低度改变,其中第 4 组指标改变度最小,只有 6.9%;汉口站第 3 组和第 5 组指标属中度改变,其余三组指标为低度改变;湖口站第 1 组、第 3 组和第 4 组指标属中度改变,其余两组指标为低度改变;大通站第 4 组指标为低度改变,其余四组指标属中度改变。总体而言,三峡蓄水后长江中下游水位要素改变程度最大的是极端水位出现的时间、月平均水位以及水位涨落的变化率,年最低、最高水位以及高、低水位发生频率和历时的改变程度较小。

由整体水文改变度计算结果得出,长江中下游 7 个水文站的水位特征在三峡蓄水前后的改变程度整体上低于流量特征,其中宜昌、监利、湖口和大通站表现为中度改变,而城陵矶、螺山和汉口站属于低度改变。

5.5 　河流含沙量变化

5.5.1 　趋势变化分析

利用 M-K 法计算长江中下游宜昌、监利、螺山、城陵矶、汉口和大通等 6 个水文站
1987—2012 年的多年平均含沙量变化趋势。从表 5-12 可以看出，这 6 个水文站的多年平均
含沙量在三峡蓄水以后都呈显著的下降趋势，均通过 99% 的显著性水平检验。对比不同阶
段的变化发现，三峡蓄水后各水文站的多年平均含沙量骤然下降，这一现象表明三峡蓄水对
下游含沙量的影响大于流量和水位特征。蓄水前城陵矶站的含沙量为各站最低，蓄水后宜
昌站的含沙量最低，说明宜昌站的含沙量水平受三峡的影响更为严重。从年均含沙量过程
线的变化趋势来看(图 5-17)，城陵矶站的变化最为平坦，年际变化最小；其他 5 个水文站的
年均含沙量在蓄水前波动较大，蓄水后波动减小，趋于平缓，且各站之间的差别减小。

表 5-12 　年均含沙量的 Mann-Kendall 检验统计结果

含沙量变化		宜昌	监利	城陵矶	螺山	汉口	大通
多年平均含沙量/(kg/m³)	整个时段(1987—2012 年)	0.329	0.46	0.087	0.31	0.26	0.23
	蓄水前(1987—2002 年)	0.496	0.584	0.094	0.396	0.338	0.280
	蓄水后(2003—2012 年)	0.062	0.178	0.075	0.140	0.137	0.147
	变化率/%	−87.5	−69.5	−20	−64.6	−59.4	−47.5
Z 值		−4.98***	−5.07***	−2.92***	−5.76***	−4.79***	−5.03***

注：*** 表示通过置信度为 99% 的显著性水平检验。

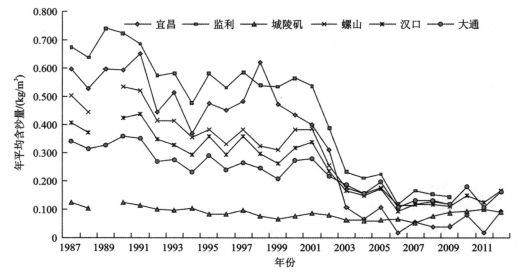

图 5-17 　各水文站年平均含沙量过程线

5.5.2 IHA 指标分析

5.5.2.1 宜昌和监利站

根据表 5-13 的计算结果,三峡蓄水后宜昌和监利站的含沙量变化特征如下:

表 5-13   宜昌、监利站含沙量 IHA 指标统计表

IHA 指标	宜昌站				监利站			
	蓄水前/ (m³/s)	蓄水后/ (m³/s)	偏差率/ %	变化度/ %	蓄水前/ m	蓄水后/ m	偏差率/ %	变化度/ %
第 1 组指标								
1 月平均值	0.017 5	0.004	−77.14	−100 (**H**)	0.18	0.078	−56.67	−100 (**H**)
2 月平均值	0.013 3	0.004	−69.81	−100 (**H**)	0.148 3	0.061 5	−58.53	−71 (**H**)
3 月平均值	0.013	0.004	−69.23	−100 (**H**)	0.128	0.067	−47.66	−71 (**H**)
4 月平均值	0.026 5	0.005	−81.13	−71 (**H**)	0.145 8	0.096	−34.16	−43(M)
5 月平均值	0.157 5	0.007	−95.56	−100 (**H**)	0.361	0.115	−68.14	−100 (**H**)
6 月平均值	0.634 3	0.014	−97.79	−100 (**H**)	0.638 5	0.139	−78.23	−100 (**H**)
7 月平均值	1.47	0.143	−90.27	−100 (**H**)	1.25	0.262	−79.04	−100 (**H**)
8 月平均值	1.29	0.122	−90.54	−100 (**H**)	1.23	0.271	−77.97	−100 (**H**)
9 月平均值	0.976	0.155 5	−84.07	−100 (**H**)	1.04	0.305	−70.67	−100 (**H**)
10 月平均值	0.563 5	0.016	−97.16	−100 (**H**)	0.69	0.171	−75.22	−100 (**H**)
11 月平均值	0.160 8	0.007	−95.65	−100 (**H**)	0.409 5	0.125	−69.47	−100 (**H**)
12 月平均值	0.024 5	0.006	−75.51	−100 (**H**)	0.245	0.09	−63.27	−100 (**H**)
第 2 组指标								
年均 1 日最小值	0.007 5	0.002	−73.33	−100 (**H**)	0.082	0.039	−52.44	−100 (**H**)
年均 3 日最小值	0.008	0.002	−75.00	−100 (**H**)	0.085 5	0.040 3	−52.83	−100 (**H**)
年均 7 日最小值	0.008 9	0.002	−77.60	−100 (**H**)	0.090 9	0.041 3	−54.56	−100 (**H**)
年均 30 日最小值	0.011 7	0.003	−74.40	−100 (**H**)	0.111 5	0.055 6	−49.98	−71 (**H**)
年均 90 日最小值	0.014 8	0.003 6	−75.48	−100 (**H**)	0.144 7	0.067 2	−53.53	−100 (**H**)
年均 1 日最大值	3.17	0.953	−69.94	−100 (**H**)	2.585	1.06	−58.99	−100 (**H**)
年均 3 日最大值	2.738	0.874 3	−68.07	−100 (**H**)	2.382	0.972 7	−59.16	−100 (**H**)
年均 7 日最大值	2.408	0.724 3	−69.92	−100 (**H**)	2.081	0.887	−57.38	−100 (**H**)
年均 30 日最大值	1.716	0.366 8	−78.62	−100 (**H**)	1.551	0.507 2	−67.30	−100 (**H**)
年均 90 日最大值	1.307	0.195 1	−85.07	−100 (**H**)	1.252	0.351	−71.96	−100 (**H**)
基流指数	0.017 4	0.037 0	112.10	−100 (**H**)	0.149 7	0.226 4	51.24	−71 (**H**)
第 3 组指标								
年最小值出现时间	45	4	−91.11	−71 (**H**)	75	78	4.00	−24(L)
年最大值出现时间	205.5	230	11.92	43(M)	201	232	15.42	−14(L)

续表5-13

IHA 指标	宜昌站				监利站			
	蓄水前/ (m³/s)	蓄水后/ (m³/s)	偏差率/ %	变化度/ %	蓄水前/ m	蓄水后/ m	偏差率/ %	变化度/ %
第 4 组指标								
低脉冲次数	4.5	5	11.11	4(L)	3.5	7	100.00	−81(**H**)
低脉冲历时	7.5	17	126.67	−49(M)	14	22.5	60.71	−43(M)
高脉冲次数	8.5	1	−88.24	−100(**H**)	8	1	−87.50	−100(**H**)
高脉冲历时	3.5	3.25	−7.14	−47(M)	4.75	3	−36.84	−71(**H**)
第 5 组指标								
上升率	0.026	0.003	−88.24	−100(**H**)	0.04	0.006	−85.00	−100(**H**)
下降率	−0.022	−0.004	−81.82	−100(**H**)	−0.03	−0.008	−73.33	−100(**H**)
逆转次数	100.5	70	−30.35	−71(**H**)	90	51	−43.33	−75(**H**)

第 1 组指标:如图 5-18(a),图 5-18(b)所示,三峡蓄水后月平均含沙量显著下降,尤其是 5—11 月的下降趋势最为明显,且宜昌站各月平均含沙量的下降率大于监利站。从水文改变度来看,均表现为高度改变,除个别月份外,水文改变度都达到−100%,表明蓄水后几乎没有值落在 RVA 目标范围内。

第 2 组指标:不同频率的年均最大、最小含沙量在蓄水后均显著下降,同样宜昌站的下降率大于监利站,而基流指数则明显增加。宜昌站所有指标的水文改变度高达−100%,监利站除年均 30 日最小含沙量和基流指数外,也都达到−100%,均属于高度改变。

第 3 组指标:宜昌站年最小含沙量出现时间较蓄水前提前,由 2 月中旬提前到 1 月上旬,属于高度改变;年最大含沙量出现时间推后约半个月,主要集中在 7 月、8 月,属于中度改变。监利站年最大、最小含沙量出现时间在蓄水后均有所推迟,表现为低度改变,不同的是,年最小含沙量出现时间集中在 3 月,比宜昌站要晚一些。

第 4 组指标:三峡蓄水后,低含沙量发生次数增加、历时延长,而高含沙量发生次数减少且历时缩短,进一步说明三峡蓄水引起下游含沙量的严重减少。从水文改变度来看,以高、中度改变为主。

第 5 组指标:含沙量的日均增加率、减少率以及逆转次数在蓄水后明显减少,且都属于高度改变。

5.5.2.2　螺山和汉口站

根据表 5-14 中计算结果,三峡蓄水后螺山和汉口站的含沙量变化特征如下:

表 5-14　螺山、汉口站含沙量 IHA 指标统计表

IHA 指标	螺山站				汉口站			
	蓄水前/ (m³/s)	蓄水后/ (m³/s)	偏差率/ %	变化度/ %	蓄水前/ m	蓄水后/ m	偏差率/ %	变化度/ %
第 1 组指标								
1 月平均值	0.175	0.092 5	−47.14	−78(**H**)	0.129	0.061	−52.71	−100(**H**)

IHA 指标	螺山站				汉口站			
	蓄水前/ (m³/s)	蓄水后/ (m³/s)	偏差率/ %	变化度/ %	蓄水前/ m	蓄水后/ m	偏差率/ %	变化度/ %
2 月平均值	0.157 5	0.100 3	−36.32	−34(M)	0.12	0.056	−53.33	−100 (*H*)
3 月平均值	0.2	0.122	−39.00	−78 (*H*)	0.121	0.081	−33.06	−52(M)
4 月平均值	0.197 5	0.112	−43.29	−78 (*H*)	0.165	0.088 5	−46.36	−100 (*H*)
5 月平均值	0.288 5	0.115	−60.14	−78 (*H*)	0.26	0.124	−52.31	−100 (*H*)
6 月平均值	0.415	0.135 8	−67.28	−78 (*H*)	0.345	0.121	−64.93	−100 (*H*)
7 月平均值	0.73	0.219	−70.00	−100 (*H*)	0.64	0.205	−67.97	−100 (*H*)
8 月平均值	0.759	0.182	−76.02	−78 (*H*)	0.66	0.185	−71.97	−100 (*H*)
9 月平均值	0.636 5	0.208 3	−67.27	−100 (*H*)	0.57	0.197	−65.44	−100 (*H*)
10 月平均值	0.495	0.117 5	−76.26	−100 (*H*)	0.403	0.1	−75.19	−100 (*H*)
11 月平均值	0.272 5	0.095 3	−65.05	−100 (*H*)	0.240 5	0.079	−67.15	−100 (*H*)
12 月平均值	0.169 5	0.079 5	−53.10	−78 (*H*)	0.14	0.06	−57.14	−100 (*H*)
第 2 组指标								
年均 1 日最小值	0.094	0.056	−40.43	−81 (*H*)	0.085	0.037	−56.47	−100 (*H*)
年均 3 日最小值	0.099 2	0.057 5	−42.02	−78 (*H*)	0.086	0.038 3	−55.43	−100 (*H*)
年均 7 日最小值	0.11	0.061 1	−44.48	−78 (*H*)	0.087 9	0.040 3	−54.14	−100 (*H*)
年均 30 日最小值	0.138 7	0.073 5	−47.02	−78 (*H*)	0.101 4	0.046 6	−54.01	−100 (*H*)
年均 90 日最小值	0.192 4	0.092 4	−51.99	−78 (*H*)	0.133	0.068 4	−48.55	−100 (*H*)
年均 1 日最大值	1.79	0.779 5	−56.45	−100 (*H*)	1.42	0.641	−54.86	−52(M)
年均 3 日最大值	1.643	0.721 8	−56.07	−100 (*H*)	1.337	0.588 7	−55.97	−76 (*H*)
年均 7 日最大值	1.434	0.638 1	−55.50	−100 (*H*)	1.126	0.482 9	−57.11	−76 (*H*)
年均 30 日最大值	1.004	0.375	−62.60	−100 (*H*)	0.871 7	0.371 6	−57.37	−100 (*H*)
年均 90 日最大值	0.774 6	0.250 5	−67.66	−100 (*H*)	0.699 8	0.248 1	−64.55	−100 (*H*)
基流指数	0.264 6	0.409 5	54.76	−100 (*H*)	0.263 1	0.320 8	21.93	−76 (*H*)
第 3 组指标								
年最小值出现时间	36	14	−61.11	−56(M)	44	29	−34.09	−52(M)
年最大值出现时间	203.5	231.5	13.76	−13(L)	207	233	12.56	−5(L)
第 4 组指标								
低脉冲次数	7.5	7	−6.67	−3(L)	6	7	16.67	−22(L)
低脉冲历时	7.75	12.75	64.52	−13(L)	8	13	62.50	−52(M)
高脉冲次数	7	1	−85.71	−100 (*H*)	7	1	−85.71	−79(*H*)
高脉冲历时	5.5	4.75	−13.64	−34(M)	7	4	−42.86	−52(M)
第 5 组指标								
上升率	0.025	0.006	−76.00	−100 (*H*)	0.02	0.006	−70.00	−100 (*H*)

IHA 指标	螺山站				汉口站			
	蓄水前/ (m³/s)	蓄水后/ (m³/s)	偏差率/ %	变化度/ %	蓄水前/ m	蓄水后/ m	偏差率/ %	变化度/ %
下降率	−0.02	−0.007	−67.50	−100（**H**）	−0.02	−0.005	−75.00	−100（**H**）
逆转次数	82	87	6.10	−81（**H**）	75	81	8.00	−14（L）

第 1 组指标：如图 5-18（c），图 5-18（d）所示，三峡蓄水后月平均含沙量显著下降，整体变化趋势同宜昌和监利站，但下降幅度小于宜昌和监利站。从水文改变度来看，螺山站的 2 月含沙量和汉口站的 3 月含沙量为中度改变，其他月份均表现为高度改变，且大部分指标的水文改变度达到−100%。

第 2 组指标：不同频率的年均最大、最小含沙量在蓄水后均显著下降，下降幅度小于宜昌和监利站，基流指数在蓄水后有所增加。除汉口站的年均 1 日最大含沙量为中度改变外，其余指标全部属于高度改变。

第 3 组指标：螺山和汉口站的年最小含沙量出现时间在蓄水后均有所提前，从发生时间上看，汉口站要晚于螺山站，都属于中度改变。而年最大含沙量出现时间在蓄水后推迟近 1 个月，表现为低度改变。

第 4 组指标：螺山站低含沙量的发生次数略有减少，而持续时间增长；高含沙量的发生次数明显减少，持续时间也有所缩短。汉口站的低含沙量发生次数增加，持续时间延长，而高含沙量的发生次数明显减少，持续时间缩短。两个水文站的高含沙量发生次数均表现为高度改变，其他指标为中、低度改变。

第 5 组指标：含沙量的日均增加率和减少率在蓄水后明显减少，均为高度改变，水文改变度达到−100%。逆转次数在两个水文站均为增加趋势，螺山站表现为高度改变，汉口站为低度改变。

5.5.2.3 城陵矶和大通站

根据表 5-15 计算结果，三峡蓄水后城陵矶和大通站的含沙量变化特征如下：

表 5-15 城陵矶、大通站含沙量 IHA 指标统计表

IHA 指标	城陵矶站				大通站			
	蓄水前/ (m³/s)	蓄水后/ (m³/s)	偏差率/ %	变化度/ %	蓄水前/ m	蓄水后/ m	偏差率/ %	变化度/ %
第 1 组指标								
1 月平均值	0.096	0.059	−38.54	−100（**H**）	0.073	0.082	12.33	14（L）
2 月平均值	0.081 5	0.053 5	−34.36	−29（L）	0.072 8	0.059	−18.90	−14（L）
3 月平均值	0.094	0.065	−30.85	−29（L）	0.112	0.126	12.50	2（L）
4 月平均值	0.115	0.079	−31.30	−76（**H**）	0.145	0.105 5	−27.24	−71（**H**）
5 月平均值	0.083	0.07	−15.66	−29（L）	0.205	0.119	−41.95	−49（M）
6 月平均值	0.075	0.053	−29.33	−52（M）	0.252 5	0.158	−37.43	−71（**H**）
7 月平均值	0.05	0.036	−28.00	19（L）	0.515	0.179	−65.24	−100（**H**）

续表 5-15

IHA 指标	城陵矶站				大通站			
	蓄水前/（m³/s）	蓄水后/（m³/s）	偏差率/%	变化度/%	蓄水前/m	蓄水后/m	偏差率/%	变化度/%
8 月平均值	0.062	0.041	−33.87	−52（M）	0.507 5	0.225	−55.67	−75（H）
9 月平均值	0.069 5	0.047	−32.37	−29（L）	0.500 3	0.216	−56.83	−100（H）
10 月平均值	0.084	0.047	−44.05	−76（H）	0.388	0.143	−63.14	−100（H）
11 月平均值	0.082 5	0.048 5	−41.21	−100（H）	0.21	0.116 5	−44.52	−100（H）
12 月平均值	0.071	0.053	−25.35	−76（H）	0.11	0.077	−30.00	−14（L）
第 2 组指标								
年均 1 日最小值	0.023	0.023	0.00	43（M）	0.04	0.034	−15.00	2（L）
年均 3 日最小值	0.026 3	0.025 3	−3.80	43（M）	0.042 5	0.034 3	−19.22	14（L）
年均 7 日最小值	0.032 6	0.025 9	−20.60	67（M）	0.045 4	0.036	−20.63	14（L）
年均 30 日最小值	0.043 7	0.034 2	−21.86	43（M）	0.061 1	0.051 1	−16.41	14（L）
年均 90 日最小值	0.058 6	0.041 1	−29.88	−100（H）	0.087 1	0.076 4	−12.26	14（L）
年均 1 日最大值	0.43	0.337	−21.63	−76（H）	1.12	0.561	−49.91	−43（M）
年均 3 日最大值	0.381	0.305	−19.95	−76（H）	1.072	0.522 3	−51.28	−43（M）
年均 7 日最大值	0.298 6	0.225 3	−24.55	−52（M）	0.936 8	0.459 9	−50.91	−43（M）
年均 30 日最大值	0.173 4	0.130 9	−24.51	−52（M）	0.693 7	0.366 9	−47.11	−100（H）
年均 90 日最大值	0.131 1	0.097 0	−26.00	−76（H）	0.579	0.252 8	−56.34	−100（H）
基流指数	0.309	0.410 3	32.78	−76（H）	0.153 2	0.245 8	60.44	−71（H）
第 3 组指标								
年最小值出现时间	201	169	−15.92	−29（L）	40.5	41	1.23	14（L）
年最大值出现时间	82	105	28.05	−52（M）	210	237	12.86	−43（M）
第 4 组指标								
低脉冲次数	10	14	40.00	−11（L）	4	7	75.00	−43（M）
低脉冲历时	4.5	8	77.78	−36（M）	8.5	8	−5.88	43（M）
高脉冲次数	11	6	−45.45	−100（H）	5.5	1	−81.82	−100（H）
高脉冲历时	4	4	0.00	−42（M）	9.5	5	−47.37	−49（M）
第 5 组指标								
上升率	0.008	0.004	−50.00	−100（H）	0.013	0.006	−53.85	−100（H）
下降率	−0.006	−0.004	−33.33	−100（H）	−0.01	−0.005	−50.00	−100（H）
逆转次数	69	67	−2.90	−5（L）	77	86	11.69	−100（H）

第 1 组指标：如图 5-18（e）所示，三峡蓄水后城陵矶站各月平均含沙量均匀减少，且减少幅度小于其他水文站，逐月含沙量的变化趋势在蓄水前后基本一致。从水文改变度来看，1 月、4 月、10—12 月的月均含沙量表现为高度改变，6 月和 8 月的月均含沙量表现为中度改

变,其他月份为低度改变。如图 5-18(f)所示,大通站月均含沙量整体上也是减少趋势,只有
1 月和 3 月表现出一定的增加趋势。从水文改变度来看,5 月为中度改变,1—3 月和 12 月的
月均含沙量改变程度最小,属于低度改变,其他月份均为高度改变。

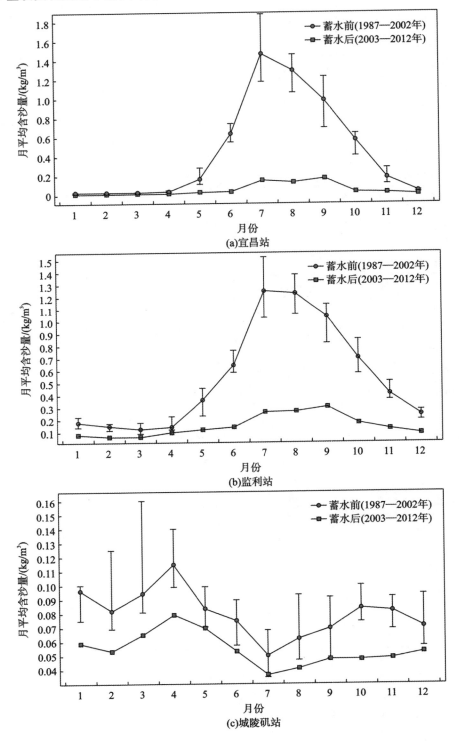

(a)宜昌站

(b)监利站

(c)城陵矶站

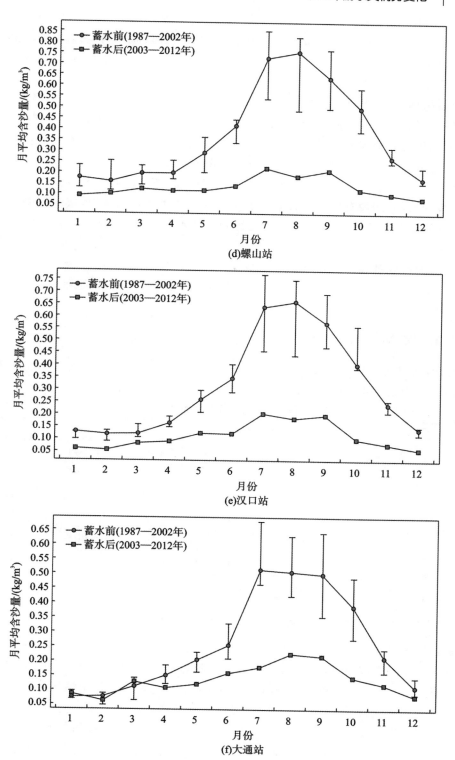

图 5-18　各水文站多年月平均含沙量变化

第2组指标:两个水文站的年均最大、最小含沙量在蓄水后均表现出不同程度的下降趋势。城陵矶站的年均最小含沙量的改变程度大于大通站,前者主要表现为中度改变,后者全部为低度改变。年均最大含沙量在两个水文站均以高、中度改变为主。基流指数在蓄水后由增加趋势,属于高度改变。

第3组指标:年最大、最小含沙量在两个水文站的出现时间相差较大,年最小含沙量在城陵矶站主要集中在 6—7 月,蓄水后有所提前,但在大通站主要集中在 2 月,蓄水后略有推后,二者均表现为低度改变。年最大含沙量在城陵矶站主要发生在 3—4 月,但在大通站主要集中在 7—8 月,二者在蓄水后均向后延迟,表现为中度改变。

第4组指标:城陵矶站低含沙量发生次数略有增加,持续时间延长;高含沙量的发生次数明显减少,持续时间没有变化。大通站的低含沙量发生次数增加,持续时间略有缩短;而高含沙量的发生次数明显减少,持续时间也缩短。从水文改变度来看,主要是中、高度改变,只有城陵矶站的低含沙量次数为低度改变。

第5组指标:含沙量的日均增加率和减少率在蓄水后明显减少,均为高度改变,水文改变度达到 -100%。逆转次数在城陵矶站稍有减少,表现为低度改变,但在大通站明显增加,表现为高度改变。

5.5.3 整体改变度分析

分别计算宜昌、监利、城陵矶、螺山、汉口和大通 6 个水文站各组 IHA 指标的整体水文改变度以及各水文站的整体水文改变度,计算结果如表 5-16 所示。

表 5-16 各水文站含沙量序列整体水文改变度

水文站	各组水文改变度					整体改变度 D_0
	第1组	第2组	第3组	第4组	第5组	
宜昌	97.94	100.00	58.90	60.56	91.47	92.16
监利	92.21	95.44	19.64	76.64	92.31	88.75
城陵矶	62.27	66.51	42.19	57.27	81.70	64.20
螺山	83.62	90.91	40.75	53.26	93.97	82.15
汉口	96.93	90.53	37.19	55.11	82.07	86.24
大通	70.00	53.46	31.95	63.43	100.00	65.76
平均值	83.83	82.81	38.44	61.04	90.25	79.88

根据各组水文改变度的计算结果可以得出,宜昌站第3组和第4组属中度改变,其他三组指标均属高度改变;监利站只有第3组指标属低度改变,其他四组指标均属高度改变;城陵矶站只有第5组指标属高度改变,其他四组指标均属中度改变;螺山站第3组和第4组指标属中度改变,其他三组指标属高度改变;汉口站也是第3组和第4组指标属中度改变,其他三组指标属高度改变;大通站第3组指标属低度改变,第5组指标属高度改变,其他 3 组指标均为中度改变。总体而言,三峡蓄水对长江中下游河段含沙量特征的影响最为显著,引起含沙量的骤然减少,尤其是对含沙量的变化率、月平均含沙量以及年最大、最小含沙量,对高、低含沙量发生的频率和历时以及年最大、最小含沙量出现时间的影响程度相对较小。

由整体水文改变度计算结果得出,长江中下游 6 个水文站的含沙量特征在三峡蓄水前后的改变程度远远高于流量和水位特征,除城陵矶和大通站表现为中度改变外,其他水文站均表现为高度改变。

5.6   结果分析与讨论

综上分析,三峡水库正常蓄水运用后长江中下游水文情势发生了较大变化。总体来看,各水文站的流量、水位和含沙量要素均呈现出不同程度的下降趋势,以含沙量的下降趋势最为明显,其次是流量,水位的改变程度较小。由此可看出,三峡水库蓄水运用对大坝下游泥沙输移量及过程影响最大。

5.6.1   流量变化的原因分析

三峡大坝下游干流河道的径流量主要来自长江上游、洞庭湖水系、汉江支流、鄱阳湖水系以及沿程区间其他支流等,除了荆江河段因右岸的松滋口、太平口、藕池口等三口(以下简称三口,调弦口于 1959 年建闸控制)分流入洞庭湖使沿程年径流量减少外,其他干流河道的年径流量因湖泊及支流入汇沿程增加,这些沿程汇入的支流也在一定程度上缓解了三峡蓄水对下游水文情势造成的影响。三峡水库蓄水运行以来(2003—2012 年),大坝下游干流河道各控制站的年均流量较蓄水前多年平均(2002 年以前)值有所偏枯,变化幅度在 6.3%~14.4%,其减小幅度最小为监利站,主要是因为荆江三口分流比继续减小而导致下荆江泄流能力增加所致。

三峡蓄水后,各水文站多年平均流量呈现枯水期流量增加、丰水期流量减小的趋势,这主要是由三峡水库在调度期"蓄丰补枯"导致的,同时也说明三峡水库对径流的年内分配影响较大,使径流过程更加平坦。三峡水库在冬季和春季的泄水,导致了长江中下游不同历时年最小流量的增加;夏季降水的减少及三峡水库对洪水的调节作用,导致了不同历时年最大流量的减小。在非汛期,三峡水库需要在汛前泄水以腾空防洪库容,致使年最小流量发生时间提前;而在汛期,水库只是调节洪峰流量,基本上不改变洪峰的出现时间,所以对年最大流量发生时间的改变程度较小。同时,三峡水库对径流的调节作用,也会导致流量变化率的减小和更为频繁的流量逆转。

长江流域是以雨汛型为主,降水是长江径流主要的补给来源,汛期降水量对年径流量起着主导作用。因此,除受三峡工程蓄水的影响之外,长江中下游河道水量及其变化规律在很大程度上取决于流域降雨的时空分布,前人曾做过长江中下游各站年平均流量与上游流域年降雨量的比较,结果表明峰谷起伏基本相应。根据长江流域规划办公室水文局和水利部《中国河流泥沙公报》资料,宜昌站多年平均径流量为 $4.382 \times 10^{11} \, m^3$(1950—2000 年),与入河口区(大通站)径流总量 $9.051 \times 10^{11} \, m^3$(1950—2000 年)相比,只占其 48.4%,由此可见,进入河口区的径流量有一半来自上游,一半来自中下游流域。

5.6.2   水位变化的原因分析

流量对大坝蓄水的响应同样会表现在水位对大坝蓄水的响应。三峡工程正常运行后,受水库蓄水及清水下泄河道冲刷的影响,干流水位呈一定的下降趋势,具体表现为蓄水期(10月)沿程水位下降,泄水期(5月)和枯水期(1—3月)沿程水位抬高;年最低水位平均值略有抬高,而年最高水位平均值普遍下降;低水位出现时间提前。一般10月中下旬的水位下降较多,主要与来水条件相关,如果水库蓄水期适当提前,可缓解坝下游10月中下旬的低水位问题。从蓄水前后沿程水位的变化幅度来看,从宜昌到大通,水位的变化幅度逐渐上升。另外,三口洪道淤积也会减少三口洪道的分流作用。据近年资料分析,宜昌流量小于10 000 m³/s时,除松滋口西支(新江口站)不断流外,其他入湖水道基本断流。同时,由于干流水位的降低,也加大了洞庭湖和鄱阳湖的出湖流量,进而对两个湖泊的水位产生较大影响。随着长江中下游干流河道冲刷进程的进一步发展,尤其是螺山以下河道下切影响的逐步显现,三峡水库蓄水期对干流及湖区水位的综合影响将进一步加大。在来水偏少的年份,因来水偏少导致的水位偏低与三峡水库蓄水影响相叠加,中下游干流低水位情势将会更为突出。

5.6.3　含沙量变化的原因分析

三峡大坝下游复杂河网水系的泥沙输移较径流变化更为复杂。近些年来,随着长江干支流水库的陆续建设、水土保持工程的逐步实施、退耕还林等措施,以及江湖关系的调整变化等,三峡大坝下游河道的泥沙输移过程已发生较大变化。三峡工程蓄水后,上游来沙的65%被拦蓄来库内,出库及坝下游水流含沙量大幅度减小,减小幅度在20%～87.5%之间,且由于长江中下游河道泥沙冲淤以及床沙、推移质泥沙和悬移质之间的交换作用,使其减小幅度有沿程递减的趋势(城陵矶站除外)。三峡水库蓄水运用前,沿程各站年均含沙量因三口分流分沙及洞庭湖、鄱阳湖及沿程主要支流的入汇而沿程递减,大通站多年平均含沙量仅为宜昌站的56.5%;三峡水库蓄水后,城陵矶以下河道因通江湖泊与低含沙支流的入汇,使螺山及其以下站含沙量沿程变化不大。另外,三峡水库蓄水运用以来含沙量沿程变化幅度较蓄水前明显减小,说明大坝下游河道发生沿程冲刷,含沙量恢复较为明显(姚仕明,2011)。

长江中下游流域属于冲积平原河流,湖泊对于水沙的调蓄和沉积作用不容忽视,这对于河道含沙量的沿程变化具有重要影响,洞庭湖多年平均(1956—1995年)入湖沙量为$1.67×10^8$t,其中有$1.32×10^8$t泥沙通过荆江河段的松滋口、太平口和藕池口(调弦口已于1959年建闸)输入洞庭湖(金玉林,1996),致使城陵矶站的平均含沙量远低于上游的宜昌和监利站。同时,长江上游来沙量的变化对于中下游输沙规律的变化也起着重要的作用(万新宁,2003)。三峡蓄水后,长江中下游各站含沙量在年内分配的不均匀性较蓄水前明显减小,从宜昌到大通站多年平均含沙量的年内分配曲线图中可知,除城陵矶外,其他测站在蓄水前的洪季含沙量均显著大于枯季的含沙量,且含沙量在年内集中程度和量值从中游向下游逐渐减少。

除三峡工程以外,其他自然和人类活动也会引起长江中下游含沙量的下降。在人类活动方面,近10～20年的流域植被恢复和水土保持工程、上游支流流域的水库修建、河床采沙和沿江调水等都在不同程度上起到减沙作用。另外,河道采沙也对下游含沙量的减少有一定的影响。据2005年不完全调查统计,宜昌至沙市河段2003—2005年采沙总量在2 070万～3 830万t,年均采砂690万～1 280万t,占宜昌至城陵矶河段年均冲刷量的6%～12%(熊明,2010)。此外,2003—2009年长江流域降水总体上偏少,导致流量偏低、挟沙能力降低。特别是 2006 年流域大旱(Dai Z.J.,2008),作为主要泥沙来源的长江上游来水量(宜昌站)成为 1878 年有监测资料以来最少的一年。

从不同水文站对三峡蓄水的响应程度来看,越靠近大坝,响应越明显,表明三峡水库对下游水文情势的影响随距离增加而减小,尤其在宜昌至汉口段比汉口至大通段对大坝蓄水拦沙的响应明显。由于三口分流分沙及下荆江河道的调蓄作用,使得监利站的径流、输沙量均小于上游的宜昌站。汉口站的年径流量变化既受到上游来水的影响,同时又受中下游降雨汇流的影响,因此汉口站与宜昌站年径流量的变化是有差异的。城陵矶和湖口站的水沙变化在更大程度上取决于洞庭湖和鄱阳湖与长江干流相互作用的对比关系。比如,汛期和流域丰水年入湖径流量增多,湖泊蓄水实现调蓄功能,湖内水位升高,这时湖泊内水出湖的要求就大些,在不受长江干流顶托作用时,城陵矶(湖口)流量就会增大,相应水位也提高。三峡水库运行使通江湖泊与长江的水体交换规律发生了变化,长江干流水流对城陵矶(湖口)的顶托作用更明显了。

　　环境流指标研究以 IHA 软件为平台,选取宜昌、汉口、大通(分别为长江上、中、下游的流量控制站),以及城陵矶(反映湖泊调蓄的影响)4 个水文站的逐日流量资料,依据三峡工程开始蓄水运行的发生时间(2003 年),将 4 个水文站的水文序列分别划分为 1980—2002 年(1987—2002 年)和 2003—2012 年两个变动水文序列,分析三峡蓄水前后长江中下游的环境流组成及其环境流指标变化情况。环境流研究的实用意义在于水资源管理配置,包括水库泄洪调控、水量生态调度等。

6.1　环境流组成概述

　　环境流最早于 20 世纪后期由西方国家提出,其最初目的是为了维护河流的生态健康,核心在于寻求最优的方法使人类、河流和其他生物种群能够共享有限的水资源。美国大自然保护协会(TNC)指出,环境流是维持河流生态环境所需的流量及其过程。基于河流水文过程线可分为一系列与生态有关的水位图模式这一新的生态假设,河流流量过程被划分为枯水流量、特枯流量、高流量脉冲、小洪水和大洪水 5 种流量模式,即环境流组成(Environment Flow Components,EFC)的 5 种流量事件(王西琴等,2010;Richter,2007)。Richter 认为这 5 种流量事件对维持河流生态系统完整性是十分重要的(Richter,1996),不仅体现在枯季时需满足一定的水量,更重要的是一定规模的洪水,甚至极端枯水流量都发挥着重要的生态功能。

　　环境流组成的 5 种流量事件形式具体描述如下:

　　(1)枯水流量(Low flows):该流量事件是大多数河流主要的流量状态。自然河流中,随着降水或融雪时期的过去以及地表径流的稳定,河流流量状态则回到其基本或枯水流量水平,这些枯水流量依靠地下水向河流补给来维持。由于决定着一年内多数时间可用的水生生物栖息地的数量和特征(如温度、流速、连通性等),枯水流量的季节性变化给河流的水生群落带来很大的压力,这严重影响着水生生物的数量及多样性。

　　(2)特枯流量(Extreme low flows):在干旱时期,河流流量将会很小,这会对一些生物的生存产生压力。一方面,特枯流量可能引起水化学性质的改变,常常伴随有水温升高和溶解氧降低等现象,从而对许多生物生存造成严重的威胁,引起很大的死亡率;另一方面,特枯流量也可能引起被捕食物种的聚集,洪泛平原的低地干涸等,这些极低流量会降低连通性,限制某些水生生物的活动。

　　(3)高流量脉冲(High flow pluses):高流量脉冲发生在暴雨期或短暂的融雪期,定义为河流流量超过枯水流量水平但是没有高过河岸的涨水。这些短期流量脉冲的存在可能在一定程度上缓解枯水流量带来的生态压力。这些高流量脉冲可能缓解枯水流量时期的高水温及低溶解氧等问题,还能冲走废物、传递有机物质,以增加水生生物食物网的营养。高流量脉冲特别有助于有机物移动到下游区域,为下游区域的鱼类及其他生物提供营养物质。

(4)小洪水(Small floods):该流量事件指流量超过主河床河岸但不包括低频率的洪水,一般发生频率在 2~10 年内。小洪水使鱼类和其他浮游生物能够进入上游或下游的洪泛平原及洪水浸没的湿地以寻找适宜的栖息环境,例如二级支流、回水区、泥沼和浅滩等。这些场所可以提供水生生物快速生长所需的大量食物资源,提供躲避高流量的避难所,降低主河道水温,或者用于产卵和孵卵。小洪水可以使浅层地下水和水下区域重新注满水,这对无脊椎动物和水生植物十分重要。

(5)大洪水(Large floods):很少发生,但是在河流生态系统中十分重要。该流量事件可以将河流和洪泛平原的生物及其物理结构进行重排。它可以移动大量沉积物、大块木质残留物以及其他有机物质,形成新的栖息地,并且使主河道和洪泛平原水体的水质更好。这些洪水可以冲刷产卵地,将有机质冲入下游,移除沙滩、岛屿和岸边的植被,对牛轭湖和洪泛平原湿地的形成具有重要的意义。

美国大自然保护协会(TNC)为这五种流量事件形式提供了一系列水文指标及其相应的生态影响。河流生物的生命与这些事件的发生时间、频率、量值大小、持续时间及其变化率紧密相关,包含 5 组 34 个指标,称为环境流指标(Ruth,2007;王西琴等,2010)。这些指标代表了河流的水文状态,反映了河流水文情势在日间、季节间及年际间的变化,具体见表 1-4。

6.2 环境流组成的界定

对于如何界定这五类流量事件,Richter 等提出了一套分类算法,算法首先将流量序列对应各日按相关阈值划分为分为两类水文日:高流量日和低流量日(包括上升分支日和下降分支日),然后根据相关阈值参数划分枯水流量事件、特枯流量事件、高流量脉冲事件、小洪水事件和大洪水事件。

算法包括 7 个主要阈值参数,具体如下:

(1)高流量日上限百分位阈值(T_{high}):序列的流量值按由小到大排序后的第 75 百分位数值,流量值高于该阈值的流量日被划分为高流量日;

(2)高流量日下限百分位阈值(T_{low}):序列的流量值按由小到大排序后的第 50 百分位数值,流量值低于该阈值的流量日被划分为低流量日;

(3)高流量日起始百分位阈值(T_{start}):25%,当流量值介于高流量日上限百分位阈值和高流量日下限百分位阈值之间时,该阈值控制着高流量脉冲过程的开始日,也控制着高流量日在一个下降分支日后是否开始一个新的上升分支日;

(4)高流量日结束百分比阈值(T_{end}):10%,当流量值介于高流量日上限百分位阈值和高流量日下限百分位阈值之间时,该阈值控制着高流量脉冲过程的结束日,也控制着高流量日在下降分支日和上升分支日的切换;

(5)小洪水重现期年份阈值($T_{small\ flood}$):2 年,该阈值控制着高流量脉冲事件是否被划分为小洪水；

（6）大洪水重现期年份阈值（$T_{\text{large flood}}$）：10 年，该阈值控制着高流量脉冲事件是否被划分为大洪水；

（7）特枯流量百分比阈值（T_{Xlow}）：序列的流量值按由小到大排序后的第 10 百分位数值，该阈值控制着特枯流量事件的划分。

完成各阈值参数的设定后即可对环境流组成的 5 种流量事件进行划分，其运算流程见图 6-1，其界定概述如下：

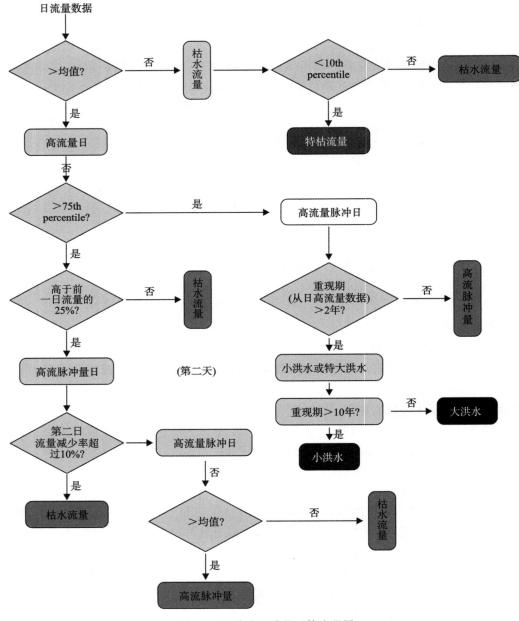

图 6-1　环境流组成的运算流程图

（1）划分流量序列前两日的水文日类型。若第一天的流量值在所有流量值中的频率大于 T_{low} 或第一天至第二天的变化率大于等于 T_{start} 时将其划分为高流量日,否则划分为低流量日;高流量日中,若第一天到第二天的下降率低于 T_{start} 则为高流量日的上升分支日,否则划分为高流量日的下降分支日。

（2）继续处理后续流量日序列,划分高流量日、低流量日、高流量日的上升分支日和下降分支日,规则如下:

①若前一天为低流量日,当该日流量高于 T_{high} 或高于 T_{low} 且较前一天上升率高于 T_{start} 时该日划入高流量上升分支日,否则仍为低流量日;

②若前一天为高流量上升分支日,当该日流量较前一天下降率超过 T_{end} 时,高流量下降分支日开始,否则高流量上升分支日继续;

③若前一天为高流量下降分支日,当该日流量上升率高于 T_{start} 时,该日为高流量上升分支日,否则为高流量下降分支日;

④若前一天为高流量下降分支日,当该日流量较前一天上升率不超过 T_{start} 且下降率不超过 T_{end} 时,划分为低流量日,除非该日流量大于 T_{high},该种情况下仍划分为高流量下降分支日;

⑤一旦该日流量小于 T_{low},则无论前一天为何种流量日(包括高流量上升分支日),该日划为低流量日。由于有些情况下,前一天为高流量上升分支日时,当天及后续流量下降过于缓慢以至于无法划分高流量下降分支日,故需要此条规则;

⑥高流量日结束后,后续天开始划分为低流量日。

（3）当高流量日和低流量日划分结束后,将连续的高流量日划分为高流量脉冲事件;若该事件的极大值大于 $T_{small\ flood}$ 对应的极大值则划为小洪水事件;若该事件的极大值大于 $T_{large\ flood}$ 对应的极大值则划为大洪水事件。

（4）将低流量日划分为低流量事件和极低流量事件。若低流量日流量值低于 T_{Xlow} 则该日划为特枯流量日,连续的特枯流量日划为特枯流量事件,其他的低流量日为枯水流量事件。

6.3　环境流指标的计算

1.环境流指标说明

（1）高流量脉冲事件、小洪水事件、大洪水事件的极大值指事件内的第一个高峰日(即一个高流量上升下降过程中上升分支日的最后一天)流量;特枯流量事件的极小值指事件内的最小日流量;统计高流量脉冲事件、小洪水事件、大洪水事件出现时间时,使用第一个高峰日的出现日期。

（2）大、小洪水重现期阈值 $T_{small\ flood}$ 和 $T_{large\ flood}$ 对应流量值的计算。将所有高流量脉冲事件的极大流量值作为频率计算的总体,针对重现期阈值计算对应频率,根据计算所得频率选择对应流量值。

（3）特枯流量、高流量脉冲、小洪水和大洪水四种流量事件中的上升率(或下降率)指的是相应流量事件中第二天流量值相较于第一天流量值的上升(或下降)百分比,其计算公式如下：

$$P = (Q_2 - Q_1)/Q_1 \tag{6-1}$$

式中：P、Q_1 和 Q_2 分别指的是流量事件的上升率（或下降率）、第一天流量和第二天流量。当 P 为正值时为上升率，P 为负值时为下降率。

2. 环境流指标的计算步骤

（1）依据本章开始中描述的水文序列划分方法，将宜昌、城陵矶、汉口和大通四个水文站逐日流量水文序列分为蓄水前和蓄水后两个变动水文序列。

（2）采用 IHA 软件，对水文站逐日流量水文序列分阶段统计 34 个环境流指标，包括蓄水前后的中值、离散系数和偏差系数。

中值（median）指的是一定水文序列计算长度下，序列流量值按由小到大排序后的第 50 百分位数值，反映计算时段河流流量的一般水平。

离散系数（Coefficients of dispersion，C_D）反映与均值的偏离程度，计算公式如下：

$$C_D = (H - L)/M \tag{6-2}$$

式中：H、L 和 M 分别指蓄水前后各水文序列的第 75 百分位数、第 25 百位数和第 50 百分位数。

偏差系数（Deviation Factor，D_F）是指蓄水后各指标数值相对于蓄水前各指标数值的偏差。

（3）对比蓄水前后各环境流指标的统计结果，分析三峡蓄水前后长江中下游环境流的变化情况。

6.4　环境流计算结果分析

1. 宜昌站

从不同流量事件的分布情况来看（图 6-2），三峡蓄水后，大洪水事件完全消失，小洪水事件和特枯流量事件的发生次数明显减少，尤其是三峡水库第二期蓄水运行（2006 年）后，小洪水事件和特枯流量事件也完全消失，流量过程全部划入枯水流量事件和高流量脉冲事件的模式，表明流量的变化范围变窄，环境流组成趋向于单一化。这一变化主要是由于三峡水库"蓄丰补枯"的调度方式导致的，在汛期削减洪峰流量，使得大、小洪水事件的发生次数减少甚至消失，在非汛期通过泄水，增加下游河道的枯水流量，使得特枯流量事件消失。

从环境流指标的中值变化来看（表 6-1），大洪水事件的变化最大，在三峡蓄水后该流量过程完全消失；枯水流量事件变化较小，其量值在蓄水期和洪水期略有下降，在其他月份略有增加；特枯流量和高流量脉冲事件出现时间均有所提前，小洪水事件出现时间明显推后；特枯流量事件的平均历时加长，而高流量脉冲和小洪水事件的平均历时缩短；特枯流量时间出现次数明显减少，高流量脉冲事件出现次数增加；高流量脉冲和小洪水事件的上升率和下降率均明显增加。受影响较大的环境流指标包括小洪水事件的上升率、下降率、平均历时，高流量脉冲事件的上升率、下降率，特枯流量出现次数和 10 月枯水流量等 7 个指标（图 6-3），受影响较大的流量事件是大洪水事件、小洪水事件以及特枯流量事件。

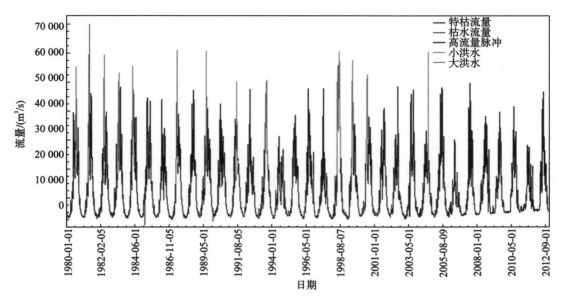

图 6-2　三峡蓄水前后宜昌站不同流量事件分布图

表 6-1　宜昌、城陵矶站环境流指标计算表

流量事件	环境流指标	宜昌站			城陵矶站		
		蓄水前	蓄水后	偏差系数	蓄水前	蓄水后	偏差系数
各月枯水流量	1 月	4 385	4 615	0.05	3 000	2 900	−0.03
	2 月	4 235	4 853	0.15	4 050	3 220	−0.20
	3 月	4 430	5 190	0.17	5 230	5 330	0.02
	4 月	5 930	5 975	0.01	8 228	6 515	−0.21
	5 月	9 840	10 350	0.05	9 100	8 573	−0.06
	6 月	15 400	14 200	−0.08	9 688	9 355	−0.03
	7 月	17 950	17 450	−0.03	9 155	9 020	−0.01
	8 月	17 700	17 950	0.01	8 385	9 338	0.11
	9 月	18 700	15 700	−0.16	8 345	9 090	0.09
	10 月	15 600	12 000	−0.23	7 150	4 910	−0.31
	11 月	9 050	8 045	−0.11	5 070	2 793	−0.45
	12 月	5 700	5 375	−0.06	2 753	2 365	−0.14
特枯流量	极小值	3 753	3 773	0.01	1 785	1 720	−0.04
	平均历时	5.25	6	0.14	7	4	−0.43
	极小值出现时间	50.75	43.5	−0.14	5	337.5	−0.09
	极小值出现次数	4	0	−1.00	2	3.5	0.75
高流量脉冲	极大值	26 050	25 330	−0.03	14 100	15 180	0.08
	平均历时	6	5	−0.17	7	5.5	−0.21
	极大值出现时间	219.5	207.5	−0.05	184.5	190	0.03
	极大值出现次数	5	6	0.20	6	6	0.00
	上升率	1 800	2 523	0.40	1 039	1 204	0.16
	下降率	−1 456	−1 968	0.35	−970.8	−946.4	−0.03

续表6-1

流量事件	环境流指标	宜昌站			城陵矶站		
		蓄水前	蓄水后	偏差系数	蓄水前	蓄水后	偏差系数
小洪水	极大值	55 500	60 400	0.09	31 100	29 050	−0.07
	平均历时	44	14	−0.68	45	60	0.33
	极大值出现时间	210.5	253	0.20	197	193	−0.02
	极大值出现次数	0	0		0	0	
	上升率	1 704	8 100	3.75	1 342	1 847	0.38
	下降率	−1 716	−4 080	1.38	−843.5	−731.3	−0.13
大洪水	极大值	65 500		−1.00	44 300		−1.00
	平均历时	38		−1.00	65		−1.00
	极大值出现时间	203.5		−1.00	201		−1.00
	极大值出现次数	0		0	0	0	
	上升率	1 913		−1.00	2 867		−1.00
	下降率	−3 591		−1.00	−607.4		−1.00

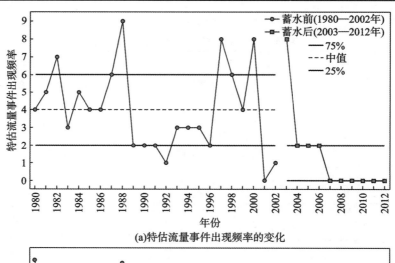

(a)特估流量事件出现频率的变化

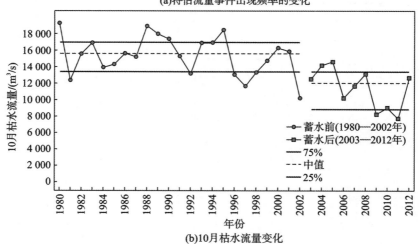

(b)10月枯水流量变化

图 6-3　宜昌站环境流指标变化

2.城陵矶站

从不同流量事件的分布情况来看(图 6-4),城陵矶站的环境流组成在三峡蓄水前后变化不大。三峡蓄水后,大洪水事件完全消失,小洪水事件的发生次数明显减少,高流量脉冲事件的量值较蓄水前有所减少,特枯流量事件表现得更为集中化,且量值有所增加。大多数流量过程划入特枯流量事件、枯水流量事件、高流量脉冲事件和小洪水事件模式,相比宜昌站而言,环境流组成较为多样化,这与洞庭湖对长江干流流量的调蓄作用是分不开的。

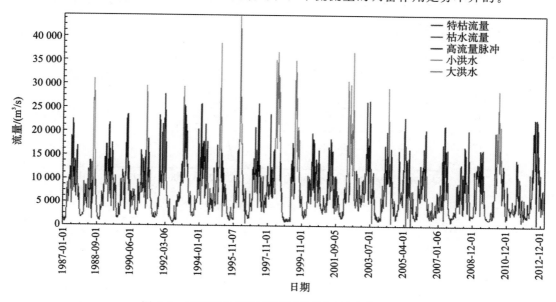

图 6-4 三峡蓄水前后城陵矶站不同流量事件分布图

从环境流指标的中值变化来看(表 6-1),大洪水事件的变化最大,在三峡蓄水后该流量过程完全消失;枯水流量事件变化较小,只有 10 月、11 月枯水流量下降趋势较为明显;特枯流量事件和高流量脉冲事件的平均历时缩短,而小洪水事件的平均历时加长;特枯流量事件和小洪水事件的出现时间有不同程度的提前,而高流量脉冲事件的出现时间略有延迟;特枯流量事件的发生次数明显增加,这也是洞庭湖流域在三峡蓄水后水位降低,湖泊面积减小的主要原因之一。受影响较大的环境流指标包括特枯流量出现次数、平均历时,10 月、11 月枯水流量,小洪水平均历时和上升率等 6 个指标[图 6-5(a),图 6-5(b)],受影响较大的流量事件是大洪水事件和小洪水事件。

3.汉口站

从不同流量事件的分布情况来看(图 6-6),三峡蓄水后,大洪水事件完全消失,小洪水事件和特枯流量事件的发生次数明显减少,高流量脉冲事件和枯水流量事件没有明显变化。大多数流量过程划入枯水流量事件和高流量脉冲事件模式,流量的变化范围逐渐变窄,环境流组成的单一化趋势也逐渐明显。2006 年以后,流量过程只有高流量脉冲事件和枯水流量事件两种流量模式。

从环境流指标的中值变化来看(表 6-2),大洪水事件的变化最大,在三峡蓄水后该流量过程完全消失;枯水流量事件整体上变化很小,只有 10 月、11 月枯水流量略显下降;特枯流量事件和小洪水事件的平均历时明显缩短,而高流量脉冲事件的平均历时则显著延长;特枯流量事件的极小值出现时间略有延迟,出现次数明显减少;小洪水事件的上升率和下降率较蓄水前增加。受影响较大的环境流指标包括小洪水上升率、下降率和平均历时,高流量脉冲事件的平均历时和上升率,特枯流量事件的平均历时和极小值出现次数等 7 个指标[图6-7(a),图 6-7(b)],受影响较大的流量事件是大洪水事件、小洪水事件和特枯流量事件。

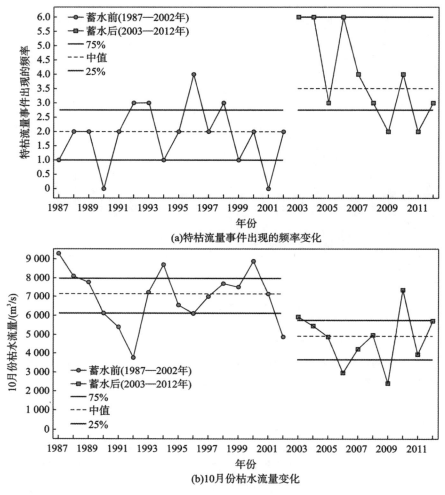

(a)特枯流量事件出现的频率变化

(b)10月份枯水流量变化

图 6-5　城陵矶站环境流指标变化

4.大通站

从不同流量事件的分布情况来看(图 6-8),大通站的流量过程以枯水流量事件为主。三峡蓄水后,大洪水事件完全消失,小洪水事件和特枯流量事件的发生次数明显减少,且小洪水事件在蓄水后只发生在 2010 年。2010 年为典型丰水年,在这一年高流量脉冲事件发生次数明显减少。由此也可以看出,大通站的流量过程变化受三峡蓄水的影响较小,受气候变化的影响较大。另外,高流量脉冲事件较蓄水前更加集中化。大多数流量过程划入特枯流量事件、枯水流量事件和高流量脉冲事件模式,流量的变化范围逐渐变窄,环境流组成逐渐单一化。

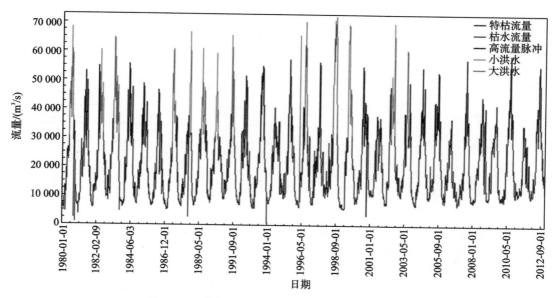

图 6-6 三峡蓄水前后汉口站不同流量事件分布图

表 6-2 汉口、大通站环境流指标计算表

流量事件	环境流指标	汉口站			大通站		
		蓄水前	蓄水后	偏差系数	蓄水前	蓄水后	偏差系数
各月枯水流量	1 月	9 000	9 655	0.07	12 450	12 100	−0.03
	2 月	9 993	10 500	0.05	13 580	13 900	0.02
	3 月	12 200	13 100	0.07	17 550	19 400	0.11
	4 月	16 500	15 550	−0.06	25 200	20 710	−0.18
	5 月	21 900	22 900	0.05	32 380	31 100	−0.04
	6 月	25 800	28 430	0.10	34 580	32 600	−0.06
	7 月	28 100	28 200	0.00	36 480	36 850	0.01
	8 月	28 100	28 900	0.03	34 900	35 780	0.03
	9 月	27 880	29 280	0.05	35 150	35 150	0.00
	10 月	24 030	20 200	−0.16	30 600	27 280	−0.11
	11 月	17 100	14 180	−0.17	23 100	17 030	−0.26
	12 月	10 200	10 650	0.04	14 100	13 550	−0.04
特枯流量	极小值	7 050	7 708	0.09	9 915	11 000	0.11
	平均历时	13.5	8.25	−0.39	13.25	6.5	−0.51
	极小值出现时间	32	37.5	0.17	29.25	23	−0.21
	极小值出现次数	1	0	−1.00	1	1	0.00
高流量脉冲	极大值	37 800	39 350	0.04	44 150	45 300	0.03
	平均历时	12	25.25	1.10	23	28	0.22
	极大值出现时间	214	207	−0.03	179.5	199.8	0.11
	极大值出现次数	3	2.5	−0.17	1	2	1.00
	上升率	1 229	623.6	−0.49	780.7	532.3	−0.32
	下降率	−958.8	−1 018	0.06	−610.8	−549.5	−0.10

流量事件	环境流指标	汉口站			大通站		
		蓄水前	蓄水后	偏差系数	蓄水前	蓄水后	偏差系数
小洪水	极大值	65 700	60 900	−0.07	66 950	65 400	−0.02
	平均历时	90	43	−0.52	95.5	132	0.38
	极大值出现时间	204	197	−0.03	202.5	182	−0.10
	极大值出现次数	0	0		0.5	0	−1.00
	上升率	1 286	1 689	0.31	1 116	637.2	−0.43
	下降率	−572.1	−1 212	1.12	−613	−297.8	−0.51
大洪水	极大值	71 400		−1.00	84 300		−1.00
	平均历时	87.5		−1.00	118		−1.00
	极大值出现时间	218.5		−1.00	204		−1.00
	极大值出现次数	0	0		0	0	
	上升率	1 505		−1.00	1 281		−1.00
	下降率	−862.1		−1.00	−549.4		−1.00

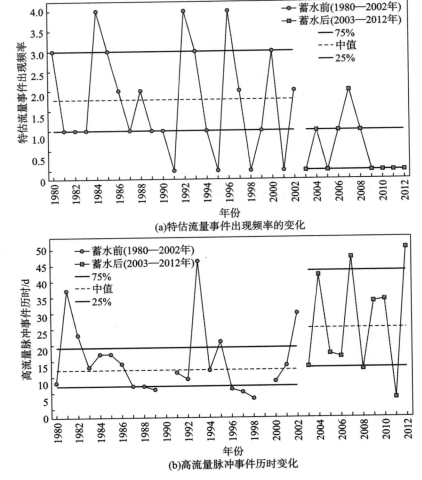

(a)特估流量事件出现频率的变化

(b)高流量脉冲事件历时变化

图 6-7　汉口站环境流指标变化

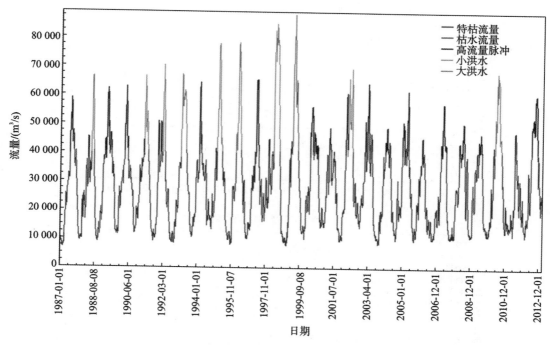

图 6-8　三峡蓄水前后大通站不同流量事件分布图

从环境流指标的中值变化来看(表 6-2),大洪水事件的变化最大,在三峡蓄水后该流量过程完全消失;枯水流量事件整体上变化很小,只有 11 月的枯水流量明显下降;特枯流量事件的平均历时明显缩短,而高流量脉冲事件和小洪水事件的平均历时则有所延长;高流量脉冲事件的极大值出现次数增加,而小洪水事件的极大值出现次数明显减少;小洪水事件的上升率和下降率均显著减少。受影响较大的环境流指标包括小洪水上升率、下降率、极大值出现次数和平均历时,高流量脉冲事件的极大值出现次数和上升率,特枯流量事件的平均历时和 11 月的枯水流量等 8 个指标(图 6-9),受影响较大的流量事件是大洪水事件、小洪水事件和特枯流量事件。

综上分析,三峡蓄水后,长江中下游各代表水文站的流量变化范围逐渐变窄,环境流组成逐渐趋于单一化,各水文站的流量事件大多归于枯水流量事件和高流量脉冲事件。三峡蓄水对大、小洪水事件和特枯流量事件的影响较为显著,主要表现在:大洪水事件的完全消失,小洪水事件和特枯流量事件的发生次数明显减少,而各月枯水流量事件受三峡蓄水的影响较小,受影响较大的环境流指标主要集中在小洪水事件和特枯流量事件的平均历时、发生次数、上升率、下降率以及蓄水期的枯水流量等。环境流组成及指标的变化程度随着离三峡大坝距离的增加而有不同程度的减弱,由城陵矶站的环境流指标变化可以看出,洞庭湖的调蓄作用在一定程度上缓解了三峡蓄水带来的影响。

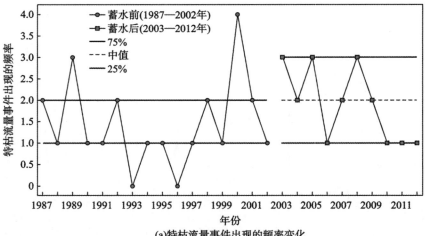

(a)特枯流量事件出现的频率变化

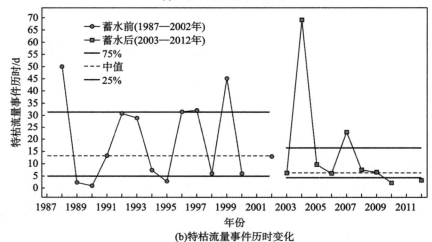

(b)特枯流量事件历时变化

图 6-9　大通站环境流指标变化

第七章

下荆江故道水文情势变化

长江中游下荆江河段故道群中,天鹅洲故道作为一个独特而典型的牛轭湖故道湿地,兼具有河流与湖泊湿地生态系统的特征。湖北长江天鹅洲豚类和湖北石首麋鹿两个国家级自然保护区共同依赖天鹅洲故道存在,分别维持着江豚与麋鹿两个珍稀濒危物种的生存,故道生态地位突出显著。近年来,随着该区域重大水利工程、堤防工程建设等人类活动的加剧,故道水文情势变化愈演愈烈,必然会对依赖故道生存的濒危物种栖息地造成较大的影响。但受下垫面因素、经济发展水平以及基础设施建设等影响,天鹅洲故道区域较少有常规的水文监测站点,周边仅零星分布一些泵站或血防闸,水文资料较为缺乏或难以获取。天鹅洲故道缺乏常规的水文监测,水文情势变化状况及其对濒危物种栖息地的影响较多为定性的描述,定量研究较少。

针对该无水文资料区,遥感技术的迅速发展为该区域的水文情势变化监测提供了新的技术手段。这里通过利用本研究区的影像数据、高程数据及水位数据等数据,提出了两种适用于该区域的遥感水位提取方法,并对两种方法的精度和适用性进行了对比分析。为探究无水文资料区的天鹅洲故道区水文变化规律,填补故道水文监测空白区等提供了新的方法和借鉴。

7.1　水文数据源与处理方法

基于 ENVI 4.3 平台,采用 Gram-Schmidt Pan Sharpening 融合方法将 Landsat 8 OLI 8 波段 30 米的多光谱数据和 15 米的全色数据进行融合,提高了影像的空间分辨率。同时以天鹅洲故道外子堤为边界,统一进行影像的裁剪,以保证数据的可用性。

这里所使用的 Landsat7 ETM+（SLC-off）数据较少(仅有 11 景),所以选取了第一种方法中较为常用的局部线性直方图匹配法(Local Linear Histogram Matching)来修条带缺失的影像数据(图 7-1),该方法由 USGS 开发并提出,基于遥感处理软件 ENVI 4.3 平台的条带去除补丁(landsat_gapfill. sav)来进行条带去除(Scaramuzza P,2004)。

7.1.1　高程数据获取及 DEM 构建

DEM 的构建主要取决于高程数据所获取的精度及其空间分布特征,目前构建 DEM 的方法主要有:利用地面测量数据构建 TIN 创建 DEM(侯明行,2013),利用摄影测量与遥感影像数据如航片、遥感影像以及合成孔径雷达干涉测量技术等获取 DEM(丁军等,2003),利用地形图提取等高线插值生成 DEM(余鹏等,1998)等。地面测量是传统的地表测绘数据获取手段,常用的测量系统包括测距仪、经纬仪、全站仪、GPS 等。地面近距离的现场测量,虽然可以获得较高精度的高程数据,但是却存在着工作量大、周期长、测量点无法到达等缺点(陈敬周,2007)。地形图通过离散点、等高线来表达地面的地形特征,利用数字化仪对已有地图上的信息如等高线、地形线进行数字化(杨秀伶,2014)。随着对地观测技术的迅速发展,摄影测量逐渐成为地形图测绘的新手段,通过航空或航天影像获取的高程数据在大范围小比例尺区域得到较好的应用(陈敬周,2007)。DEM 的构建方法如地形图、遥感影像等,在大尺度的高山丘陵地区已得到较好的运用,并在资源保护与利用、指导区域规划等方面发挥了重要作用,但在平原地区,由于地形起伏较小,该类方法往往难以准确的描述湿地地貌信息和水文过程(李杰,2013;何茂兵,2008)。

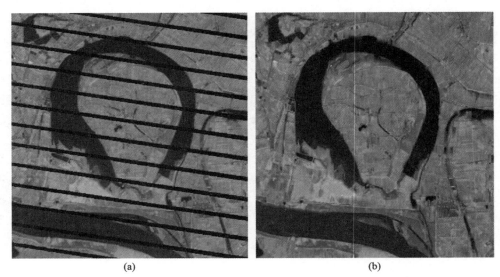

图 7-1 天鹅洲故道区域 2012 年 9 月 29 日 Landsat ETM+影像(a)及条带去除图(b),
两图均为(b5:R,b4:G,b3:B)假彩色合成图

天鹅洲故道区域位于长江下荆江河段,为冲积平原地貌,地形十分平坦。通过地形图或大尺度生成 DEM 往往难以准确的描述湿地地貌信息和水文过程。近年来,实时动态 GPS-RTK(Real-Time Kinematic)监测技术已经广泛地应用于数字地形模拟等领域并能够精确的模拟地貌特征,测量精度可以达到±2 cm(Li J,2013)。为探究天鹅洲故道水位变化及洲滩淹没规律,这里获取了天鹅洲豚类保护区利用实时动态 GPS-RTK 监测技术,实地采集的洲滩测量高程离散点数据。数据采集于 2014 年 9 月,统一采用 3 度分带,西安 1980 坐标系,中央子午线为 111°,测量高程基准点为 1956 年黄海高程系,根据当地高程转换标准统一转化为吴淞高程后使用。保护区同时提供了天鹅洲故道的水下离散高程点数据,主要利用网络 RTK 技术,配合声呐测深仪于 2009 年 12 月获取,共获取了 267 个水下离散高程点。采集示意图如图 7-2 所示,即将 GPS 接收机和声呐测深仪放置在测量的船舶上,且使二者始终保持在同一铅垂线上,通过接收 CORS 系统的差分信号,利用网络 RTK 技术结合声呐测深仪实时获取水下地形三维坐标(程剑刚,2014),高程基准统一转换成吴淞高程后使用。

在获得天鹅洲区域离散高程点数据后,对高程点数据进行质量和分布特征的检测,去除重复点和异常值点,保证数据的可用性。利用 ArcGIS 10.0 空间分析工具中的克里金 Kriging 插值方法生成该区域微地貌 DEM(图 7-3)。

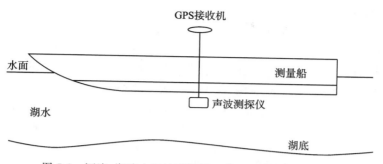

图 7-2　河流、湖泊水下地形测量工作原理(程剑刚,2014)

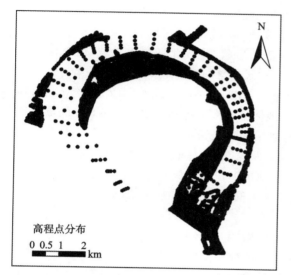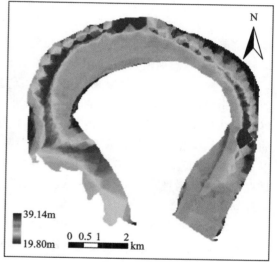

图 7-3　天鹅洲故道离散高程点分布及生成 DEM 图

天鹅洲区域洪涝灾害较为严重,同时处于江汉平原血吸虫病的重灾区,出于防汛和灭螺的需要,该区域上游的蛟子河河道均已人为的渠道化。上游来水所带来的泥沙含量少,尤其是 1998 年沙滩子大堤修建后,故道与长江的水文连通性减弱,与长江干流的水文交换几乎断绝,故道内部的冲淤变化较小。因此,除故道下口口门地区长度延伸外,故道内断面形态变化不大,故道内的冲淤变化将处于相对平衡的状态(张先锋等,1995)。

7.1.2　麋鹿洲滩区 DEM 获取与处理

独特的河道形态特征与密集的堤防工程建设使得天鹅洲故道水位的涨落主要体现在故道洲滩上,而麋鹿自然保护区内洲滩淹没的变化对麋鹿栖息地及食物来源影响较大,是麋鹿的自然栖息地。因此,运用无人机对麋鹿自然保护区洲滩地形进行测量。此外,从当前所获取的资料来看,石首麋鹿自然保护区内的洲滩地形为天鹅洲故道区 DEM 的空白区,对该洲滩区域的地形测量数据,能够填补整个天鹅洲区域的 DEM 数据,为洲滩淹没及麋鹿栖息地的分析提供高精度的地形数据资料,从而能够基于水文情势的变化和栖息地特征分析为物种的保护提出可行的建议。

本研究利用大疆 DJI GO 四旋翼无人机飞行器对天鹅洲麋鹿保护区内的洲滩区域进行

航测,获取了高精度的洲滩数字高程模型(DEM)及正射影像图(DOM)数据,填补天鹅洲区域 DEM 的空白区。飞行的时间为 2017 年 2 月 16 日,此时故道正处于枯水期,较低的水位导致洲滩大面积出露,有利于进行洲滩地形的测量。飞行的相对航高设置为 200 m,航拍设计航向重叠度设置为 80%,共飞行 3 次,获取了 1 042 张航拍图片,总覆盖面积为 5.55 km²,约占保护区核心区总面积的 55%,基本上涵盖了整个麋鹿保护区的自然洲滩区域。同时在飞行测区共布置了 6 个地面控制点以纠正高程误差保证测量精度,运用 RTK 记录控制点坐标及高程,以天鹅洲闸的水文标尺为基准进行高程转换,统一转换成吴淞高程。内业采用 Agisoft PhotoScan 软件对无人机所获取的正射图像进行筛选、拼接与校正,同时检查影像精度,输出 DEM 和 DOM 图。

此次航拍影像基本上覆盖了麋鹿保护区周期性淹没的自然洲滩区域,该洲滩区域是保护区内湿生和水生植被的主要分布区,同时也是麋鹿的频繁活动区域和主要的栖息地。影像覆盖范围沿洲滩岸线西北-东南向大致呈平行四边形状,范围北抵故道水域,西至保护区边界,东至天鹅洲岛河口村故道上口尾端,南至保护区应急饲料基地。

从拼接完成后的正射影像图[图 7-4(a)]上可以看出,航拍所获取的影像分辨率较高,各类地物包括麋鹿种群在 DOM 图上均清晰可见,地面分辨率可达到 0.26 m,洲滩上的麋鹿种群数量共计 438 头(保护区提供数据为 491 头,航拍未完全覆盖麋鹿种群)。天鹅洲洲滩上的土地利用类型可分为水域、耕地、林地、草滩地以及泥滩地,林地主要为洲滩北侧的旱柳林以及东南侧的意杨林,泥滩地和草地分布较广,耕地集中在河口村故道上口尾端。由于水体具有较强的反射性,以及测区内存在着建筑区和高大的乔木等,导致生成的 DEM 产生一些高程异常值[图 7-4(b)]。

后期处理过程中,基于 ArcGIS 10.1 平台沿水边线将水体部分裁剪出,同时选取建筑物和乔木异常值周边的高程点通过 Kriging 插值方法进行异常值处理,获取满足要求的 DEM 图,总面积约 4.24 km²[图 7-4(c)]。异常值处理后的 DEM 图可以看出,天鹅洲麋鹿保护区洲滩地形平坦,高程介于 31~35 m,地形起伏变化较小,由水边至西南子堤方向逐渐增高,原故道上口的通江区域在图上可见。季节性的洪泛湿地条件、充足的水源以及丰富的麋鹿喜食植物资源,使得该洲滩区域成为优越的麋鹿自然栖息地。此外,将异常值处理后的洲滩 DEM 图,与前期所获取的通过离散高程点获得的 DEM 图进行镶嵌处理,获得整个天鹅洲区域的 DEM 图[图 7-4(d)],以供后续分析使用。

7.1.3　实测水位数据

天鹅洲豚类国家级自然保护区于 2010—2012 年利用自动水位计记录了天鹅洲故道逐日观测水位数据。同时,基于湖北省水文水资源局网站水雨情信息查询系统(http://219.140.162.169:8800/rw4/report/fa02.asp)公布的湖北省主要河流水位及流量数据,通过 Python 编程自动提取了长江监利水文站 1992—2015 年逐日水位及流量数据。

7.1.4　湖泊蓄水量计算方法

由于水文站点分布的有限性和水体变化的复杂性,准确地估算区域蓄水量仍是一个挑战性的问题(宋平等,2011)。遥感技术的快速发展,为蓄水量的估算提供了有力的手段,基于遥感的湖泊蓄水量计算方法主要包括:影像法(Smith,2009;Cai et al.,2016)和重力卫星法(Wahr,2004;Frappart,2008),影像法即基于遥感影像获得的水域分布或遥感获得的水位资料,用来估算陆面水体的相对蓄水量,但该方法在水域面积变化不大而水位变化大的情况下,可能大大低估蓄水量变化(Alsdorf,2003),并结合完整、精细的 DEM 数据则可获取湖泊的绝对蓄水量。2002 年重力探测与气候试验卫星(GRACE)升空,该卫星通过监测地球重力的变化,来观测涵盖大气、地表及地下水的水柱,在监测全球储水量方面发挥了重要的作用(Alsdorf,2007)。但 GRACE 重力卫星提供地球月尺度重力场数据,只能确定上千千米及以上尺度区域的水储量变化(周旭华等,2006;Han,2005)。因此,GRACE 重力卫星对于绝大多数江河湖泊及流域并不适用。

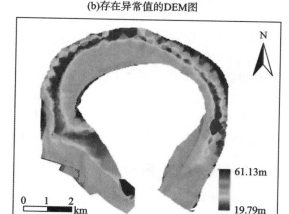

图 7-4　麋鹿保护区洲滩航拍及处理图

湖泊蓄水量的计算可以表示为 $V=F(A,H)$,其中 V 为湖泊蓄水量,A 为湖泊水面积,H 为湖泊水深。在获取湖泊水面积的基础上,将水面影像与高精度 DEM 相叠加,对水面上的每一个控制点,同时测量其水深值即该像素点的水柱高度,水柱高度与像素面积相乘,得出该像素点水柱的体积,最后水面上所有水柱体积值累加便得到地表总蓄水量。本文基于软件 ArcGIS 10.0 平台三维分析工具中面积-体积统计模块计算 1992—2015 年天鹅洲地表蓄水量的变化。

湖泊蓄水量的具体公式可以表示为:

$$V = \sum_{i=1}^{n} S_i \times (h_{s,i} - h_{r,i})$$ (7-1)

式中:V——整个湖盆的蓄水量(m^3);

$\quad S_i$——单个像素点的面积(m^2);

$\quad h_{s,i}$——第 i 个水域像素点的水面高程(m);

$\quad h_{r,i}$——第 i 个水域像素点的湖底高程值(m);

$\quad h_s - h_r$——像素点的水柱高度(m);

$\quad n$——水域像素点个数。

7.2　天鹅洲故道水位提取的遥感方法

关于湖泊水位波动规律的研究,过去大多基于水文站点观测和模型模拟结果。传统的基于站点观测方法,由于经济发展水平、基础设施因素、下垫面地理条件等限制,形成一定的观测盲区,造成站点观测数据及模型输入参数在空间上存在着很大的欠缺,而随着遥感技术的快速发展,利用遥感手段获取水位数据在一定程度上弥补了实测水文站点数据缺失的状况(宋平,2011;Papa F,2010)。运用遥感手段获取水位的方法可分为 3 类(Smith,1997),即雷达高度计法、水边界和数字高程模型叠加法以及水位-面积相关关系法。

雷达高度计法的基本原理是利用发射脉冲和接收脉冲之间的时间延迟来进行高度测量,起初设计并成功运用于海洋观测,后来相继运用至大型江河、湖泊、湿地及洪泛区域的水位观测中(Birkett,2002;Alsdorf,2000;Birkett,1998)。雷达高度计法要保证所选点位返回的波形数据确实来自于水体,而非其他地物,该方法受到卫星轨道、回波数据以及水体大小等因素的制约(Alsdorf,2007),不适宜应用在天鹅洲区域。因此这里选用水边界和数字高程模型叠加法和水位-面积相关关系法两种方法来进行天鹅洲故道区水位的提取。两种方法的水位高程基准统一使用长江流域广泛使用的吴淞高程基准。

7.2.1　水位-面积关系曲线法(LRC 法)

一般来讲,对于一个特定的湖泊,湖泊水位和面积之间往往能够保持较强的相关性(Smith,1997)。水位-面积关系曲线法就是基于光学遥感或雷达遥感获取的水域面积,并结合实测水位数据建立水位-面积关系模型,进而通过水域面积来估算水位。虽然该方法受影像和实测水位数据数量的限制,但仍被广泛应用在各类型陆地地表水体的水位提取中(Smith,1997;Cai X,2015;Li W,2016;Zhu W,2014)。通过获取 2011—2012 年天鹅洲故道实测水位数据(14 个样本点)与水域面积建立起 3 种水位-面积关系模型,并利用 2010 年实测水位数据(10 个样本点)进行精度验证。3 种模型分别为线性模型、二次多项式模型和三次多项式模型,2010—2012 年天鹅洲故道实测水位数据来自于天鹅洲豚类国家级自然保护区自动水位计监测。

水位-面积关系曲线拟合结果见表 7-1 及图 7-5。拟合结果显示,天鹅洲故道湿地的实测水位与水面面积之间具有较强的相关性,3 种方程均能够保持较高的相关性,相关系数(R^2)均在 0.94 以上,均方根误差($RMSE$)均在 0.22 m 以内,即使是线性方程也能保持 0.949 的 R^2 值和 0.219 m 的 $RMSE$,因此本文直接采用线性方程来表示天鹅洲故道水位-面积关系曲线,其他各时间段的水位均可通过提取的水域面积根据该关系曲线计算出来。

表 7-1　故道水面积一实测水位拟合方程

拟合方程	R^2	$RMSE$/m
$y = 1.805\,38x - 42.117\,2$	0.949	0.219
$y = -0.146\,54x^2 + 10.930\,8x - 184.035$	0.956	0.209
$y = -0.129\,91x^3 + 12.009\,46x^2 - 367.902\,25x + 3\,747.839\,8$	0.959	0.215

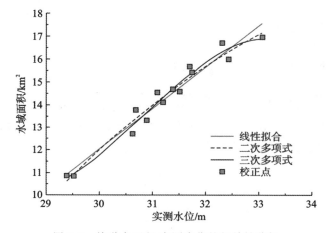

图 7-5　故道水面积-实测水位的相关性分析

7.2.2　水边界-数字高程模型结合法(WBET 法)

基于水边界与数字高程模型结合的方法,是通过较高分辨率的卫星遥感影像来获取清晰的水陆分界线或水域分布区,进而通过叠加区域几何地形图或 DEM 数据,得出水陆交界处的水位。该方法要求水陆交交界处地形较为平缓,水位提取结果在很大程度上依赖于 DEM 的精度和影像的分辨率,在地形较为复杂或者植被覆盖较多的区域,估算的水位容易产生较大的偏差(宋平,2011;Alsdorf D E,2007)。一些研究者通过该方法获得的水陆交界处点水位数据,与实测水位数据进行对比,得到了较好的应用结果(Pan,2013;Brakenridge,2005)。

基于获取的 1992—2015 年水边界线,叠加上通过两种不同方法获取的该区域高精度 DEM 图,获取水边界点的高程值,进而进行水位的提取。鉴于天鹅洲故道区域被密集的子堤所控制,仅天鹅洲岛北部的千字头洲滩和故道西南上口麋鹿保护区内的洲滩处,水位波动变化较为明显,故以地形变化较为平缓的洲滩处高程点的平均值表示当天的水位值。该方法具体的流程见图 7-6,图中以 2011 年 7 月 1 日水位提取为例来进行说明。

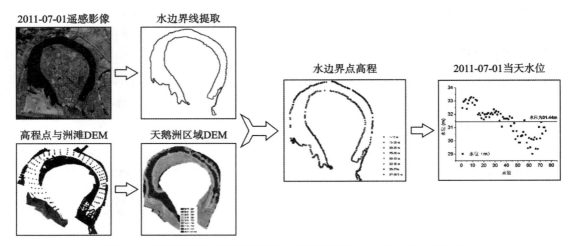

图 7-6　水边界-数字高程模型结合法流程图(以 2011 年 7 月 1 日为例)

7.2.3　实测水位验证及精度评价

本研究采用均方根误差($RMSE$)、平均相对误差(MRE)以及皮尔森相关性系数(R)三个指标对两种水位提取方法进行评价,计算公式分别为:

$$RMSE = \sqrt{\frac{\sum_{i=1}^{n} (x_i - y_i)^2}{n}} \quad\quad (7\text{-}2)$$

$$MRE = \frac{\sum_{i=1}^{n} |x_i - y_i|}{\sum_{i=1}^{n} y_i} \times 100\% \quad\quad (7\text{-}3)$$

$$R = \frac{\sum_{i=1}^{n} (x_i - \bar{x})(y_i - \bar{y})}{\sqrt{\sum_{i=1}^{n} (x_i - \bar{x})^2} \sqrt{\sum_{i=1}^{n} (y_i - \bar{y})^2}} \quad\quad (7\text{-}4)$$

其中,x_i 为两种方法所提取的水位值,y_i 为保护区提供的故道实测水位值,$\bar{x}$ 为 x_i 的平均值,$\bar{y}$ 为 y_i 的平均值,n 为数据总个数。

$RMSE$ 是最常用的衡量模型误差的统计量;MRE 使用百分比来表达模型误差,结果更直观且不受原始数据取值范围的影响;R 可以反映两个数据集之间的线性相关性。采用以上三个指标对方法精度进行评价,能更全面地反映两种方法获取的水位值和实测水位值之间的误差信息。

2010 年的实测水位数据(10 个样本点)被用来对 LRC 和 WBET 这两种方法进行精度评价,两种方法与实测水位对比结果见图 7-7,$RMSE$、MRE 以及 R 对比结果见表 7-2。结果显示,通过这两种方法获取的水位值均能够与实测水位值(图中红色线)保持较好的一致性,两种方法的 $RMSE$ 值均在 0.4 m 以内,MRE 小于 1%,R 值在 0.97 以上。较小的误差和较高的相关性表明,这两种方法对水位的提取结果真实可信,能够满足需求。

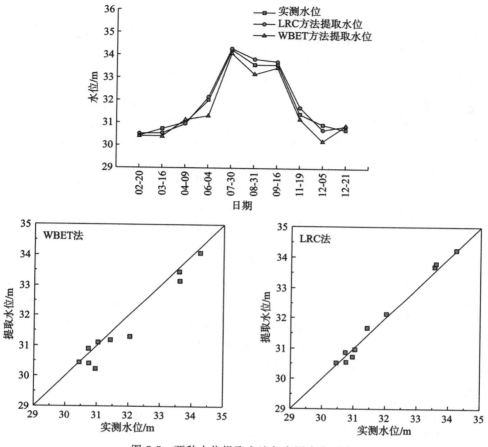

图 7-7　两种水位提取方法与实测水位对比

表 7-2　两种水位提取方法的误差统计分析

方法	$RMSE$/m	MRE	R
WBET	0.386	0.9%	0.975
LRC	0.168	0.4%	0.994

　　这里主要对本文所用到的相关数据获取及处理方法等进行了阐述,包括遥感影像数据的选取与预处理,DEM 数据的获取与生成,以及水位提取方法等。在对 1992—2015 年天鹅洲故道水域面积提取的基础上,提出了水位-面积关系曲线法(WBET 法)和水边界-数字高程模型(LRC 法)两种基于遥感的水位提取方法,并用实测水位对两种方法进行了验证和精度评价,结果表明 LRC 法的均方根误差($RMSE$)可达 0.168 m,平均相对误差(MRE)为 0.4%,相关系数(R)为 0.994,WBET 法的 $RMSE$ 为 0.386 m,MRE 为 0.9%,R 为 0.975,两种水位提取方法在天鹅洲故道均得到了较好的适用,与实测水位对比,LRC 方法的效果更佳,能够满足后续分析的要求。

7.3　天鹅洲故道水文情势变化特征分析

天鹅洲故道是长江流域较为独特而典型的牛轭湖湿地,是江豚、麋鹿等珍稀濒危物种赖以生存的重要栖息地。近几十年来,受水利工程、堤防工程建设,江湖阻隔等人类活动的影响,天鹅洲故道区域发生了较为剧烈的水文演变过程,故道的水文环境正逐渐由河流型的流水环境转变为湖泊型的静水环境。本章对提取的水域面积和两种基于遥感方法提取的水位以及估算的蓄水量进行了分析,对天鹅洲故道 1992—2015 年水域面积、水位及蓄水量等水文要素的年际以及季节变化规律、故道与长江阻隔前后的水文变化特征等进行了相关分析,探究了该区域水文情势的变化规律,为濒危物种的栖息地环境分析提供支撑。

7.3.1　天鹅洲故道水域的时空动态变化

天鹅洲故道内水位周期性的涨落,水域面积随水位的动态变化较为明显,洲岛边滩规律性的淹没,一年一度的洪水泛滥,使其形成了具有显著特色的河漫滩湿地,兼有河流型湿地和湖泊型湿地的特点。1998 年沙滩子大堤修建以前,故道汛期与长江相通,由于江水的灌入,水域面积较广,枯水期与长江阻隔,水域面积萎缩。1998 年后,由于故道与长江的人为阻隔,故道水域面积的波动幅度也相应变小。

7.3.1.1　年际变化特征分析

从总体上来看,天鹅洲故道湿地水域的年际变化较为显著。1992—2015 年,天鹅洲故道水面面积变化范围为 $10.86 \sim 30.06$ km^2,线性拟合趋势显示故道水面积总体上呈现显著减少趋势(在 95% 置信区间内显著),水面积减小幅度为 0.024 km^2/a(图 7-8)。水域面积的变化在一定程度上反映出该区域极端气候事件的发生,同时极端气候事件的发生又影响着故道水域水面积的波动变化。水文记录显示长江中下游地区在 1992—2015 年存在着不同程度的干旱与洪涝灾害事件,如 1996 年、1998 年整个长江流域的洪涝灾害,2010 年夏季发生的 60 年来最为严重的洪涝,使得成千上万的居民受灾(Feng L,2000)。2004 年及 2010 年冬季至 2011 年春季期间,长江中下游遭受严重的干旱事件(Tian R,2014)。此外还包括 2010—2011 年长江中游地区的旱涝急转等,都能够在水域面积的波动变化上有所体现。从汛期与非汛期水面积上来看,1992—2015 年,故道水面积在汛期(6—9 月)变化较为显著,呈现显著下降的趋势(95% 置信区间内显著),水面积下降速率为 0.141 km^2/a,在非汛期(10月至次年 5 月)则呈现微弱上升趋势,故道水面积波动形势变得越来越小。

1998 年夏季长江流域大洪水过后,为抵御洪水,当地政府沿江修建了沙滩子大堤及天鹅洲闸。沙滩子大堤的修建,彻底阻隔了长江与故道的水文连通与交换,故道内水文情势也相应发生了改变。故道水面积的年际变化,主要体现在沙滩子大堤修建前后故道内水面积的变化上。结果显示,汛期多年平均水面积由 1992—1998 年的 21.99 km^2 减小至 1999—2015 年的 16.19 km^2,水面积减小了 5.8 km^2。非汛期多年平均水面积由 1992—1998 年的 13.35 km^2 增加至 1999—2015 年的 14.70 km^2,水面积增加了 1.35 km^2。1998 年沙滩子大堤修建以后,故道水面积变化的波动幅度明显减小。从空间上来看,故道水面积的变化受子堤的影响较为明显,水面积的波动变化主要反映在天鹅洲岛北部的千字头和天鹅洲西南面的麋鹿保护区洲滩上(图 7-9)。1998 年以前,汛期故道与长江相通,汛期时洲滩大面积被水淹没,非汛期时水位退去洲滩大面积出露,最大水面积出现在 1996 年 8 月 8 日,面积为 30.06 km²,最小水面积出现在 1997 年 5 月 23 日,面积为 10.86 km²。1998 年后故道与长江阻隔,故道内水面积的波动幅度大为减小,汛期时洲滩淹没的面积也随之减小,最大水面积出现在 1998 年 8 月 1 日,面积为 23.16 km²,最小水面积出现在 2011 年 4 月 28 日,面积为 10.86 km²。

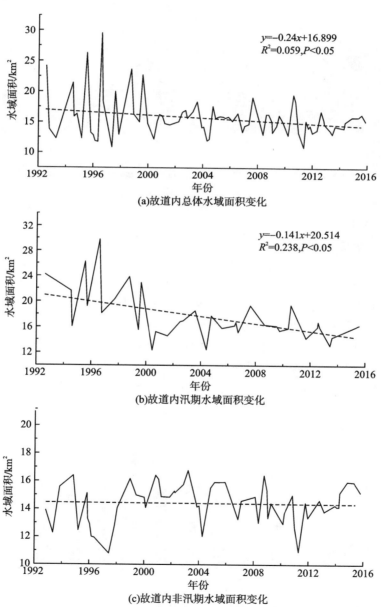

(a)故道内总体水域面积变化

(b)故道内汛期水域面积变化

(c)故道内非汛期水域面积变化

图 7-8　1992—2015 年天鹅洲故道水面积变化趋势

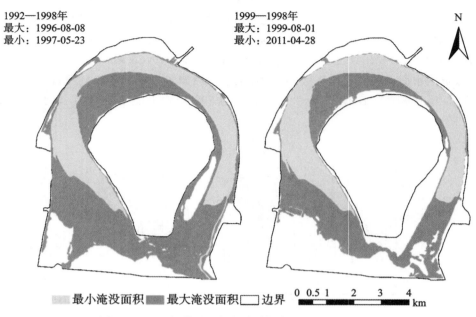

1992—1998年
最大：1996-08-08
最小：1997-05-23

1999—1998年
最大：1999-08-01
最小：2011-04-28

N

■ 最小淹没面积 ■ 最大淹没面积 □ 边界

0 0.5 1   2   3   4
km

图 7-9　1998 年前后天鹅洲故道最大最小淹没面积对比

7.3.1.2　季节变化特征分析

由于遥感影像提取的水面面积存在一定的随机误差，月内各日水面积的平均值能够在一定程度上消除随机误差，可以较为真实的反映水面面积的季相变化规律，因此本文计算了多年各月故道水面积的平均值，以平均值代表该月故道水面积的大小（图 7-10）。结果显示，故道水面积呈现季节性波动的规律，月平均水面积在 6 月开始逐渐增加，故道承接了上游大量的排涝水，到 8 月达到最大值，随后开始逐步呈现下降趋势，进入 12 月开始保持平稳态势，至次年 4—5 月，水面积减小到最小值，表明该区域存在着一定程度的春旱现象。从各月间变率来看，水面积的最大增幅出现在 6—7 月，当进入汛期后的天鹅洲湿地水面积迅速扩大，而水面积的最大降幅出现在 8—9 月，表明全年对洲滩出露影响最大的月份也就是 6—7月和 8—9 月。

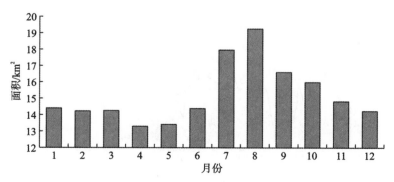

图 7-10　1992—2015 年多年各月平均面积变化趋势图

1992—2015 年天鹅洲故道区域多年平均各月最大最小水面积、出现的年份以及最大最小面积比率如表 7-3 所示，多年各月最大最小水面积空间分布如图 7-11 所示。1998 年前故道汛期与长江相通,水位随长江水位的涨而自然上涨,因此在 7—10 月故道最大水面积均出现在 1998 年以前,而 1997 年、2011 年长江中下游发生较为严重的干旱事件,故道水面积最小值也出现在这两年。故道多年月均最大最小面积的比值介于 1.24(12 月)到 2.08(8 月)之间,也显示出故道水面积的季节变化。

表 7-3　天鹅洲故道多年月平均水面积统计　　　　　　　　　　（km²）

	1 月	2 月	3 月	4 月	5 月	6 月	7 月	8 月	9 月	10 月	11 月	12 月
最大值	16.19	15.97	16.75	15.16	15.95	16.19	26.73	30.06	19.12	23.92	16.40	16.20
年份	2001	2005	2003	2002	2015	2006	1995	1996	1995	1998	2000	1998
最小值	12.71	12.38	12.03	10.86	10.86	12.18	13.63	14.45	14.13	12.98	12.80	13.02
年份	2011	1995	1996	2011	1997	2000	2000	2013	2011	1997	1997	1995
最大/最小	1.27	1.29	1.39	1.40	1.47	1.33	1.96	2.08	1.35	1.84	1.28	1.24

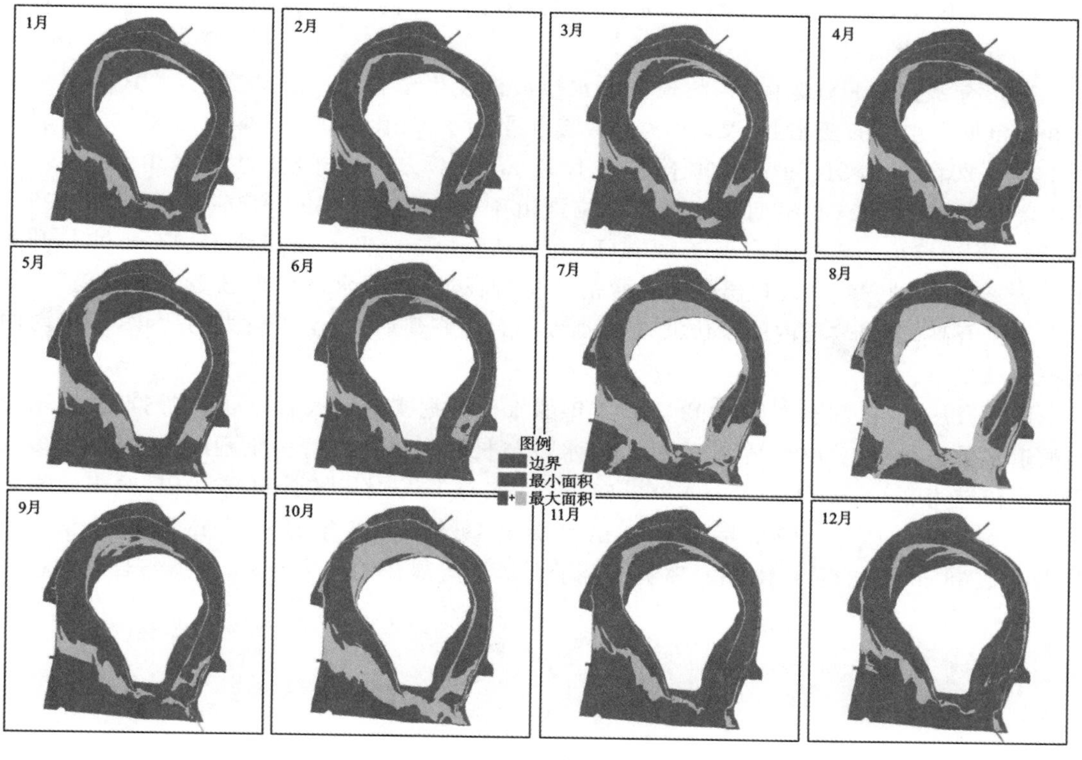

图 7-11　1992—2015 年天鹅洲故道多年各月最大最小水面积

7.3.2　天鹅洲故道水位变化分析

天鹅洲故道自 1972 年形成以来,故道上下通江口逐步淤高,故道自然通江程度逐渐下降。1998 年沙滩子大堤修建以前,故道在汛期与长江自然相通,水位随长江水位的涨落而变化,枯水季节故道与长江隔断,仅在下口通过一串沟与长江相通。沙滩子大堤修建以后,原有的自然连通被彻底阻隔,故道内的水位通过沙滩子大堤上的天鹅洲闸开始受人工控制,但天鹅洲闸几乎常年关闭,仅在防洪、排涝以及"灌江纳苗"等时段开启,故道内水位的涨落以自然涨落为主,且水位的涨落幅度大大降低(朱江,2005)。

7.3.2.1　年际变化特征

　　总体上看,LRC 和 WBET 两种水位提取方法均显示 1992—2015 年天鹅洲故道内水位呈现波动变化的趋势[图 7-12(a)]。WBET 方法提取的最高水位为 35.12 m,多年最低水位为 28.54 m,水位变幅为 6.58 m,多年平均水位为 31.08 m;LRC 法提取的多年最高水位为 39.97 m,多年最低水位为 29.34 m,水位变幅为 10.63 m,多年平均水位为 31.97 m。两种方法的最高水位均出现在 1996 年 8 月 8 日,最低水位出现在 1997 年 5 月 23 日,水位的年际变化特征与水面积的年际变化特征较为一致,发生在该时段的旱涝灾害也同样可以反映在水位的变化上。

　　两种方法结果均表明,天鹅洲故道水位总体上呈现下降趋势,尤其是在汛期内均呈现显著下降趋势(95%的置信区间内),下降速率达 7.8 cm/a(LRC 法)和 3.3 cm/a(WBET 法),在非汛期内则呈现微弱的上升趋势,可以明显地看出故道内水位的波动幅度呈现减小的趋势[图 7-12(b),图 7-12(c)]。

　　1998 年故道与长江阻隔后,故道内的水位波动发生了较为明显的变化,尤其体现在汛期和非汛期上水位的变化上(表 7-4)。汛期多年平均水位由 1992—1998 年的 33.06 m 减少到 1999—2015 年的 31.59 m,水位降低了 1.47 m(LRC 方法是由 35.51 m 减少到 32.3 m,水位降低了 3.21 m),非汛期多年平均水位则由 1992—1998 年的 29.65 m 增加到 1999—2015 年的 30.77 m,水位升高了 1.12 m(LRC 方法是由 30.72 m 增加到 31.47 m,水位升高了 0.75 m),两种方法均表现出较为一致的变化特征,即汛期水位呈现显著下降的趋势,非汛期水位升高,表明故道内的水位波动在沙滩子大堤修建后,发生了较大的变化,故道内的水位波动变小。

　　此外,以长江监利水文站 1992—2015 年的水位数据来表示长江水位,将同期长江水位与故道水位进行对比分析,结果发现,故道水位与长江水位存在着一定程度的水位差,多年平均水位差为 2.94 m(WBET 法)和 3.57 m(LRC 法),分时段统计可得,LRC 法多年平均水位下水位差由 1992—1998 年的 3.19 m 增加至 1999—2015 年的 3.69 m,WBET 法水位差则由 1.68 m 增加至 3.32 m。表明沙滩子大堤的阻隔作用较为明显,故道与长江的连通性变差。

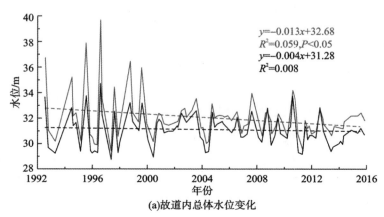

$y=-0.013x+32.68$
$R^2=0.059, P<0.05$
$y=-0.004x+31.28$
$R^2=0.008$

(a)故道内总体水位变化

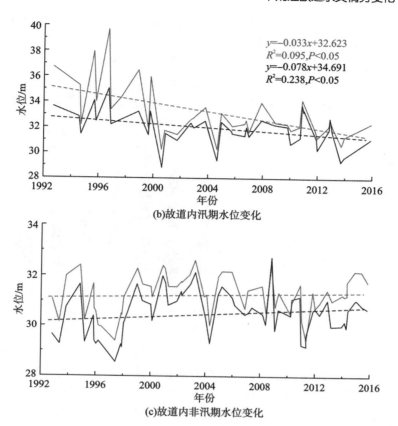

图 7-12 1992—2015 年天鹅洲故道水位变化趋势图
（灰色表示 LRC 方法结果，黑色表示 WBET 方法结果）

表 7-4 天鹅洲故道建闸前后汛期与非汛期多年平均水位对比

	汛期（6—9 月）				非汛期（10 月至次年 5 月）			
	1992—1998		1999—2015		1992—1998		1999—2015	
	WBET	LRC	WBET	LRC	WBET	LRC	WBET	LRC
多年平均水位/m	33.06	35.51	31.59	32.3	29.65	30.72	30.77	31.47

7.3.2.2 季节变化特征

天鹅洲故道内多年各月平均水位变化趋势见图 7-13，多年各月平均水位变化趋势同多年各月平均水面积变化趋势基本相同。两种水位方法提取的水位呈现出较为一致的季节性波动规律，即每年的 6 月，故道因承接了上游冯家潭闸排入的大量排涝水，水位开始逐渐升高，至 8 月水位达到最高值，此后水位开始逐渐下降，至 12 月开始稳定，保持枯水期水位，至 4—5 月，水位降至最低值，同样反映出该区域存在着一定程度的春旱现象。

7.3.3 天鹅洲故道蓄水量变化分析

地表蓄水量是衡量地表水资源量的一个直接指标，其数量的变化对人类生产、生活用水有着直接的影响。提供淡水资源是天鹅洲故道湿地多种重要的生态功能之一，对于依赖于故道水资源生存的江豚物种来讲,其生存需要维持一定的水深条件,故道内水位与蓄水量的变化直接决定了其栖息地的分布与生存空间的多少。此外,故道也是石首市和监利县横市镇、开发区、小河口镇、大垸镇部分村、大垸农场的主要取水点。天鹅洲故道现有大小水厂(口)5处,供周边5个乡镇12万多人饮用水,并常年取水供应监利县5个乡镇农田的抗旱灌溉。因此,故道蓄水量的变化监测对于江豚的栖息地环境及其生态用水、水资源的供应极为重要。

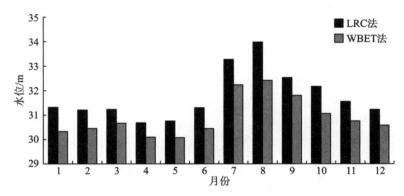

图 7-13   1992—2015 年天鹅洲故道多年各月平均水位

1992—2015 年天鹅洲故道蓄水量变化趋势见图7-14。结果表明,天鹅洲故道在此期间蓄水量与水位及水面积的波动变化趋势一致,WBET法提取的水位下,故道蓄水量变化范围为 0.895×10^8 m³ 至 2.123×10^8 m³,多年平均蓄水量为 1.27×10^8 m³,LRC 法提取的水位下,故道蓄水量变化范围为 0.997×10^8 m³ 至 3.377×10^8 m³,多年平均蓄水量为 1.44×10^8 m³,两种方法水位下提取的故道多年平均蓄水量与当地水利部门公布的 1.2×10^8 m³ 至 1.5×10^8 m³ 故道蓄水量数据相吻合。

1992—2015 年故道内蓄水量呈现减小的趋势,尤其是在汛期下降趋势更为明显(95%置信区间内显著),汛期最大减小量为 1.86×10^6 m³/a(LRC 法水位下),非汛期蓄水量呈现微弱上升趋势,波动幅度减小。1998 年沙滩子大堤修建之后,故道内的水文波动幅度变小,故道蓄水量也发生了较为明显的变化。WBET 方法提取的水位下,故道内多年平均蓄水量由 1992—1998 年的 1.298×10^8 m³,降低到 1999—2015 年的 1.263×10^8 m³,减小了 3.5×10^6 m³。LRC 方法提取的水位下,蓄水量减少较多,由 1.639×10^8 m³ 减少到 1.382×10^8 m³,减小了 25.7×10^6 m³。

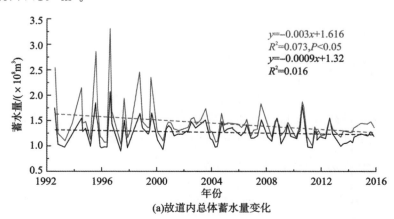

$y=-0.003x+1.616$
$R^2=0.073, P<0.05$
$y=-0.0009x+1.32$
$R^2=0.016$

(a)故道内总体蓄水量变化

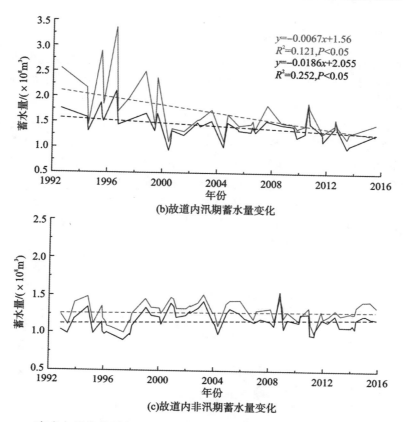

(b)故道内汛期蓄水量变化

(c)故道内非汛期蓄水量变化

（灰色与黑色分别表示 LRC 与 WBET 方法水位下的蓄水量结果）

图 7-14　1992—2015 年天鹅洲故道蓄水量变化趋势图

从多年各月平均蓄水量上来看,两种水位方法表现出较为一致的变化趋势,蓄水量在年内波动变化显著(图 7-15)。蓄水量最大月份出现在主汛期的 8 月,WBET 方法和 LRC 方法水位下,故道蓄水量分别为 $1.52×10^8$ m³ 和 $1.88×10^8$ m³,此后蓄水量开始下降,至 4 月蓄水量达到最低,此时 WBET 方法和 LRC 方法水位下,故道蓄水量分别为 $1.11×10^8$ m³ 和 $1.2×10^8$ m³。蓄水量年内的波动变化与水位和水面积的变化表现出较好的一致性。

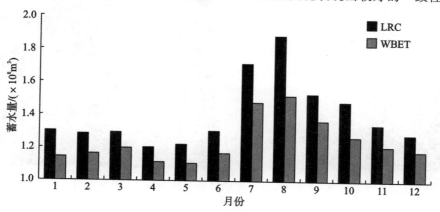

图 7-15　1992—2015 年天鹅洲故道多年各月平均蓄水量

7.3.4 天鹅洲故道水面积-水位-蓄水量关系

在水下地形变化不大的情况下,湖区的水面覆盖和蓄水量主要是受到湖泊水位的控制。定量研究天鹅洲故道水位、水面覆盖以及蓄水量间的相关关系,能够直接从水面积数据推求故道水位及蓄水量,为故道水文情势变化、旱涝灾害监测、濒危物种保护等提供了相关依据。

利用天鹅洲故道 1992—2015 年不同时期提取的水域面积,基于 WBET 方法提取的相应水位数据以及该水位下对应的蓄水量,绘制水位-面积-蓄水量关系曲线图(图 7-16)。图中可以看出,天鹅洲故道区域水域面积和水位、蓄水量呈现出较强的相关性,且当故道水位较高时,水位每升高一个单位,水域面积便出现较大的增幅,原因为天鹅洲区域为密集的子堤所控制,故道仅在洲滩区域地形较为平坦,即使是较小的水位变化也能引起较大的水面积波动。图 7-17 为故道同一地点、不同时间所拍摄的故道图像,反映出故道洲滩地区平坦的地形以及水位变化所引起的洲滩出露。

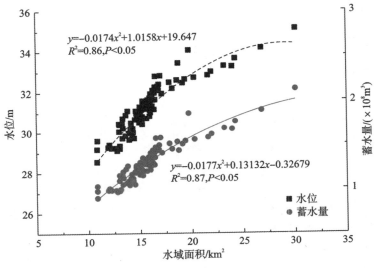

图 7-16 天鹅洲故道水面积与水位、蓄水量关系

(图片拍摄于麋鹿保护区内洲滩,左图为 2016 年 4 月 16 日,右图为 2017 年 2 月 16 日)

图 7-17 天鹅洲故道洲滩水位变化

为探究故道水面积-水位、水面积-蓄水量之间的关系,分别对二者进行二次函数拟合,拟

合结果见表7-5,水位与水面积、水面积与蓄水量间表现出较高的相关性,相关性系数分别达到0.86和0.87,并在95%置信度水平下显著。为了验证模拟精度,随机抽取98个点构建二次拟合曲线,采用另外的10个点做精度验证,对拟合结果进行误差分析,模拟结果误差情况见表7-6。结果表明,拟合水位的效果较好,误差在3%以内,而拟合蓄水量的最大误差为11.58%。

表 7-5 天鹅洲故道水位-面积-蓄水量关系模型

关系	拟合方程	R^2	是否显著
水位-水面积	$y=-0.017\,4x^2+1.015\,8x+19.647$	0.86	是
蓄水量-水面积	$y=-0.001\,77x^2-0.131\,32x-0.326\,79$	0.87	是

注:x 为提取的水域面积,水位为基于 WBET 方法提取的水位,蓄水量为该水位下计算的蓄水量,显著性为95%置信度水平下的结果。

表 7-6 水位及蓄水量拟合精度验证结果及误差

影像日期	WBET水位/m	拟合水位/m	误差/%	蓄水量/($\times10^8\mathrm{m}^3$)	拟合蓄水量/($\times10^8\mathrm{m}^3$)	误差/%
1995-02	29.26	29.56	1.03	0.986	1.038	5.27
1995-11	29.38	30.08	2.38	1.002	1.118	11.58
1997-10	29.25	29.90	2.22	0.985	1.091	10.76
2000-06	28.79	29.44	2.26	0.926	1.020	10.15
2002-04	31.22	31.05	-0.54	1.282	1.273	-0.70
2004-06	29.32	29.51	0.65	0.994	1.031	3.72
2007-01	30.5	30.78	0.92	1.165	1.230	5.58
2010-08	33.16	32.63	-1.60	1.646	1.548	-5.95
2012-04	30.43	30.34	-0.30	1.154	1.160	0.52
2015-01	31.05	31.43	1.22	1.253	1.337	6.70

8.1 基于 MODIS 数据的湿地淹没分析

8.1.1 水体提取与淹没模型

美国 Terra 卫星搭载的 MODIS 传感器获取的每日 1～2 波段 250 m 分辨率地表反射率产品,MOD09GQ 产品。本研究获取了 2000—2010 年洞庭湖区域(h27v06)MOD09GQ 产品影像约 4 000 景,剔除无效数据后为 714 景。

本研究 MODIS 水体提取采用监督分类(聚类)的方法。采用的数据包括 NDVI(植被指数)、RVI(比值植被指数)和 NIR(波段 2,近红外波段)。(图 8-1)

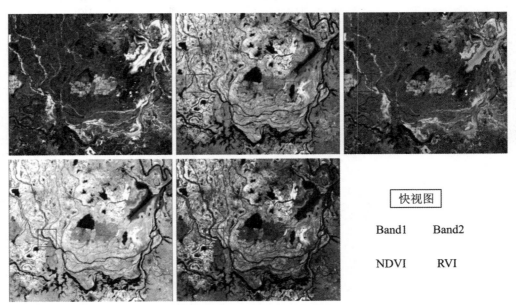

快视图

Band1　　Band2

NDVI　　RVI

图 8-1　MOD09GQ 1、2 波段,NDVI、RVI 和快视图

淹没频率是一定时间内湿地某一高程被水淹没的次数。在基于遥感的淹没频率计算中,通过对水体/陆地二值影像的空间叠加运算,获得一段时间内,各个位置(像元)的淹没次数(图 8-2)。

对 MODIS 影像提取的水体二值影像,进行空间叠加。对每个对应的像素点求和,然后

将求和后生成的影响除影像个数,便得到每个像素点的淹没频率。计算公式为:

$$F = \frac{\sum_{i}^{n} W}{n} \qquad (8\text{-}1)$$

式中:F——淹没频率;

$\quad$ W——水体二值影像(水体为1,非水体为0);

$\quad$ n——水体二值影像个数;

$\quad$ i——水体二值影像序号。

 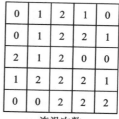

图8-2 淹没次数计算的空间叠加运算示意图(1为水体,0为陆地)

8.1.2 洞庭湖水面面积变化特征

2000—2010年,洞庭湖水面面积动态变化过程如图8-3。从图可知,洞庭湖水面面积变化具有明显的季节性特征。洪水期(5—10月)时水面面积较大,特别是7—9月水面面积达到最大值,面积达到2 000 km² 左右;枯水期(11月至次年4月)水面面积较小,最小值在500 km² 左右,水面面积年变幅达到4~5倍。水面面积的季节性波动和较大的变幅使得洞庭湖表现出洪水期汪洋一片,枯水一线的景观特征。这种季节性变化特征主要受流域内季节性降水以及长江来水的影响(李景刚等,2010;王国杰等,2006)。

此外,通过水面面积趋势线发现,洞庭湖水面面积总体上呈现出一定程度的下降趋势。水面面积下降的趋势一方面反映了三峡工程的影响,另一方面也反映出气候变化对洞庭湖水面面积变化的影响。特别是2003年三峡水库蓄水运行后,丰水期水面明显下降,这与三峡水库丰水期蓄水的调度方式密切相关(张细兵,2010);同时,1999—2008年,洞庭湖流域年降水量减少的趋势也导致水面面积的下降(李景刚等,2010)。

从洞庭湖水面面积变化监测结果可以发现以下特征:

(1)2006年和2009年汛期,洞庭湖水面面积明显偏小(图8-4)。2006年主汛期的7~8月,降雨量明显偏少,长江流域干支流来水严重偏少,长江干流及支流嘉陵江、汉江、洞庭湖及鄱阳湖出现了历史同期最低或第2低水位(2006年全国水情年报)。2009年7月下旬至9月中旬,降水量较多年同期偏少三至八成;10月,洞庭湖出现历史同期低水位,洞庭湖低于历史同期4 m左右(中国水旱灾害公报,2009)。

(2)2008年11月,洞庭湖经历一次明显的洪水过程(图8-3)。根据2008年全国主要江河11月雨水情月报,11月湖南降水量比历史同期偏多2倍,洞庭湖水系中沅水、资水发生了历史同期实测最大洪水,洞庭湖湖区出现历史同期最高水位。

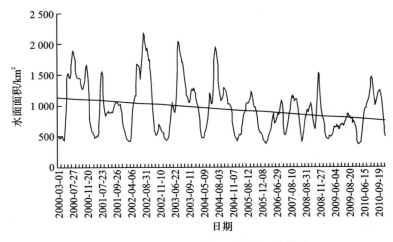

图 8-3   2000—2010 年洞庭湖水面面积曲线

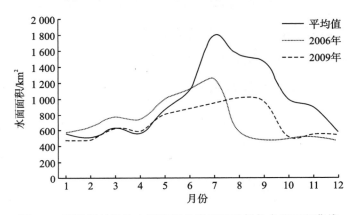

图 8-4   洞庭湖月平均水面面积曲线和干旱年份水面面积曲线

8.1.3   洞庭湖淹没频率特征分析

通过计算洞庭湖淹没频率,并生成洞庭湖 2000—2010 年每年的淹没频率分布图(图 8-5)以及多年平均淹没频率图(图 8-6)。

从整体淹没频率的空间分布来看,东洞庭湖淹没频率较高,南洞庭湖次之,西洞庭湖淹没频率较小。这种分布特征是洞庭湖发展演变的结果,是洞庭湖地貌特征的反映。淹没频率的差异也反应出三个湖区蓄水量和湖底特征的差异(龟山哲等,2004),西洞庭湖蓄水量原小于东洞庭湖和西洞庭湖,东洞庭湖蓄水量最大。

统计不同淹没频率下像元的个数,可以计算出不同淹没频率下的面积比例(图 8-7)。结果表明,近 40% 的区域淹没频率在 20% 以下,其主要位于洞庭湖岸线,澧水水道等高地势区域,以及藕池河入湖河道;一半以上洞庭湖面积淹没频率低于 40%;淹没频率在 0%～50% 区间的面积占整个洞庭湖面积的 70% 以上。淹没频率曲线同样反应洞庭湖有大量洲滩,有利于洲滩植被的发展和生物多样性的保护(庄大昌,2000)。

在全球气候变化背景下,特别是三峡工程建成后,长江水文情势的变化对洞庭湖湿地的影响,是洞庭湖湿地发展演变研究的重要方向。结合 MODIS 数据获取的 2000—2010 年洞庭湖湿地淹没信息,可以获得这方面的重要信息。

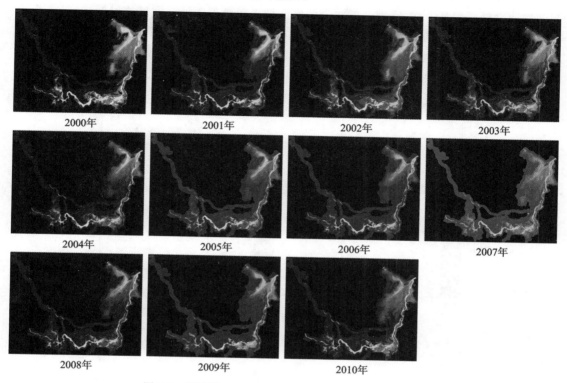

2000年 2001年 2002年 2003年

2004年 2005年 2006年 2007年

2008年 2009年 2010年

图 8-5　洞庭湖 2000—2010 年每年的淹没频率分布图

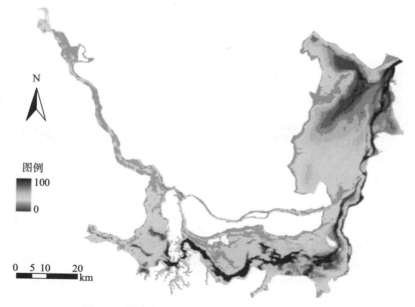

图 8-6　洞庭湖 2000—2010 年平均淹没频率分布图

　　根据洞庭湖水面面积的变化过程和特征,以及三峡工程建成蓄水的时间节点,将洞庭湖的淹没分析划分成两个时间段:2000—2005 年和 2006—2010 年,计算了两个时间段的洞庭湖洲滩淹没频率[图 8-8(a),图 8-8(b)]。可以很明显地看出,2006—2010 年年洞庭湖大部分洲滩淹没频率明显下降,特别是低淹没频率区域面积显著增加。在低淹没频率区(淹没频率小于等于 40%),淹没面积增加;在高淹没频率区(淹没频率大于 40%),淹没面积减小(图8-9,图 8-10)。洞庭湖淹没频率的变化反映了湖区水情的变化,也反映出三峡工程对洞庭湖的影响。三峡工程蓄水以来,洞庭湖汛期水量的下降(李景保等,2009)。

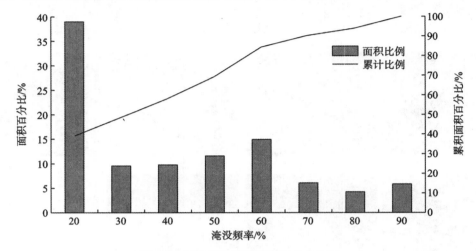

图 8-7　不同淹没频率下面积分布比例

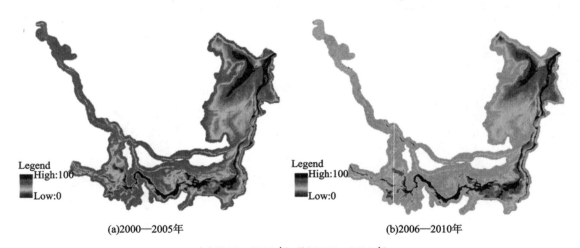

(a)2000—2005 年；(b)2006—2010 年

图 8-8　洞庭湖淹没频率

　　洞庭湖洲滩地的淹没频率的分布和变化会诱发一系列生态环境问题。例如洲滩的过早显露和显露时间增加对越冬鸟类的造成不利影响,使得洞庭湖区越冬珍禽候鸟大为减少;洲滩显露时间的延长也使得东方田鼠种群数量极度膨胀,特别是 2006 年还出现洲滩在汛期未被完全淹没的异常现象(李景保等,2009)。

　　洲滩淹没频率的变化会对植被和湿地演替产生深刻的影响,也会改变洲滩利用方式。高位洲滩淹水频率的降低已造成湖区人工种植杨树面积的迅速扩张(邓帆等,2012),到 2005年时,湖区杨树种植面积已达 20×10^4 hm^2(彭佩钦,2007)。

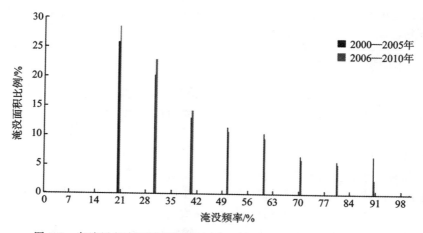

图 8-9　各淹没频率下淹没面积比例（2000—2005 年，2005—2010 年）

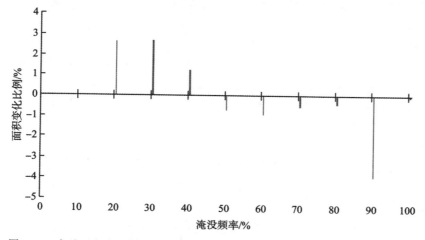

图 8-10　各淹没频率下淹没面积变化增减变化（2000—2005 年，2005—2010 年）

8.2　洞庭湖植被群落分布与动态

　　洞庭湖是长江流域最重要的调蓄湖泊。由于泥沙淤塞、围湖造田，洞庭湖被分割为东洞庭湖、南洞庭湖、西洞庭湖（目平湖）和七里湖等几部分。洲滩面积广阔，洪水季节净水面达 2 300 km² 以上（如 1996 年，1998 年大洪水时期，净水面 2300～2400 km²），若加上中下部淹水的树林和芦苇面积，水面最大可达 2 700km² 以上，但枯水季节水位低，水面大约只有洪水季节的 1/5。季节性的水位波动，洞庭湖洲滩发育有丰富的植被资源，湿地植被在湿地生态系统的功能发挥着重要作用。由于自然和人为的因素，洞庭湖洲滩天然植被不可避免受到破坏。

　　通过洞庭湖湿地生态的重点监测，获取湿地植被群落分布、动态信息，分析人类活动对湿地的影响，对研究湿地系统结构变化、功能退化以及湿地保护、湿地资源合理开发利用都有重要意义。这里利用四期遥感影像分析 1993 年以来洞庭湖湿地及植被动态,以期对洞庭湖植被群落分布现状及动态变化过程有一个较全面的掌握。

8.2.1　洞庭湖主要植被群落特征

2010 年中国科学院测量与地球物理研究所湿地生态考察队先后两次到洞庭湖区野外考察,调查洞庭湖湿地植被情况,考察沿线记录主要植被类型与位置坐标。根据野外调查情况和查阅相关资料。洞庭湖主要植被群落特征如下:

1. 落叶阔叶林(旱柳和意杨)

洞庭湖区的落叶阔叶林最常见的是旱柳和意杨群落。该群落主要分布在地势较高的河湖岸边和中高位洲滩上。现存的旱柳群落多为人工群落,主要是用于防浪、护堤和固岸。意杨(欧美杨)群落也是人工群落,主要是用材林,兼有防护林和绿化林(生态林)。旱柳群落和意杨群落一般分为乔木和草本两层,乔木层由旱柳或意杨组成,几乎全是单种或单优势种。树下多苔草、蒌蒿、蓼、蔻草及其他杂草组成。地势特别高,几乎不被水淹的地段,树下已经生长旱生植被。

2. 芦荻草甸

荻和芦苇群落广泛分布在东、南、西洞庭湖洲滩上,常占据中高位洲滩,是洞庭湖洲滩上面积最大、最典型的一类草本植物群落,占洲滩植被的面积超过 60%。本次采样在东、南洞庭湖都见到大片芦荻。由于荻和芦苇根系发达,茎叶茂密,其他植物很难侵入,往往形成单优势种群落,局部地段荻和芦苇为共建种。

3. 苔草草甸

一般分布在地势较平缓、冲淤较弱的中位洲滩上。地势较平缓开阔地带往往生长茂密,常呈纯单种群落。地势有起伏,则与多种蓼、蔻草、蒌蒿、芦苇、灯心草等伴生。

4. 蒌蒿草甸

蒌蒿(俗称泥蒿)是一种多年生根茎湿中生植物,在洞庭湖分布普遍,在高中低洲滩上都可见。且常与苔草、蔻草群落交错镶嵌分布。蒌蒿既可形成单优势种群落,也常与芦苇、荻、苔草、蔻草、蓼等组成不同群落类型,还可作为旱柳、意杨和日本三蕊柳群落的下层存在。

5. 辣蓼草甸

辣蓼是一年生湿生植物,生活力强,分布范围广泛,主要分布在中低位洲滩上,在洲滩路埂、堤边及沟渠洪道两旁低缓坡较常见。辣蓼常呈小块镶嵌在苔草、蒌蒿、蔻草等草甸植被之间。

6. 蔻草草甸

蔻草是多年生禾草,根状茎穿行地下或蔓延地表,耐性极大,生活力很强,它既耐水淹和潮湿土壤,也有抗旱和耐寒冻能力,广泛分布于中低位洲滩上,被认为是最先进入洲滩的原生植被。蔻草常构成几乎是纯的、单一优势群落,也和芦苇、苔草、蒌蒿、蓼等组合成不同的群落。

8.2.2　洞庭湖湿地分类与数据获取

8.2.2.1　湿地分类系统

湿地分类系统的制定是湿地动态变化监测研究的基础,根据研究目的、尺度和方法的不同,分类系统有所差异。《湿地公约》将湿地类型划分为三大类、32 小类。根据其划分,洞庭湖湿地包含有永久性内陆三角洲湿地、永久性河流湿地、时令湖湿地、泛滥湿地、灌丛湿地和淡水森林沼泽湿地等湿地类型。本研究着重于利用遥感手段监测洲滩主要植被群落的动态,因此根据洞庭湖洲滩植被以及遥感数据特点制定湿地分类系统。

根据滩地植被优势种群,结合实地调查的洞庭湖湿地植被情况和选用的遥感数据特点,将湿地划分为林滩地、芦苇滩地、草滩地、泥沙滩地、湖草和水体 6 个类型。其中林滩地包括意杨、旱柳、防护林滩地和芦林间种滩地;芦苇滩地包括芦苇和南荻滩地;草滩地包括苔草、藨草、蒌蒿、蓼等为优势种群的滩地;湖草包括眼子菜、黑藻、菹草等;泥沙滩地为无明显植被生长的滩地。

8.2.2.2 湿地植被群落遥感解译

研究选用 1993 年和 2006 年的 TM 数据,2002 年的 ETM+数据和 2010 年的 HJ-1A/1B 数据(表 8-1)。这些数据共四期,每期各三个时相(枯水期、平水期和丰水期)。所选取的这些影像均为无云且影像质量较高的数据。在遥感影像的分类中,根据植被群落以及泥滩、水体等地物的光谱特征及其在不同时相影像上的光谱差异提取分类规则,进行决策树分类。

根据植被群落以及泥滩、水体等地物的光谱特征及其在不同时相影像上的光谱差异提取分类规则。通过实地调查采样,分析各典型地类样本的光谱曲线(图 8-11),得出以下光谱特征:

(1)枯水期,在 TM5 波段,芦苇与其他类型植被光谱差异较大,其走势为 TM2 上升到 TM3,然后在 TM4 下降到一个低谷,在 TM5 波段达到一个高值。

(2)平水期,在 TM4 波段,藨草反射值达到高点,其光谱走势同苔草相似,但 TM4-TM3 差值的差异明显。

(3)在平水期或枯水期,在 TM5 波段,湖草和水体的反射值与其他各植被类型差异明显。

(4)在枯水期 NDVI 影像上,水和泥滩与其他各植被类型 NDVI 值差异明显。

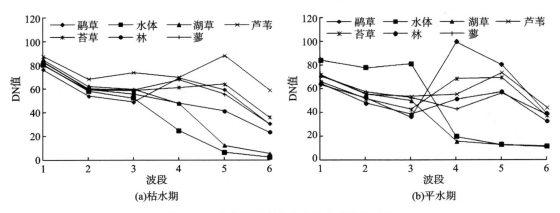

图 8-11 典型植被群落和地类光谱特征曲线

8.2.3 洞庭湖湿地植被群落动态分布

依据以上分析和分类方法,提取洞庭湖湿地信息,制作专题地图并进行叠置统计分析。

1993 年、2002 年、2007 年和 2010 年洞庭湖湿地分类结果见图 8-12。结果表明,在洞庭湖湿地中,芦苇和草滩地所占面积比例较大,占研究区的面积比例都在 25% 以上(表 8-1)。泥滩地、湖草以及水体由于受到影像获取时水位的影响较大,面积变动较大。

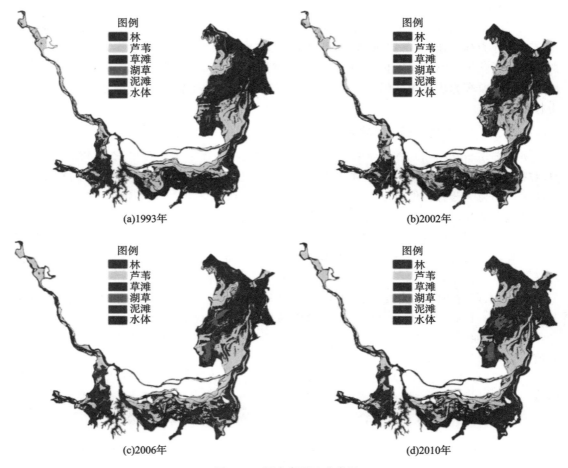

图 8-12　洞庭湖湿地分类图

8.2.3.1　洞庭湖湿地类型分布

草滩湿地主要分布在河道两侧和湖体周边的低位洲滩,通常位于芦苇滩地下部。芦苇滩地占据洲滩主体部分,在北洲、团洲、武光洲、柴下洲、横岭湖、万子湖北部洲滩、澧水洪道滩地和目平湖洲滩都有大片分布。林地除了沿大堤呈条带状分布的防护林外,其集中分布在漉湖周边、资江三角洲、湘江三角洲、南洞庭西部洲滩和目平湖洲滩。造成这种湿地类型分布特征的原因有两个方面,一是滩地植被演替的过程,二是人为干扰的作用。洲滩植被群落的演替过程受洲滩抬高以及泥沙淤积速度的控制。从低位滩到高位滩分布着不同生态型的植被,根据泥沙淤积的速度,其演替过程又有着一定的差异。在西洞庭,由于大面积的滩地造林,林地面积比例较高。

洞庭湖各湿地类型分布存在空间差异。这里以 2010 年数据分析各湿地类型的空间分布规律。

在东洞庭湖,草滩湿地面积占 36.31%,是东洞庭湖最主要主要湿地类型,其主要分布在河道两侧和湖体周边的低位洲滩,其位置通常位于芦苇滩地下部。芦苇滩地面积占24.12%,其通常占据洲滩主体部分,在北洲、团洲、武光洲和柴下洲都有大片分布。林地面积占9.05%,除了沿大堤呈条带状分布的防护林外,其集中分布在漉湖周边。

在南洞庭湖,最主要的湿地类型是芦苇滩地,占南洞庭面积的25.05%。芦苇滩地主要分布在横岭湖和万子湖北部洲滩上。草滩地主要分布在南部洲滩,占南洞庭湖面积的22.27%。林地占14.95%,集中分布在资江三角洲、湘江三角洲和南洞庭西部洲滩。

在西洞庭湖,主要湿地类型为芦苇滩地和林地,分别占西洞庭湖面积的30.65%和26.47%。林地比例较东洞庭和南洞庭高。芦苇主要分布在澧水洪道滩地和目平湖洲滩。林地则主要分布在目平湖洲滩。草滩地面积比例相对较小,为12.67%。

表 8-1　1993 年、2002 年、2006 年和 2010 年洞庭湖各类型湿地面积

类型	位置	1993 年		2002 年		2006 年		2010 年	
		面积/km²	比例/%	面积/km²	比例/%	面积/km²	比例/%	面积/km²	比例/%
林滩地	东洞庭湖	10.627	0.816	40.99	3.145	90.778	6.966	117.917	9.047
	南洞庭湖	20.914	2.158	57.212	5.892	122.676	12.644	145.097	14.952
	西洞庭湖	1.087	0.210	42.615	8.201	151.496	29.163	137.498	26.466
	总面积	32.628	1.17	140.817	5.04	364.95	13.07	400.512	14.34
芦苇滩地	东洞庭湖	318.504	24.448	338.684	25.985	355.608	27.289	314.368	24.121
	南洞庭湖	275.378	28.410	248.419	25.583	294.95	30.400	243.072	25.048
	西洞庭湖	166.864	32.191	188.435	36.261	149.825	28.842	159.214	30.646
	总面积	760.746	27.26	775.538	27.76	800.383	28.66	716.654	25.66
草滩地	东洞庭湖	457.843	35.143	498.986	38.284	433.166	33.240	473.237	36.310
	南洞庭湖	179.391	18.507	263.568	27.143	130.756	13.477	216.069	22.265
	西洞庭湖	114.879	22.162	130.326	25.079	40.698	7.835	65.799	12.665
	总面积	752.113	26.95	892.88	31.96	604.62	21.65	755.105	27.03
泥滩地	东洞庭湖	278.488	21.376	184.228	14.135	95.715	7.345	172.859	13.263
	南洞庭湖	128.759	13.284	123.51	12.719	42.456	4.376	67.989	7.006
	西洞庭湖	56.212	10.844	53.315	10.260	37.919	7.300	21.03	4.048
	总面积	463.459	16.61	361.053	12.92	176.09	6.31	261.878	9.38
湖草	东洞庭湖	14.215	1.091	41.212	3.162	71.612	5.495	67.154	5.153
	南洞庭湖	0.066	0.007	15.138	1.559	7.252	0.747	2.915	0.300
	西洞庭湖	1.112	0.215	2.127	0.409	3.342	0.643	1.928	0.371
	总面积	15.393	0.55	58.477	2.09	82.206	2.94	71.997	2.58
水体	东洞庭湖	223.124	17.127	199.276	15.289	256.252	19.664	157.779	12.106
	南洞庭湖	364.797	37.635	263.19	27.104	372.127	38.355	295.284	30.428
	西洞庭湖	178.208	34.379	102.84	19.790	136.195	26.218	134.061	25.804
	总面积	766.129	27.46	565.306	20.23	764.574	27.38	587.124	21.02

8.2.3.2　湿地动态变化分析

1993—2010 年,草滩地面积增加了 2.99 km²,芦苇滩地面积减少了 44.09 km²,林地面积增加了 367.88 km²,其变化比例分别为 0.40%,−5.80% 和 1 127.51%。各湿地类型转移矩阵见表 8-2。

表 8-2　1993—2002 年和 2002—2010 年洞庭湖湿地变化转移矩阵　　　　　　（km²）

1993—2002 年	泥滩地	水	林滩地	芦苇滩地	草滩地	湖草	总计
泥滩地	176.18	35.57	28.29	32.21	175.76	15.46	463.47
水	145.31	500.39	20.04	15.46	57.19	27.73	766.12
林滩地	1.95	1.65	19.34	4.56	5.12		32.62
芦苇滩地	18.01	8.9	28.24	554.98	150.46	0.17	760.76
草滩地	19.2	13.47	43.78	167.57	502.64	5.44	752.1
湖草	0.1	4.31	0.09	0.01	1.2	9.67	15.38
总计	360.75	564.29	139.78	774.79	892.37	58.47	2 790.45
2002—2010 年	泥滩地	水	林滩地	芦苇滩地	草滩地	湖草	总计
泥滩地	147.4	60	17.82	19.44	105.56	10.78	361
水	47.85	473.55	7.88	4.61	18.34	12.95	565.18
林滩地	7.25	9.37	76.72	16.2	30.67	0.25	140.46
芦苇滩地	16.71	9.6	131.15	541.34	75.1	1.54	775.44
草滩地	35.82	24.05	165.54	134.71	516.28	16.38	892.78
湖草	6.86	10.56	1.43	0.39	9.15	30.1	58.49
总计	261.89	587.13	400.54	716.69	755.1	72	2 793.35

由于洞庭湖湿地芦苇经营历史较长,芦苇滩地面积较稳定,17 年净减少 44.09 km²。1993—2002 年期间面积增加 14.79 km²,2002—2006 年期间面积增加 24.85 km²,2006—2010 年,芦苇面积有所下降,减少 83.73 km²。

草滩地面积波动较大,1993—2002 年净增加 140.77 km²,2002—2006 年净减少 288.26 km²,2006—2010 年净增加 150.49 km²。1993—2002 年,草滩地向其他湿地类型转移的面积为 249.46 km²,新增加草滩地 389.73 km²。45% 的新增草滩地来源于泥滩地,39% 来源于芦苇滩地,15% 来源于水体。2002—2010 年,草滩地向其他湿地类型转移的面积为 376.50 km²,新增草滩地面积为 238.82 km²,草滩地面积净减少 137.69 km²。在新增的草滩地中,44.20% 来源于泥沙滩地,31.45% 来源于芦苇滩地。

洞庭湖洲滩最显著的变化就是林地面积的快速增加。在整个洞庭湖,林地面积比例由 1993 年的 1.17% 上升到 2010 年的 14.34%。林地面积增加最快的区域为西洞庭湖,面积比例由 1993 年的 1.09% 上升到 2010 年的 26.47%,平均每年增加 21.64 km²。在东洞庭湖和南洞庭湖林地面积也快速增加。1993—2002 年林地向其他湿地类型转移的面积为 13.28 km²,新增加林地面积为 120.44 km²,净增 107.16 km²。在新增加的林地中,36.35% 来自于草滩地,23.45% 来自于芦苇滩地。2002—2010 年林地向其他湿地类型转移的面积为

63.74 km², 新增林地面积为 323.82 km², 净增 260.08 km²。在新增的林地中, 51.12% 来自于草滩地, 40.50% 来自于芦苇滩地。

随着各湿地类型面积的改变, 洞庭湖洲滩植被分布格局也发生改变。1993 年, 林地主要沿大堤呈条带状分布, 此后随着滩地造林的兴起, 林地分布范围不断扩大。2010 年, 在东洞庭湖漉湖周边、南洞庭资江三角洲、湘江三角洲、南洞庭西部洲滩以及西洞庭目平湖洲滩呈块状大片分布。特别在西洞庭, 林地已取代草滩地成为第二大湿地类型, 面积比例已大大高于草滩地。

8.2.3.3 湿地变化的驱动分析

洞庭湖各类型湿地面积的变化一方面受到洞庭湖泥沙淤积和滩地植被演替的影响, 另一方面也受到人类活动的极大影响。

洞庭湖是季节性吞吐型湖泊, 自身发展受四口、四水水沙条件制约。由于泥沙淤积, 洞庭湖洲滩在不断的扩大发展中。如今西洞庭目平湖在枯水期仅剩一条狭窄的河道, 七里湖已经完全消失。根据泥沙沉积方式(河相沉积、湖相沉积与河湖相沉积, 主要影响洲滩的抬高速度)的不同, 洞庭湖植被演替轨迹有所不同(王灵艳等, 2009)。河相沉积和河湖相沉积区域植被演替以水生植被为起点, 湖相沉积区域以沼生植物为演替起点。随着湖床的抬高形成洲滩, 水生植被向湿生的沼泽植被(主要为莎草科和禾本科)演替。随着泥沙的进一步淤积和洲滩的继续抬高, 出现芦苇和南荻群落。整个滩地植被演替过程为:泥沙滩地→苔草滩地→芦苇(南荻)→阔叶林。从表 5.2 可以发现这种洲滩植被演替过程。1993—2002 年, 有 145.31 km² 的水体转变成泥沙滩地, 175.76 km² 泥沙滩地转变成草滩地, 占转出泥沙滩地的 61.18%。期间, 转出的草滩地面积为 249.46 km², 其中 67.17% 转成芦苇滩地。2002—2010 年, 有 47.85 km² 的水体转变成泥沙滩地, 105.56 km² 泥沙滩地转变成草滩地, 占转出泥沙滩地的 49.44%。期间, 转出的草滩地面积为 376.5 km², 其中 35.78% 转成芦苇滩地, 另有 43.97% 转成林地。

人类活动的影响主要表现在围湖垦殖, 人工种植芦苇和滩地造林。自 20 世纪 80 年代, 国家水利部下令停止围垦, 和 1998 年国家开始实行"退田还湖"政策后, 围垦现象大为减少。20 世纪 70 年代后, 洞庭湖区开始引种杨树, 并且从垸内发展到垸外滩地, 从零星种植发展到成片造林, 至今仍在快速发展。杨树面积的迅速扩张与洞庭湖区产业结构与经济发展密切相关, 2007 年杨树林产工业年产值占区域林业工业产值的 85.0%, 占区域工业总产值的 2%, 杨树产业已成为当地经济重要组成部分(宁佐敦等, 2009)。人工种植芦苇和滩地造林成为现阶段洞庭湖湿地变化中最重要的人类活动因素。

8.2.3.4 湿地变化的驱动分析

自 20 世纪 70 年代洞庭湖区引入意杨以来, 意杨种植已经从最初的垸外零星种植, 绿化造林发展成垸外湖洲滩地工业原料造林, 意杨种植规模不断扩大。造林区域由西洞庭高位滩地逐渐向南洞庭、东洞庭扩展。大量的草滩地和芦苇滩地转成林地, 大大超过了自然演替的速度, 改变了自然演替的过程, 加速了洞庭湖洲滩植被向旱生植被发展的进程。

滩地造林虽然有助于当地经济发展, 抑制钉螺繁殖, 能够起到防浪护堤的作用, 但其作为外来物种, 大量侵占天然湿地植被也给洞庭湖原有湿地生态系统带来威胁和破坏, 造成了洞庭湖湿地生态系统的退化。首先, 杨树的大量种植会导致洞庭湖湿地生物多样性降低、景观破碎化程度增加,斑块类型、大小和形状三个方面的变化都会对生物多样性造成影响。杨树侵占原有天然植被,改变了原有天然种群的优势种和关键种,导致一些珍稀鸟类和水生生物的栖息地被破坏,并且杨树的引入使得斑块种群较为单一,从而引起生物多样性单一。第二,杨树的种植需要开挖排水和运输沟渠,沟渠的引入切断了湿地景观的原有联系,影响物种、营养和能量交换。第三,杨树的种植还会导致地下水位的下降,使湿地旱化,破坏湿地生态系统的结构和功能。第四,湿地生态系统是重要的碳储库,湿地水分排干会导致温室气体排放增加。

作为长江重要调蓄湖泊,洞庭湖发挥着重要的生态环境调节功能和效益,对于调蓄长江洪水更是发挥着不可替代的作用。因此,为了有效保护洞庭湖湿地,维持湿地生态系统功能,必须合理地开发洲滩资源,保护天然湿地植被,合理规划滩地利用模式,控制滩地造林规模。

8.3 洞庭湖淹没频率和湿地植被群落分布

水文情势是湿地植被形成和变化的重要驱动力,水文情势的变化通过其对湿地物理性质和属性的改变可以间接改变湿地生态系统的组成,结构,功能(Richter et al.,1996)。

洞庭湖是一个高度动态变化和具有多样性的湿地生态系统,为了认识洞庭湖水文情势与湿地植被分布之前的关系,研究将洞庭湖的水文动态与湿地植被分布进行了关联分析。通过这种分析,我们能够认识到水文特征是如何塑造湿地植被群落的,同时也能够监测到在水文变化背景下湿地植被的动态变化。

8.3.1 分析方法

本研究用的水文和遥感数据均为利用遥感资料获取。本研究水文数据为利用 MODIS 数据获取的洞庭湖淹没频率数据。植被数据为利用遥感卫星获取的洞庭湖植被分布和动态数据。为了方便植被数据与水文数据关联分析,将水文数据重采样为同植被数据一样分辨率的 25 m×25 m 网格数据。这样,原始的 250 m×250 m 分辨率的淹没频率图一个像元被划分成 100 个值相等的 25 m×25 m 的网格。

研究通过构建植被群落与淹没频率直方图来分析植被群落与淹没频率的关系。具体构建和分析方法以芦苇群落为例,详细叙述如下。

整个研究区被划分为了 4 469 336 个 25 m×25 m 分辨率的网格,其中以芦苇为优势种的网格数为 1 146 364,占到整个研究区的 25.6%。将这些网格对应的淹没频率信息包含到这些网格中,因此这些网格将包含芦苇群落对应的淹没频率信息。在研究区内,我们将淹没频率数据按照 10% 的间隔进行分组,得到直方图的横坐标。直方图的纵坐标是指的植被群落在该淹没频率下的相对丰度。例如,在整个研究区 10%～20% 淹没频率的网格个数为 1 743 770(总网格个数 4 469 336),而处在该淹没频率下的芦苇网格个数为 853 416(总的芦苇网格个数为 1 146 364),相对丰度计算为 0.489(= 853 416/1 743 770)。直方图能够表征这一植被群落对淹没频率的耐受性。如果芦苇植被群落是随机分布,那么在所有淹没频

率下其相对丰度都会等于 0.256。因此,可以用各个淹没频率下的植被相对丰度与其在整个
研究区的所占比例平均值的差异作为衡量其对淹没频率敏感性的特征。

因此,为了定量描述这种想法(TODD MJ.2010),设计了植被—淹没频率指数(VII)用
来描述这种直方图。VII 表达式:

$$VII = \frac{1}{c} \sqrt{\frac{\sum_{i}^{n} (b_i - c)^2}{n}} \tag{8-2}$$

式中:n——直方图分组数;

b_i——第 i 个分组对应相对丰度;

c——相对丰度对应的植被在整个研究区(洞庭湖)的丰度。

VII 的值低表明对应植被群落对淹没频率不敏感;反之,值高则说明该植被群落对淹没
频率敏感。极端的情况是,当植被群落是随机分布的,每个分组的相对丰度都等于其在整个
研究区的丰度值,也就是说 $b_i = c$,$VII = 0$。

8.3.2 淹没频率和湿地植被分布

洞庭湖被划分成 4 469 336 个 25 m×25 m 的网格。图 8-13 显示了水文参数-淹没频率
(2000—2010 年)在研究区的分布。图 6-2 显示洞庭湖湿地植被群落的分布情况。

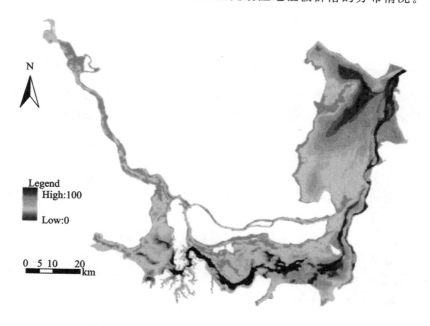

图 8-13　淹没频率空间分布(2000—2010 年)

从图 8-13,图 8-14 可以很明显地看出,淹没频率和植被分布见存在明显的关系。洞庭
湖有种子植物 229 种,是一个具有丰富植被群落多样性的区域(Li et al.,2010)。根据研究
尺度和遥感数据的限制,将研究区划分成四种覆盖类型(林滩地、芦苇滩地、草滩地和湖草)
和两种非植被覆盖类型(泥滩地和水体)。

为了分析淹没频率和植被分布之间的关系,我们引入了 VII 指数,并计算了四种植被覆
被类型的 VII 值(表 8-3)。

图 8-14　湿地植被群落分布

表 8-3　洞庭湖植被群落类型 *VII* 值

植被群落类型	林滩地	芦苇	草	湖草
VII	1.4898	0.8499	0.3856	5.646 3

通过构建植被群落与淹没频率直方图(图 8-15),能够区分各个植被类型在各淹没频率下的分布差异。这种方法能让我们识别植被群落分布区域的环境条件。例如,森林群落占研究区(洞庭湖)面积的 14.3%,从其在淹没频率小于 20% 的相对丰度可以看出其主要分布在洪水淹没频率较小的区域。相对丰度明显高于其在整个洞庭湖区的丰度(14.3%)。特别是,近 85% 的林滩地分布在淹没频率小于 30% 的区域;并且很少分布在淹没频率高于 70% 的区域。这种分布特征也可以从其 V 相对较高的 *VII* 值(1.49,表 6-1)看出。类似的,芦苇群落在淹没频率低于 20% 的区域占主导地位,很少分布在淹没频率高于 60% 的区域。芦苇群落 *VII* 值为 0.85。这两种植被群落都表现出对相对较干环境(低淹没频率)的趋向性,对淹没频率敏感性较高。

从直方图还可以看出,相对森林群落和芦苇群落,草地和湖草更加适应高淹没频率区域,较潮湿环境。另外,草地表现出对淹没频率的不敏感性,相对其他群落类型,它能够适应较大淹没频率范围,其较低的 *VII* 值(*VII* = 0.39)能够说明这一点。反之,湖草高达 5.65 的 *VII* 值说明其对淹没频率的很强的敏感性,对于高淹没频率区域的强烈的趋向性,97% 的湖草集中在淹没频率 40%~70% 的区域。

在洞庭湖湿地,水文情势在湿地植被格局的形成和变化中发挥着不可替代的重要作用。研究结论表明,洞庭湖湿地植被群落与淹没频率间存在很显著的关系。淹没频率的变化就能够反应和预测洲滩湿地植被可能的变化趋势。为研究湿地发展演化,以及气候变化、水文情势改变背景下的湿地动态变化提供了一种途径。

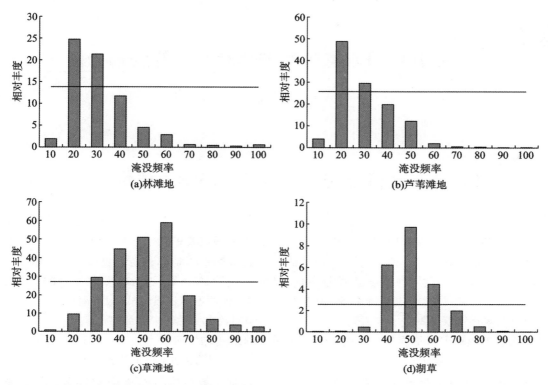

图 8-15　基于淹没频率分布的植被群落相对丰度直方图,红线代表植被群落在整个研究区(洞庭湖)的丰度

第九章 长江中游水文情势变化对鱼类的影响分析

9.1 水文情势变化对鱼类的影响及评价概述

鱼类是河流生态系统中的顶级群落,对河流健康起着重要的指示作用。河流生境能够给鱼类提供正常生活、生长、觅食、繁殖以及其他生命循环周期的场所,生境质量的好坏受诸多因素的影响,如水文、泥沙、河道形态、水质条件、饵料生物等(Stalnaker C.,1995;杨宇,2007;英晓明,2006;易雨君,2008)。近几十年来,由于大型水利工程的不断建设,我国很多河流的水文、水动力以及水环境状况发生了较大改变,对鱼类的影响问题也变得越来越突出。

水利工程对河流最直接的影响是对径流过程的改变,如:库区水位升高、流速减缓;水库温度分层,下泄水温较天然情况降低;受水库调节、电站调荷的影响,下游河道洪水涨落过程发生变化,河流原有脉冲式水文周期的变幅降低,局部水域水流结构显著改变,甚至有些水库的调节库容接近或超过河川的多年平均径流量,造成大坝下游河流水量的相应减少。鱼类根据流速、水温、水位等信息获得产卵的信号,河流水文情势的这些改变必然会影响到库区、坝下及河口的水生生物、特别是某些珍稀鱼类和经济鱼类的产卵、繁殖、栖息地等。河流水位的急剧变化加快了下游河道冲刷和侵蚀,反复地暴露和淹没鱼类在浅水中的有利栖息场所,影响鱼类产卵等;由于幼虫的繁殖、孵化和蜕变经常取决于温度的变化,河水水温的改变将会影响鱼类生存环境和生命周期;水库的削峰作用及水库运行调度等等因素会使得季节性洪峰流量减弱或丧失,鱼类迁徙、产卵和孵化所必需的激发因素因而被中断。如长江中的"四大家鱼"和铜鱼的卵为漂流性卵,要求产卵场水流发生漩滚,鱼卵才不至于下沉(张志英,2001)。当流速降低、流量减少、水流动能不足以形成漩滚时,鱼卵下沉,无法孵化成幼鱼。水库建成后,由于泥沙在库区的沉淀,下泄水流的含沙量比建坝前少,对下游河床的冲刷加强,河床泥沙被带走,河床底质中沙、石的组成比例发生改变。鱼类的产卵习性可分为产卵于水层、水草、水底、贝内和石块上,比如,有些鱼类选择粗糙沙砾、岩石基底产卵,有些选择砂质基底产卵,有些选择基底植物上产卵。因此,当河床底质发生变化时,一些鱼类将无法产卵或卵无法成活。此外,大坝阻隔洄游性鱼类洄游通道,影响了鱼类种群的交流。

长江流域是我国最大的生态系统,其生物资源最为丰富,同时也是我国重要的淡水渔业生产基地。三峡工程的建设在一定程度上改变了河流的天然水文情势,进而给鱼类的栖息环境带来了一定程度的威胁,鱼类的物种组成、资源量均发生改变(长江水利委员会,1997)。如三峡大坝建成后,三峡水库淹没区的干、支流江段的水文条件与建库前截然不同,目前生活在这些江段的鱼类,如一些适应激流生态环境的鱼类,有绝大部分种类在建库后将无法在同一地点生存或完成生活史;在5—6月的"四大家鱼"繁殖期间,由于水库处于低水位运行,库水大部分将通过水轮机下泄,使长江中游江段的涨水过程变为洪峰低平、涨幅较小、历时增长,而水库深孔和电厂取水口的出流水温又较低,这些与天然水文、水力学过程不同的变化,也将对四大家鱼的产卵繁殖产生影响。另外,三峡大坝建成后,现存唯一的中华鲟产卵场江段的平均流量减少近41%(Ban,X,2011),这将进一步威胁中华鲟的自然繁殖。

综上所述,鱼类的产卵、繁殖及其种类组成和资源量的改变是受多种环境因子共同影响的结果,并且它们之间的关系复杂多样,大部分是非线性关系。因此,如何从这些众多的环境因子中识别出关键的影响因子,是当前人们保护鱼类资源以及维护河流健康的一项紧迫任务。

目前,对这些关键的影响因子的识别方法有很多种,大致可以分为定性分析法和定量回归法。定性分析法主要包括:相关分析法、主成分分析法和典范对应分析法等,这类方法一般基于环境因子与生物因子之间的相关系数或者环境因子对生物因子信息的贡献率,从而确定主要的影响因子。定性分析法简单易用,是识别关键影响因子的常用方法,然而,大多数定性分析法基于线性原则,且无法量化多种关键环境因子与生物因子之间的回归关系(Muttil N.,2007)。定量回归法则在一定程度上弥补了以上不足,常用的定量分析法有:多元线性回归法、人工神经网络法、遗传规划法等。多元线性回归法是根据观测值与计算值的拟合程度来选择最优的回归方程,进而确定关键环境因子,缺点是很难发掘与生物因子之间存在非线性关系的环境因子,且线性回归方程的拟合精度往往不高(Muttil N.,2007;Nunn A.D.,2003;Koehn J.D.,2006)。人工神经网络法是当前广泛应用的一种基于人工智能的高精度数据回归方法,该方法擅长于建立环境因子与生物因子之间复杂的非线性关系的回归模型,其缺点在于建立回归模型之前,需要先人工精简环境因子的个数,且环境因子的选择对回归精度的影响较大(Muttil N.,2007;Sivapragasam C.,2010)。遗传规划法(Genetic Programming,GP)是另一种基于人工智能的数据挖掘方法。与其他方法不同的是,GP不但能从众多环境因子中自动识别出关键环境因子,还可以建立关键环境因子与生物因子之间的非线性关系式,便于进行关键环境因子的敏感性分析,预测生物因子未来的变化趋势。因此,从理论上讲,GP的功能较为全面,更适用于识别影响鱼类种群变化与资源量的关键环境因子。但是,由于GP是一种相对较新的数据挖掘方法,目前在河流生态学上的应用还比较少,且主要集中在河流的水华问题研究上(Muttil N.,2005;Kim D.K.,2007)。Yang等采用GP提取了影响伊利诺斯河上游鱼类丰度和多样性的主要水文因子(Yang Y.E.,2008)。

这里选择三峡水库坝下主要经济鱼类的资源量,以及宜昌江段的中华鲟产卵群体数量和监利断面"四大家鱼"鱼苗丰度为研究目标,分别根据日均流量数据计算的32个IHA指标为环境因子,采用GP法分别识别对上述目标生物因子有重要影响的关键水文指标,并建立关键水文指标与生物指标的量化关系,以期为三峡水库实施补偿鱼类繁殖条件的生态调度提供决策依据。

9.2　研究方法

9.2.1　遗传规划法概述

　　Koza 提出的遗传规划法是一种与遗传算法非常类似的启发式随机搜索方法（Koza J. R. ，1992）。它们都是基于达尔文"优胜劣汰，适者生存"的生物群体进化理论，并结合生物界的自然选择和自然遗传机制而发展起来的一类问题求解的策略和方法，即从上一代的种群中选择适应性强的个体或者通过交叉和变异的操作产生新个体组成新一代种群，在一代又一代的进化过程中搜索最优解的方法。两者的主要不同在于，遗传算法中个体的表达形式是基因型，如图 9-1(a)所示，求得的最优解是目标函数最优值及其对应的变量值；而遗传规划中个体表达形式是树结构，树的叶结点是自变量或常数，中间结点是运算符号，如＋、－、×、÷、sin、exp、pow、log 等，图 9-1(b)的树结构所代表的表达式为 $y=a+b/3$。遗传规划法的寻优结果是与观测值拟合效果最好的自变量与因变量之间的表达式。该算法具有自组织、自适应和自学习等智能特征以及本质的并行性和易于操作、通用性强等特点，目前已被成功地应用于机器学习、模式识别、经济预测、优化控制、参数识别及其并行处理等领域（Whigham P. A. ，2001；Whigham P. A. ，2000；Xiong S. W. ，2003；Tang M，2007）。

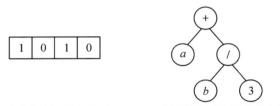

(a)遗传算法的基因型个体　　　　(b)遗传规划法的树结构型个体

图 9-1　遗传算法和遗传规划法中个体的表达形式

9.2.2　遗传规划法的建模原理

　　GP 建模的基本思想是：首先随机产生 1 个适合给定问题环境的初始群体，即问题的搜索空间，然后利用给定的适应度函数选择群体中满足要求的个体，通过遗传操作（包括再生、杂交、变异等遗传算子）动态地改变这些解的结构，对解进行一代代的演化，直到找到满足原问题要求的解或满足终止条件则建模过程结束，最后输出程序终止时的模型。

　　(1)明确目标函数。假设输入和输出样本系列分别为 $X=\{(x_{11},x_{12},\cdots,x_{1m}),(x_{21},x_{22},\cdots,x_{2m}),\cdots,(x_{n1},x_{n2},\cdots,x_{nm})\}$，$Y=\{y_1,y_1,\cdots,y_n\}$，并对样本系列进行一致的无量纲化处理。GP 建模过程就是寻找一个最佳函数表达式 $G(c,x_1,\cdots,x_m)$，使误差极小化：

$$f_{\min}=\sum_{k=1}^{n}\mid G(c,x_{k1},\cdots,x_{km})-y_k\mid \tag{9-1}$$

式中：c——常数。

　　(2)确定编码方式。根据评价问题确定终端集 T 和函数集 F。终端集 T 的元素通常是

变量 x、常数 c、无参数的函数(包括无参数的自定义函数)等。函数集 F 的元素通常是算术操作如 $\{+,-,\times,/\}$、逻辑操作如 $\{AND, OR, NOT\}$、带参数的初等函数如 $\{\sin, \cos, \tan, \exp, \ln\}$ 和带参数的自定义函数等(云庆夏,1997;刘大有,2001)。由于终端集 T 和函数集 F 都是有限离散集,因此可用自然数的子集对它们的并集 $D = T \cup F$ 进行统一编码。表 9-1 给出了一种编码方案:若编码值为 0,则在区间 $[-1,1]$ 上随机选取一个数;若表中的编码值为 1,则对应 $x_i (i=1,2,\cdots,m)$ 中的某一个。在 GP 中称函数 $G(c, x_1, \cdots, x_m)$ 为式 (9-1)问题的解,它表示由特定的系统输入得到特定系统输出的一段计算机程序,并用分层结构的二叉树集来表示解空间,称一棵树为 GP 的一个个体,它对应一个函数 $G(c, x_1, \cdots, x_m)$,一棵树由根节点、中间节点和叶节点构成,这些节点的编码值根据编码方案选取。为了控制个体的规模,还要设定初始算法树的最大深度和遗传操作时算法树的最大深度。

表 9-1　遗传程序设计编码方案

并集 D 中的元素	c	x	$+$	$-$	$\times$	$/$	$\sin$	$\cos$	$\exp$	$\ln$
编码值	0	1	2	3	4	5	6	7	8	9

(3)父代群体的初始化。设群体规模为 N,则共产生 N 棵树,这些树的最大深度(即层数)应取较小的整数(例如 4~6),以便对由 GP 搜索到的最优函数表达式进行分析解释。产生初始群体 N 棵树时,每棵树的根节点可在函数集 F 对应的编码值中随机选择,中间结点可在并集 D 对应的编码值中随机选择,叶节点可在终端集 T 对应的编码值中随机选择。

(4)父代群体的解码和适应度评价。将初始父代群体解码后带入式(9-1),计算出所有个体所对应的目标函数值 $f(i), i = 1,2,\cdots,N$,根据 $f(i)$ 的大小判断个体的优劣,函数值小的个体为较优秀个体。目标函数值 $f(i)$ 越小,表示该个体的适应度越高,反之亦然。基于此,可定义排序后第 i 个父代个体的适应度函数值 $F(i)$ 为:

$$F(i) = 1/[f(i) \times f(i) + 0.001] \tag{9-2}$$

(5)遗传运算。对父代群体进行选择、交叉和变异的遗传运算,其中选择操作取比例操作方式,则父代个体 i 被选择的概率为:

$$s(i) = F(i)/\sum_{i=1}^{N} F(i) \tag{9-3}$$

令 $p(0) = 0, p(i) = \sum_{k=1}^{i} s(k), i=1,2,\cdots,N$,生成一个 $[0,1]$ 区间的均匀随机数 u,若 u 在 $[p(i-1), p(i)]$ 中,则第 i 个个体被选中。为增强持续全局搜索的能力,把最优秀的 5 个父代个体直接复制为子代个体。

交叉操作就是在两棵父代个体树上随机产生两个交叉点,然后交换以交叉点为根节点的子树。变异操作就是在选得的个体中随机产生一个变异点,然后以变异点为根节点,将其以下的子树(包括变异点)按照(3)中的方式随机产生一棵子树来代替。在产生每个子代个体中,GP 以相应的操作概率执行上述三种遗传操作之一:设选择操作概率为 p_s,交叉操作概率为 p_c,则变异操作概率为 $p_m = 1 - p_s - p_c$。产生一个 $[0,1]$ 区间上的均匀随机数 u,若 $u \leqslant p_s$,则进行选择操作;若 $p_s < u \leqslant (p_s + p_c)$,则进行交叉操作;若 $u > (p_s + p_c)$,则进行变异操作。如此反复进行 $N-5$ 次,完成 1 次进化迭代。在实际应用时为更好地搜索寻优,也可以使 p_s、p_c 和 p_m 随着进行迭代次数的增加而作动态调整。

(6)寻找最优个体。每次迭代中保留最佳个体,产生新的子代个体,并把子代群体作为新的父代群体转入(4),如此反复演化,直至进化迭代次数大于预设值,或目标函数值达到预设值,结束算法的运行,此时的最优个体作为最终寻优结果。

9.2.3　遗传规划法的计算流程

遗传规划法寻找最优解的主要步骤包括:

(1)随机产生初始种群。从自变量、常数集和运算符号集中随机选择元素生成新个体,组成第一代种群。每个个体的结点数不超过初始种群中树的最大结点数。

(2)根据个体对样本拟合的优劣程度,计算每个个体的适应度。拟合越优的个体适应度越大,被选择进行下一步操作的概率也越大。

(3)从上一代种群中选择个体进行交叉、变异和复制操作,生成新一代个体。

(4)重复(2)和(3),判断是否达到预先设定的进化代数或者拟合误差,如果满足终止条件,迭代结束,输出最优表达式及其拟合误差。遗传规划法的基本流程如图9-2所示,与遗传算法的基本流程是一致的。

表 9-2　遗传规划法的基本参数设置

参数名称	种群大小	最大进化代数	选择概率	交叉概率	变异概率	初始种群中树的最大结点数	树的最大结点数	一次锦标赛参加的个体数
参数值	500	100	0.1	0.9	0.1	15	45	3

本研究中个体适应度的计算基于样本的计算值与观测值的标准误差,选择方法采用锦标赛选择法。遗传规划法中采取的运算符号集为十、一、×、÷,其他参数的设置见表9-2。由于环境因子和生物因子在数值上差别很大,在遗传规划法计算之前,先采用线性函数转换法将每个因子归一化到 0.001～1。

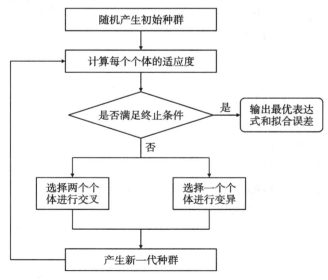

图 9-2　遗传规划法的基本流程

9.3 对鱼类资源量的影响

三峡大坝下游长江江段渔业资源丰富,共有鱼类 200 余种,主要的经济鱼类包括草鱼、青鱼、鲢鱼、鳙鱼、两种铜鱼、长吻𫚕鲶鱼、鲤鱼、黄颡鱼、鳊鱼、鲫鱼等。本研究收集并整理了1999—2011 年《长江三峡工程生态与环境监测公报》中统计的坝下江段每年的渔获物总量,以及按该江段渔获物组成推算的主要经济鱼类的资源量(Fishery Resources,FR)。由图 9-3可知,坝下江段主要经济鱼类的渔获物总量呈明显的下降趋势,从 2001 年开始陡降,之后表现为平缓减少。

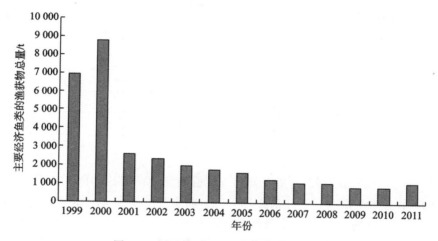

图 9-3 坝下主要经济鱼类的渔获物总量

本研究将每年坝下江段主要经济鱼类的渔获物总量定义为生物因子,宜昌站对应年份(1999—2011 年)根据逐日流量数据计算的 32 个 IHA 水文指标则作为对应的环境因子。按照上述方法,以 1999—2011 年 13 年的 32 个 IHA 水文指标和渔获物总量的归一化值作为训练样本,采用遗传规划法运算 50 次,得到 50 个水文指标与渔获物总量关系的表达式,对所有样本拟合误差最小的表达式如下:

$$FR = \frac{H_d + Q_{10} \cdot Q_{3day_{max}}}{Q_{7day_{max}}} \cdot Q_{10} \cdot Q_{1day_{max}} \cdot Q_{12}^2 \qquad (9\text{-}4)$$

式中: H_d ——高脉冲流量的平均历时;

Q_{10} ——10 月的月平均流量;

Q_{12} ——12 月的月平均流量;

$Q_{1day_{max}}$ ——年均 1 日最大流量;

$Q_{3day_{max}}$ ——年均 3 日最大流量;

$Q_{7day_{max}}$ ——年均 7 日最大流量。

式 6-4 表明,运用遗传规划法识别出了 6 个水文指标,这 6 个水文指标被认为是对坝下江段主要经济鱼类的渔获物总量影响最大的环境因子,并且建立了这 6 个环境因子与渔获物总量之间的函数表达式。由公式 9-4 可以看出，影响坝下江段经济鱼类渔获物总量的环境因子主要是与高流量有关的水文指标，尤其是短历时的年最大流量值。三峡工程蓄水对坝下水文情势的明显影响是高流量值的减少，上述 6 个水文指标都有不同程度的降低趋势，成为引起渔获物总量不断下降的主要原因。

利用 SPSS 软件对渔获物总量这一因变量和 32 个自变量（即 IHA 水文指标）进行相关分析，结果表明（表 9-3），通过遗传规划法识别出的这 6 个 IHA 指标与渔获物总量之间均具有较高的相关性，其中 10、12 月的月平均流量均通过 α＝0.05 的显著性检验，对渔获物总量的变化影响最大。由此看出，遗传规划法识别出的关键影响因子是合理的、可信的。

表 9-3　遗传规划法识别出的水文指标与 SPSS 相关分析法结果比较

遗传规划法		相关分析法	
水文指标	相关系数	水文指标	相关系数
12 月的月均流量（Q_{12}）	0.680*	12 月的月均流量（Q_{12}）	0.680*
10 月的月均流量（Q_{10}）	0.672*	10 月的月均流量（Q_{10}）	0.672*
年均 1 日最大值（$Q_{1day_{max}}$）	0.511	7 月的月均流量（Q_7）	0.596*
年均 3 日最大值（$Q_{3day_{max}}$）	0.522	年均 30 日最大值（$Q_{30day_{max}}$）	0.572*
年均 7 日最大值（$Q_{7day_{max}}$）	0.483		
高流量脉冲历时（H_d）	0.396		

注：*表示通过了显著水平为 0.05 的显著性检验。

采用式 9-4 得到的渔获物总量的计算值与实际观测值的对比如图 9-4，两者的相关系数达 0.987，标准误差为 669.8 t，纳什系数为 0.96。将上述 6 个水文指标与渔获物总量进行多元线性回归分析得到的计算值与实测值之间的相关系数为 0.871，标准误差为 1 727.7 t。对比可见，遗传规划法的拟合效果明显优于多元线性回归法。这表明，水文变化对渔获物总量的影响不限于简单的线性关系，遗传规划法处理非线性关系的能力较多元线性回归法更适于建立二者的量化关系。

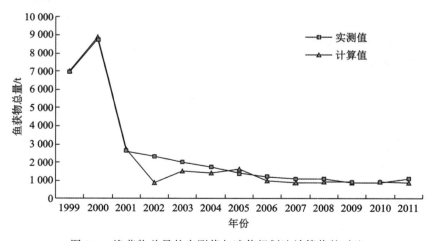

图 9-4　渔获物总量的实测值与遗传规划法计算值的对比

9.4　对四大家鱼鱼苗丰度的影响

　　"四大家鱼"即青鱼(*Mylopharyngodon piceus*)、草鱼(*Ctenopharyngodon idellus*)、鲢鱼(*Hypophthalmichthys molitrix*)、鳙鱼(*Aristichthys mobilis*),是我国主要的淡水养殖和捕捞对象,在淡水渔业中占有很大的比重。长江是我国"四大家鱼"的主要天然原产地和栖息繁殖地,其繁殖场所广泛分布于长江干流及较大的支流里,其中长江中游段是其最主要的产卵场所。据调查,三峡水库蓄水前,长江干流由四川巴县至江西彭泽 1 700 km 的江段上有"四大家鱼"产卵场 36 处(易伯鲁,1998;刘邵平,1997),而长江中游宜昌至城陵矶就有11 处,产卵量约占全江产卵量的 42.7%(余志堂,1988;易伯鲁,1988)。"四大家鱼"作为长江最主要的江湖洄游性经济鱼类,属典型的产漂流性卵鱼类,其成熟亲鱼的排卵受精活动不仅需要江水涨落的洪峰过程等自然环境条件的刺激,而且产出的卵吸水膨胀后比重略大于水,需要一定流速的水流使之悬浮于水中,顺水漂流孵化,直至发育成具有主动游泳能力的幼鱼(易伯鲁,1988)。自然条件下,四大家鱼在长江中上游的产卵时间是 4 月底至 7 月初(王俊娜,2012)。因此,一定的水文、水力学条件是四大家鱼繁殖的必要条件。随着葛洲坝工程和三峡工程的建成运行,水库调蓄作用以及人工调节增强,大坝下游水文情势发生很大变化,长江中游"四大家鱼"产卵场的水文、水力学条件发生了改变,部分产卵场位置迁移甚至消失,产卵规模缩小,"四大家鱼"鱼苗丰度也进一步减少。图 9-5 所示为监利三洲断面1997—2011 年"四大家鱼"鱼苗丰度的变化情况,由图可知,三峡蓄水后,"四大家鱼"的鱼苗丰度大幅度下降,在 2009 年下降幅度达到两个数量级。

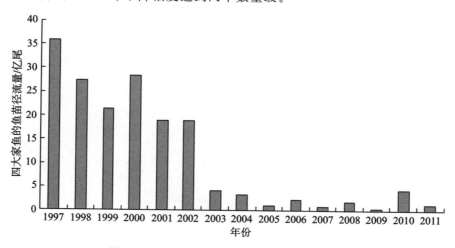

图 9-5　监利三洲断面四大家鱼鱼苗丰度变化

　　本研究选择监利站 1997—2011 年根据逐日流量数据计算的 32 个 IHA 水文指标作为环境因子,反映每年四大家鱼繁殖规模的鱼苗丰度(A_{bd})作为生态因子,将其归一化值作为训练样本,同样采用遗传规划法运算 50 次,分别得到 50 个水文指标与鱼苗丰度的关系表达式,对所有样本拟合误差最小的表达式如下:

$$A_{bd} = (R_{rate} + Q_7 \cdot Q_{7day_{max}}) \cdot (Q_7 + R_{rate}) \cdot Q_{10}^2 \cdot Q_{7day_{max}} \tag{9-5}$$

式中：R_{rate}——日间流量上升率；

$\qquad Q_7$——7 月的月平均流量；

$\qquad Q_{10}$——10 月的月平均流量；

$\qquad Q_{7day_{max}}$——年均 7 日最大流量。

式 9-5 表明，运用遗传规划法识别出了 4 个对鱼苗丰度影响最大的水文指标，并且建立了这 4 个环境因子与鱼苗丰度之间的函数表达式。由于涨水或"生水"汇入等条件的满足会对"四大家鱼"的产卵起刺激作用，一般"四大家鱼"会在江水起涨后大约 0.5～2 d 开始产卵，涨水停止时，产卵也停止（长江水产研究所，1981；易伯鲁，1988；钟麟，1965）。当产卵场附近发生暴雨，引起山洪暴发即"生水"汇入长江时，即使没有水位上涨和流速增加，四大家鱼也会受刺激而产卵（长江水产研究所，1981）。因此，三峡蓄水后，日间流量上升率、年均 7日最大流量以及 7 月的月均流量的不同程度的减少都对"四大家鱼"的产卵繁殖造成一定的影响，导致鱼苗丰度的大幅度下降，其中以日间流量上升率（即涨水率）的影响最为明显。而10 月流量的减少则主要影响"四大家鱼"鱼苗的顺水孵化过程。

利用 SPSS 软件对鱼苗丰度与 32 个 IHA 水文指标进行相关分析，结果表明（表 9-4），通过遗传规划法识别出的这 4 个 IHA 指标均在用相关分析法得出的具有显著相关的因子之列，与渔获物总量之间具有很高的相关性，尤其是日间流量上升率的相关系数达到 0.643，通过了 $\alpha = 0.01$ 的显著性检验，其余三个指标也均通过了 $\alpha = 0.05$ 的显著性检验，由此得出，流量的变化率，7 月、10 月的月均流量以及年均 7 日最大流量对"四大家鱼"的产卵繁殖有较高程度的影响。

表 9-4　遗传规划法识别出的水文指标与 SPSS 相关分析法结果比较

遗传规划法		相关分析法	
水文指标	相关系数	水文指标	相关系数
上升率(R_{rate})	0.643**	上升率(R_{rate})	0.643**
7 月的月均流量(Q_7)	0.552*	年均 1 日最小值($Q_{1day_{min}}$)	−0.582*
年均 7 日最大值($Q_{7day_{max}}$)	0.537*	年均 3 日最小值($Q_{3day_{min}}$)	−0.562*
10 月平均值(Q_{10})	0.521*	7 月的月的月均流量(Q_7)	0.552*
		年均 7 日最大值($Q_{7day_{max}}$)	0.537*
		基流指数(Q_b)	−0.534*
		年均 1 日最大值($Q_{1day_{max}}$)	0.527*
		10 月平均值(Q_{10})	0.521*
		年均 30 日最大值($Q_{30day_{max}}$)	0.515*

注：*表示通过了显著水平为 0.05 的显著性检验，**表示通过显著水平为 0.01 的显著性检验。

采用公式 9-5 得到的鱼苗丰度的计算值与实际观测值的对比如图 9-6，两者的相关系数达 0.782，标准误差为 9.16 亿尾。将上述 4 个水文指标与鱼苗丰度进行多元线性回归分析得到的计算值与实测值之间的相关系数为 0.757，标准误差为 9.60 亿尾。对比可见，遗传规划法的拟合效果略优于多元线性回归法，但是从实测值和计算值的相关系数以及二者的拟合程度来看,对鱼苗丰度的拟合效果明显低于对渔获物总量的拟合。这主要是由于在选择环境因子时只考虑了水文要素中的流量指标,除流量变化外,水位的上升、合适的温度、流速变化、水体透明度以及一些气象要素等也会对"四大家鱼"的产卵环境和栖息地造成一定的影响。

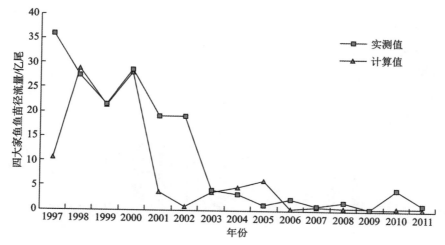

图 9-6　四大家鱼鱼苗丰度的实测值与遗传规划法计算值的对比

9.5　对中华鲟产卵规模的影响

中华鲟为鲟科的一种,1988 年被定为国家一级保护动物,是世界上现存的鲟形科目鱼类中个体较大、生长较快的一种大型洄游性鱼类,主要分布于我国的长江流域和沿海区域(四川省长江水产资源调查组,1988),为距今约 2 亿年前白垩纪与恐龙同时代物种残留下来的孑遗种类,有"水中大熊猫""活化石"之称。长江中华鲟种群的繁殖季节在 10 月中旬至 11月上旬(余志堂,1986),在长江内出现的中华鲟个体主要为成熟亲鱼和当年幼鱼。葛洲坝修建以前,每年的 10—11 月,性成熟后的中华鲟经 3 000 km 的长途跋涉,从大海洄游至金沙江下游和长江上游江段产卵,孵化后的幼鱼经过长达 5～6 个月的漫漫旅程,降河洄游至河口,在河口逗留数月后,至海洋里生长达 15 年左右,至性成熟后回到长江口,踏上回乡之路。

葛洲坝修建后,改变了长江上游的生态环境,阻断了中华鲟的产卵洄游通道,使全部产卵群体被阻隔于坝下,产卵场数量从原来的 16 处减少到 1 处(杨德国,2005),产卵场分布江段的长度由过去长江上游 800 km 江段压缩至葛洲坝下游不足 5 km 的江段,不足原产卵江段的 1‰(陶江平,2009;Xiu H.P,2011),进而导致产卵洄游群体的多极分化,致使一部分产卵群体性腺退化,资源量逐渐减少。经调查,1981 年长江葛洲坝截留以后,中华鲟繁殖群体数量由截留初期的约 2 000 尾/年降至近年的 300～500 尾/年,雌雄分别占 71.45% 和29.41%(危起伟,2005),还有一部分产卵群体为了继续寻找上溯产卵场洄游通道,被泄水闸的水泥墙、消力墩等撞伤、撞死,另有一部分产卵群体因坝下产卵场生态条件不能满足其要求而返回大海,只有一小部分产卵群体(年均 26 尾)能在坝下宜昌江段继续进行自然产卵繁殖。三峡工程 2003 年 6 月蓄水运行后,初步调查资料表明,因为下泄水温降低,短期内使其下游中华鲟的血液循环新陈代谢发生一定程度障碍,导致其排卵期推迟。由于三峡工程径流调节幅度大,水库运行对中华鲟生物习性具有长期影响,从而造成中华鲟繁殖群体不同程度的减少(图 9-7)。

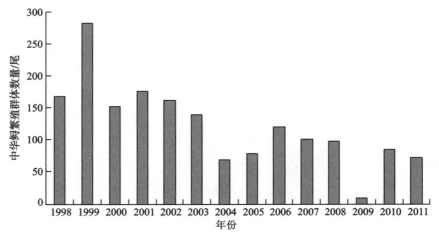

图 9-7　中华鲟繁殖群体数量变化

本研究选择宜昌站 1998—2011 年根据逐日流量数据计算的 32 个 IHA 水文指标作为环境因子,每年宜昌江段中华鲟的产卵群体数量(Spawning stock,SS)作为生态因子,将其归一化值作为训练样本,同样采用遗传规划法运算 50 次,分别得到 50 个水文指标与中华鲟繁殖群体的关系表达式,对所有样本拟合误差最小的表达式如下:

$$SS = R_{rate} + 2 \cdot Q_b - Q_{7day_{min}} - Q_{30day_{min}} - Q_{90day_{min}} - R_v \quad (9\text{-}6)$$

式中:R_{rate}——日间流量上升率;

$\quad Q_b$——基流指数;

$\quad Q_{7day_{min}}$——年均 7 日最小流量;

$\quad Q_{30day_{min}}$——年均 30 日最小流量;

$\quad Q_{90day_{min}}$——年均 90 日最小流量;

$\quad R_v$——日均流量的逆转次数。

公式 9-6 表明,运用遗传规划法识别出了 6 个对中华鲟产卵群体数量影响最大的水文指标,并且建立了这 6 个环境因子与鱼苗丰度之间的函数表达式。由公式 9-6 可以看出,影响宜昌江段中华鲟产卵群体数量的环境因子主要是不同历时的年最小流量以及流量的变化率,其中年最小流量、日均流量逆转次数与中华鲟产卵群体数量之间为负相关,日间流量上升率和基流指数与中华鲟产卵群体数量之间为正相关。三峡水库蓄水后,不同历时的年最小流量有不同程度的增加,日均流量的逆转次数呈明显的增加趋势,而日间流量上升率则明显下降,这些都对中华鲟繁殖群体数量的减少有一定的影响。

利用 SPSS 软件对中华鲟繁殖群体数量与 32 个 IHA 水文指标进行相关分析,结果表明(表 9-5),通过遗传规划法识别出的这 6 个 IHA 指标包括在用相关分析法得出的具有显著相关的因子范围,且与中华鲟繁殖群体数量之间均具有较高的相关性,其中,基流指数和上升率为正相关,其余 4 个指标为负相关。年均 30 日最小流量值的相关系数为 −0.665,显著负相关,通过了 α=0.01 的显著性检验,其余指标也均通过了 α=0.05 的显著性检验。由此得出,流量变化率和年均极小流量对中华鲟的繁殖群体数量有较高程度的影响。

表 9-5　遗传规划法识别出的水文指标与 SPSS 相关分析法结果比较

遗传规划法		相关分析法	
水文指标	相关系数	水文指标	相关系数
年均 30 日最小值($Q_{30day_{min}}$)	−0.665**	低脉冲历时(L_d)	0.702**
逆转次数(R_v)	−0.661*	3 月的月均流量(Q_3)	−0.681**
年均 7 日最小值($Q_{7day_{min}}$)	−0.646*	年均 30 日最小值($Q_{30day_{min}}$)	−0.665**
年均 90 日最小值($Q_{90day_{min}}$)	−0.633*	逆转次数(R_v)	−0.661*
基流指数(Q_b)	0.599*	4 月的月均流量(Q_4)	−0.659*
上升率(R_{rate})	0.569*	年均 1 日最小值($Q_{1day_{min}}$)	−0.647*
		年均 3 日最小值($Q_{3day_{min}}$)	−0.646*
		年均 7 日最小值($Q_{7day_{min}}$)	−0.646*
		年均 90 日最小值($Q_{90day_{min}}$)	−0.633*
		基流指数(Q_b)	0.599*

注:*表示通过了显著水平为 0.05 的显著性检验,**表示通过显著水平为 0.01 的显著性检验。

采用公式 9-6 得到的中华鲟繁殖群体数量的计算值与实际观测值的对比如图 9-8,两者的相关系数达 0.81,标准误差为 52.43 尾。将上述 6 个水文指标与中华鲟繁殖群体数量进行多元线性回归分析得到的计算值与实测值之间的相关系数为 0.725,标准误差为 55.72 尾。对比可见,遗传规划法的拟合效果略优于多元线性回归法,但是同样低于对渔获物总量的拟合。这也表明,除流量变化外,水深、流速、含沙量以及产卵场的地形和底质等环境因子对中华鲟的繁殖及其栖息环境都有一定的影响。

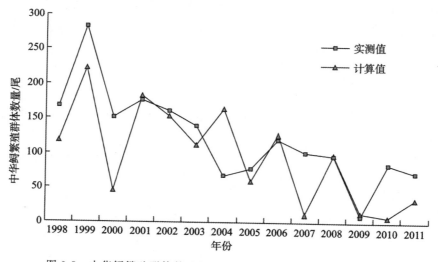

图 9-8　中华鲟繁殖群体数量的实测值与遗传规划法计算值的对比

表 9-6　遗传规划法与多元线性回归法的拟合效果对比

生物因子	相关 IHA 指标	遗传规划法		多元线性回归法	
		相关系数	标准误差	相关系数	标准误差
渔获物总量	Q_{12}、Q_{10}、H_d、$Q_{1day_{max}}$ $Q_{3day_{max}}$、$Q_{7day_{max}}$	0.987	669.8 t	0.871	1 727.7 t
四大家鱼鱼苗丰度	R_{rate}、Q_7、Q_{10}、$Q_{7day_{max}}$	0.782	9.16 亿尾	0.757	9.60 亿尾
中华鲟繁殖群体数量	$Q_{30day_{min}}$、$Q_{7day_{min}}$ R_v、Q_b、R_{rate}、$Q_{90day_{min}}$	0.81	52.43 尾	0.725	55.72 尾

综上所述,渔获物总量与不同历时的年最大流量、高流量脉冲历时以及 10 月、12 月的月平均流量相关性较高,且全部为正相关,这些相关指标分别隶属于 5.3 节内容中提到的第 1、2 和 4 组 IHA 指标,代表流量变化的量值、频率和历时等特征;"四大家鱼"鱼苗丰度与流量的变化率、年均 7 日最大流量以及 7 月、10 月的月平均流量相关性较高,同样全部为正相关,这些相关指标分别隶属于第 1、2 和 5 组 IHA 指标,代表流量变化的大小、频率和变化率等特征;中华鲟繁殖群体数量与不同历时的年最小流量、基流指数以及流量变化率相关性较高,其中基流指数和流量上升率为正相关,其余 4 个指标均为显著负相关,这些指标集中在第 2 和第 5 组 HA 指标,代表极值流量变化的大小、频率和变化率等特征。

以上研究结果表明,遗传规划法能够较好地识别影响鱼类种群变化与资源量的关键环境因子,并能明确给出环境因子与生物因子之间的函数表达式。通过对比遗传规划法与多元线性回归法对不同生物因子的拟合效果(表 9-6),可以看出,遗传规划法得出的计算值与实测值之间的相关系数明显高于多元线性回归法,标准误差则小于多元线性回归法,因此,遗传规划法的拟合效果要明显优于多元线性回归法。比较而言,遗传规划法对鱼类资源量的拟合效果要明显优于对"四大家鱼"鱼苗丰度和中华鲟繁殖群体数量的拟合,同时也表明,流量变化对鱼类资源量的影响较为明显。而"四大家鱼"鱼苗丰度和中华鲟繁殖群体数量除受流量变化的影响外,还受水温、流速、地形、气象等其他要素的影响,这可能是导致其拟合效果稍差于鱼类资源量的原因之一。如果可以收集到较为全面的多个影响因子的相关数据,利用遗传规划法可以得到更好的拟合效果。

第十章

水文情势变化对濒危物种栖息地的影响

近些年来,受水利工程、堤防工程等人类活动的影响,长江中游天鹅洲故道内的水文情势发生了较大的变化,对依赖故道生存的麋鹿和江豚两个珍稀濒危物种栖息地产生较大的影响。本章基于在对故道水文情势变化分析的基础上,结合江豚和麋鹿两个物种的栖息地特征及其对栖息环境选择的分析,进行了江豚和麋鹿适宜栖息地的确定,并对天鹅洲故道在江湖阻隔前后以及不同水位条件下江豚和麋鹿适宜栖息地面积分布及其变化进行分析,定量的分析了故道内水文情势变化对物种适宜栖息地分布的影响,为物种保护策略的提出提供支撑。

10.1　水文情势变化对江豚栖息地的影响

10.1.1　长江江豚及其对生境的选择

江豚(*Neophocaena phocaenoides* Cuvier)属齿鲸亚目鼠海豚科,主要分布于亚洲热带和亚热带的太平洋沿岸海域,西起波斯湾,东到日本北部仙台湾,包括亚洲次大陆的许多河流中(Walley H D,1995)。长江江豚是唯一的江豚淡水亚种,仅分布于长江中下游、洞庭湖和鄱阳湖等内陆水域,以小型淡水鱼和虾为食,是长江生态系统的旗舰物种,也是长江内唯一的水生哺乳动物(高安利,2005)。长江江豚的数量极其稀少,被誉为"水中大熊猫",被世界自然保护联盟濒危物种名录列为"极度濒危"物种,并列入《华盛顿公约》CITES附录Ⅰ濒危物种,农业部按国家一级保护动物标准进行保护与管理。近年来,长江江豚的种群数量呈现不断下降趋势(Beck R,2003),据统计,江豚数量在1991年约有2 700头(张先锋,1993),而据2013年中国科学院水生生物研究所、世界自然基金会(WWF)和武汉白鱀豚保护基金会共同完成的《2012长江淡水豚考察报告》显示,长江江豚目前现存总数量为1 040头,且呈加速下降趋势(Mei Z,2014)。

濒危野生动物的保护可以通过多种手段,如建立自然保护区保护其自然种群和栖息地环境;建立半自然保护区,实施迁地保护;建立细胞库、基因库等以保护其种质资源等。我国政府在20世纪80年代开始关注长江豚类的保护,并制定了就地保护、迁地保护和人工饲养繁殖相结合的保护策略。目前,长江中下游湖北、湖南、江西、安徽、江苏等省建立起了9个江豚的自然保护区(图10-1),包括三个国家级自然保护区:石首天鹅洲自然保护区、洪湖新螺段自然保护区、安徽铜陵淡水豚自然保护区;四个省级自然保护区:何王庙保护区、镇江豚类保护区、鄱阳湖江豚保护区、南京长江段;两个市级保护区:岳阳洞庭湖保护区、安庆保护区。此外,1996年中国科学院水生生物研究所白鱀豚馆采用人工饲养的方式,正式建立了一个长江江豚的人工饲养群体,并于 2005 年首次实现了人工饲养长江江豚的自然繁殖,与各个自然保护区一起共同构建起长江江豚的保护网络。

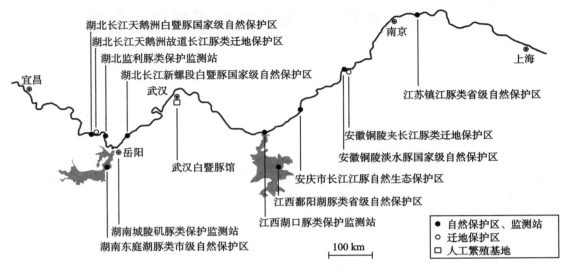

图 10-1　长江中下游豚类保护区、站及人工饲养馆分布图

(张新桥,2011)

　　处在长江干流上的江豚自然保护区,由于大多不能全断面或全河段禁止通航、捕捞等人类活动,造成干流的江豚种群数量下降速度达 13.7%(Huang S L,2016)。而天鹅洲豚类国家级自然保护区是江豚迁地保护的一个成功范例,天鹅洲故道中江豚种群数量变化,由 1996 年保护区新建之初 4 头江豚,发展到 2015 年的江豚个体突破 60 头,除 2008—2009 年因极端低温灾害导致保护区江豚死亡外,种群数量一直呈现持续增长趋势,2011—2015 年近 5 年间故道内增加了 20 头江豚,年平均自然增长率达到 10%,成为我国自然水域长江江豚数量唯一稳定增长的区域(图 10-2)。

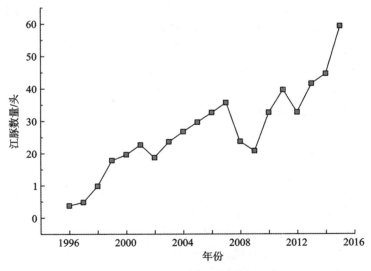

图 10-2　1996—2015 年天鹅洲故道内江豚数量的变化

适宜长江江豚的栖息地生境的主要影响因素包括:水文特征(如水温、水深、水量等)、河道地形特征(如水下地形地貌、河道弯曲度等)、水体理化性质(水体透明度、水体受污染程度等)、鱼类资源的丰富度、人类活动的干扰程度(如航运、挖沙、水利工程建设和渔业等)。对长江中下游干流河段长江江豚主要栖息地观察结果显示(张新桥,2011;赵修江,2012;魏卓,2003;熊远辉,2011),长江江豚为近岸型动物,江豚出现的频率与出水时离岸的距离呈指数关系,绝大部分江豚栖息于离岸 400 m 以内的近岸区域,且距离岸边越远,江豚密度升高的幅度越小。长江江豚生存的最低水深为 3 m,江豚出现频率最多的区域的水深为 3~9 m,且其分布密度随水深的增加而逐步递减。长江江豚喜在曲流河段、河道中有边滩和江心洲发育、多股水流汇流或分叉处栖息,这些区域也是其捕食、抚幼行为的主要发生区域(张先锋,1993)。在静水生境中,江豚偏好选择具有浅滩-深槽复式断面、生境较为多样的河段,这样的河道断面适宜江豚的娱乐、交配,且一侧坡度较缓,水流速变缓,营养物质沉积,为鱼类提供丰富饵料,吸引江豚栖息和捕食(朱瑶,2009)。随着季节的变化,江豚显示出较为明显的栖息地类型选择偏好,丰水季节在开阔水域和江心洲出现的比例较高(Infantes D,2012)。此外,水质环境较差、渔业活动较为频繁、航运繁忙、鱼类资源稀少等区域是江豚的主要回避区。

10.1.2 天鹅洲江豚栖息地特征分析

天鹅洲故道作为世界上第一个对鲸类动物进行迁地保护的自然保护区,拥有其适宜的典型而独特的自然条件。该区域有着与长江相似的水文、地貌等环境特征、丰富的饵料资源、优良的水环境状况、较少的人为活动干扰等,特别适宜江豚的集群、捕食、交配、抚育、歇息等行为活动,是长江江豚较为理想的栖息地环境。从故道水下地形特征上来看(图 10-3),天鹅洲故道呈现牛轭状弯道的特征,弯道北岸外缘拥有沙滩子、冯家潭、郑家台三个深槽,常年水深保持在 10 m 以上,弯道南岸边滩发育良好,浅滩十分宽阔,起伏较小。深槽与浅滩的地形相对高差可达 12 m,符合长江江豚最适宜栖息地条件特征。

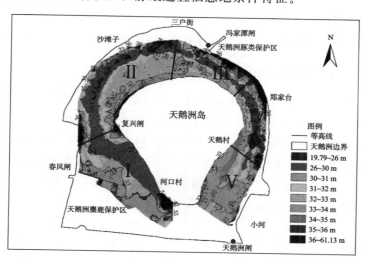

图 10-3 天鹅洲故道区地形及平面分区图

根据天鹅洲故道水下地形特征及长江江豚对栖息地环境的选择特点,将天鹅洲故道分

为Ⅰ～Ⅴ 5个平面分区(图10-3)。根据水下地形特征来判断江豚可能的栖息地分布,各平面分区地形特点如下:

Ⅰ区为河口村到复兴闸区域,该区域连接故道上口,紧挨麋鹿保护区,水面较为窄浅,河床平坦,平均水深约3～4 m,1998年前汛期与长江相通;

Ⅱ区为复兴闸到三户街区域,该区域深槽较深沿北岸呈东西走向、浅滩宽阔,水域面积广,地貌多样性相对较高;

Ⅲ区为三户街至郑家台区域,该区域水面较宽,水较深,深槽沿北岸走向,天鹅洲豚类保护区管理处设置在该区域北岸;

Ⅳ区为郑家台到小河上缘,该区域深槽呈南北走向,水面相对较窄;

Ⅴ区为故道下口区域,水面较为窄浅,1998年沙滩子大堤修建以前是汛期故道与长江相通的主要通道。

其中,Ⅰ区基本上为天鹅洲豚类自然保护区的缓冲区,Ⅱ、Ⅲ、Ⅳ、Ⅴ区基本处于保护区的核心区,天鹅洲岛北部洲滩为保护区的实验区。

天鹅洲故道两端Ⅰ和Ⅴ区为上下口门地区,分布着大面积的浅滩。在1972年沙滩子裁弯前该区域为两个连续河湾之间的过渡地带,因此河床相对较为平坦,没有明显的滩槽高差,1972年沙滩子自然裁弯取直后,故道上、下口门区快速淤积。在不同的断面中,上下口断面的淤积最快(张先锋,1995;谢小平,2008),因此该区域地形高程一般较高,尤其是下口门区,枯水期水面不连续。1998年以前,汛期上下口两区与长江自然相通,受长江水位影响较大,这两区水深大于3 m且水较流动,汛期有大量鱼类活动,易引起江豚聚集。但由于江水倒灌同时会带来大量泥沙,导致水流浑浊,江豚喜清水环境,对浑水有回避现象,因此可判断其在Ⅰ、Ⅴ区活动较少,江豚出现的概率相对较小,但由于口门处鱼类随水流进入故道,两区域的上缘有可能会出现江豚的集聚。从水下地形特征上来看,Ⅱ、Ⅲ、Ⅳ三个区域处于弯曲河段,同时分布有边滩和深槽,深槽平均水深5～10 m,满足了江豚对水深的需求,且深槽离岸距离均在400 m以内,故道内的江豚集中分布在Ⅱ、Ⅲ、Ⅳ三个的区域,尤其是在Ⅱ、Ⅲ两个边滩宽浅,深槽较长的区域,更适宜江豚的栖息和捕食。该分析结果与魏卓、杨建等对天鹅洲故道江豚活动与行为的实地观测结果相一致(魏卓,2008;杨健,1996)。

10.1.3　江豚适宜栖息地变化特征分析

随着不同季节水文条件的改变,长江江豚栖息地会有移动、增大、缩小、变形、产生或者消失的现象(张先锋,1993)。在假定江豚饵料鱼类资源均匀分布的前提下,定义天鹅洲故道中3～9 m水深,深槽一侧岸线400 m范围内的区域为江豚的适宜栖息区。根据1992—2015年天鹅洲故道内的多年水位波动规律,在28～35 m水位段内以1 m为水位间隔,对不同水位条件下天鹅洲故道江豚适宜栖息区面积和体积变化及分布进行了分析(图10-4),结果表明随故道水位的升高,江豚适宜栖息区面积和体积逐步增大,二者与水位表现出较强的二次拟合相关性,相关性系数均达到0.99以上(图10-5)。在天鹅洲故道极端低水位(28 m)时,江豚适宜栖息地几乎消失,面积和体积分别为0.242 km² 和3.7×10⁶ m³,适宜栖息地零星分布在弯道北岸及郑家台下缘的深槽地带。随着天鹅洲故道水位的升高,江豚适宜栖息地的面积逐渐扩大,并由深槽地带向两侧扩展,当水位达到32 m时,适宜栖息地面积和体积分别扩大到1.5 km² 和1.78×10⁷ m³,适宜栖息地连续分布在弯道北岸深槽及下口部分区

域。随着水位的逐步升高到 35 m,适宜栖息地面积和体积分别达到 3.327 km² 和 3.01×
10⁷ m³。

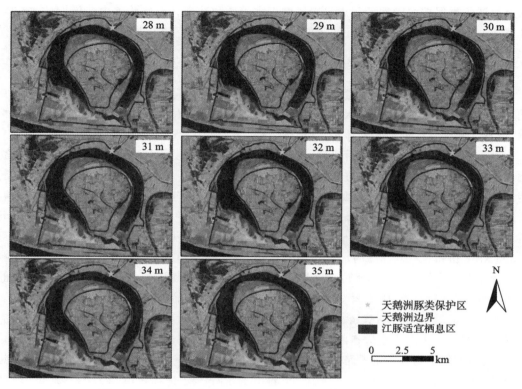

图 10-4　不同水位条件下(28～35 m)江豚适宜栖息区分布图

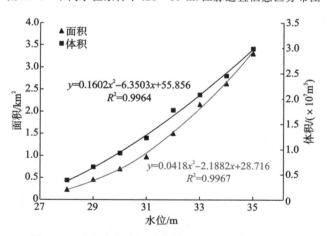

图 10-5　水位与江豚适宜栖息地面积和体积的关系

　　每年的 4—5 月为江豚分娩季节,5—7 月为江豚交配季节(Zhuo W,2002),江豚在此期
间对栖息地的空间要求更高。但 4—5 月时天鹅洲故道多年平均水位为全年最低,仅为 30.7
m,此时江豚的适宜栖息地面积和体积分别为 0.93 km² 和 1.189×10⁷ m³。同时此季节也
是天鹅洲故道周边地区农业灌溉用水的高峰期,在遭遇极端干旱气候事件的情况下,农业用
水和江豚的生态用水矛盾极端突出。如 2011 年 4 月,长江中游遭遇百年一遇的极端干旱气

候事件(Infantes D,2012),周边农民引故道水灌溉,造成故道水位急剧降低至 29.34 m,江豚适宜栖息地面积和水体容积缩小为 0.497 km² 和 7.44×10⁶ m³,严重威胁江豚的生存,引发天鹅洲豚类保护区管理者和周边居民的用水矛盾和冲突。因此故道内非汛期的水位需要维持在一定程度之上,才能保证江豚的生态用水。

10.1.4　变化水文情势下江豚适宜栖息地

1998 年沙滩子大堤的修建使得天鹅洲故道与长江阻隔,故道内的水文情势发生了变化,汛期天鹅洲故道多年平均水位下降,非汛期多年平均水位略有上升。随着水文情势的变化,适宜江豚栖息区的面积和体积也随之呈现一定的变化。

对天鹅洲故道 1998 年前后汛期与非汛期多年平均水位下(LRC 法求得,下同)江豚适宜栖息地分布及面积、体积变化进行分析(图 10-6、图 10-7)。结果显示 1992—1998 年故道汛期通江,水位较高,大部分洲滩区域被淹没,在汛期多年平均 35.51 m 水位下适宜江豚生存的水域面积较广,达到 3.985 km²,水体体积达 3.5×10⁷ m³,适宜栖息分布区一直延伸至故道上下口门区。在 1992—1998 年故道内最多生活着 10 头江豚时,平均每头江豚约拥有 0.399 km² 和 3.5×10⁶ m³ 的水域面积和体积,此时适宜江豚栖息的范围较广。而 1999—2015 年,故道汛期多年平均水位下降了 3.21 m,洲滩大面积出露,江豚适宜栖息区面积也随之减小为 1.72 km²,水体体积减小到 1.99×10⁷ m³,以当前故道内 60 头江豚数目来算,平均每头江豚活动空间缩小至 0.029 km² 和 3.3×10⁵ m³,分别减小了 92.7% 和 90.6%,适宜江豚栖息的区域也缩小至故道北岸的深槽区及故道上口的部分区域。而在 1998 年后的非汛期,故道多年平均水位上升了约 0.71 m,多年平均水位下江豚适宜栖息区面积由 1992—1998 年的 0.9 km² 增加到 1999—2015 年的 1.178 km²,水体体积由 0.115×10⁸ m³ 增加到 1.44×10⁷ m³,适宜江豚栖息的面积和体积有所增加,但随着故道内江豚总数目的增长,以当前最多 60 头江豚数目来计算,平均每头江豚拥有的水域面积和体积仍由 1992—1998 年的 0.09 km² 和 1.15×10⁶ m³ 减小到 1999—2015 年的 0.02 km² 和 2.4×10⁵ m³,分别减少了 77.8% 和 79.1%。

天鹅洲故道内水文情势的改变造成汛期和非汛期江豚适宜栖息地面积和体积的改变,具体表现为汛期增多和非汛期减小,随着故道内江豚数量的增多,每头江豚所拥有的栖息地面积和水体容积减小量较大。

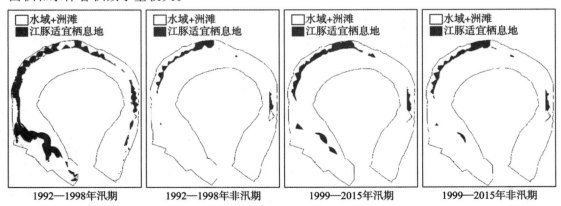

| 1992—1998年汛期 | 1992—1998年非汛期 | 1999—2015年汛期 | 1999—2015年非汛期 |

图 10-6　1998 年前后江豚适宜栖息地分布区域变化

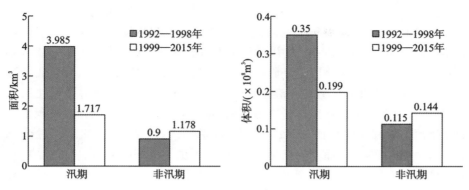

图 10-7　1998 年前后江豚适宜栖息地面积与体积变化

10.2　水文情势变化对麋鹿栖息地影响

10.2.1　麋鹿及其对生境的选择

麋鹿（*Elaphurus davidianus*）又称"四不像"，属偶蹄目（Artiodactyla）鹿科（Cervidae），国家Ⅰ级重点保护动物。麋鹿曾经是中国特有的稀有种群，第四纪更新世至全新世，野生麋鹿在中国数量多，广泛分布在黄河、长江流域一带，由于自然条件变迁、人类活动以及自身物种退化等原因，到商代麋鹿种群数量逐渐减少，至 20 世纪初在中国本土完全灭绝（曹克清，1985）。1985 年从英国引种到中国后，逐步形成了北京麋鹿苑、江苏大丰和湖北石首麋鹿国家级自然保护区三大主要分布区。引种回归三十余年来，麋鹿在中国的种群数量持续增长，截止到 2015 年底中国麋鹿总数已接近 3 000 头，麋鹿引种成为世界上 15 个物种成功重引进项目之一，也是中国物种重引进项目中唯一成功的项目（张林源，2013）。

长江天鹅洲区域属古云梦泽地区，自古以来就是麋鹿的栖息地，战国时著作《墨子》中描述："荆有云梦，犀兕麋鹿满之"。天鹅洲区域地形平坦开阔、人为干扰较少、水资源丰富，周期性的水文涨落变化规律和季节性泛滥平原，使得洲滩湿生和水生植物丰富，优越的生境条件适宜麋鹿的繁衍栖息。为了保护全球性濒临灭绝的麋鹿而建立的石首麋鹿国家级自然保护区，1993 年和 1994 年分两批从北京麋鹿苑引进麋鹿 64 头，由于环境适宜，因此仅在 3～4 年的时间内，保护区内麋鹿种群发展到 134 头，且麋鹿的野性恢复良好，实现了自然放养的目标，除 1998 年长江特大洪水导致部分个体死亡或外逸（36 头）以及 2010 年因病菌感染导致种群数量出现两次明显下降外，总体上呈现持续增长趋势（图 10-8），截至 2015 年麋鹿保护区内麋鹿数量为 491 头（宋玉成，2015）。除此之外石首麋鹿保护区 1998 年外逸的麋鹿种群又相继发展了长江南岸三合垸、杨波坦及洞庭湖三个亚种群（Yang D，2016），三大亚种群麋鹿数量分别为 300 多头、200 多头及 60 多头，麋鹿总数量达到约 1 100 头，占我国麋鹿总数的 1/3，成为世界上最大的野生麋鹿种群（杨道德，2007；丁玉华，2014）。

麋鹿是一种平原沼泽大型食草动物，喜食湿生和水生植物，常喜在水中休憩，其活动的区域大多靠近水域的洲滩地区。因栖息地温度、水源和植被条件等生境因子随着季节的变化而变化,麋鹿生境选择也随之发生改变。在夏季,水源是麋鹿生境选择的决定因子,麋鹿经常选择在有水源的水草,具有较大隐蔽度且远离人为干扰的位置栖息(丁玉华,2004),如石首麋鹿保护区中的旱柳林和芦苇地中较为开阔的水域,既有充足的水源,又能防暑降温,避免蚊绳的叮咬。在冬季,食物因子是影响麋鹿生境选择的决定性因子,麋鹿通常选择在鲜嫩食物丰富的草地上取食和休息。在春季和秋季,麋鹿对滩涂和水域的选择性比冬季有所增加,麋鹿对栖息地选择最多的生境依次为草地、滩涂和水域。麋鹿栖息地表现出明显的随着水位的变化而所改变的特征,大致呈现出"水退则进,水涨则退"的活动规律(徐正刚,2017),随着水位的降低,洲滩面积逐渐增大,为麋鹿提供了良好的繁殖、生活的空间,水位的升高则洲滩栖息地面积缩小,食物资源也随之被大面积淹没。麋鹿保护区自然洲滩的淹没规律及故道内水位的变化对麋鹿栖息地影响较大,有必要对其进行分析以保护该物种。

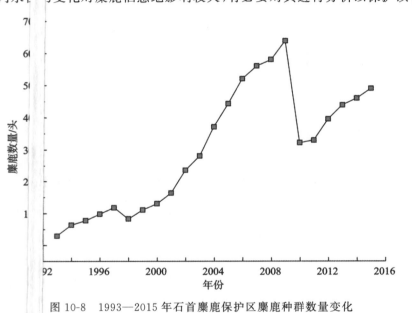

图 10-8　1993—2015 年石首麋鹿保护区麋鹿种群数量变化

10.2.2　基于洲滩淹没概率的麋鹿适宜栖息区确定

淹没概率是指在某个时间范围内,湿地某一位置被水淹没的次数。湖泊和河流洲滩淹没概率的变化会对湿地植被的演替产生深刻的影响,也会改变洲滩的利用方式(邓帆等,2013)。在本文基于水位的淹没概率计算中,根据陆地高程值和水位变化规律,定义高程值低于水位的点为淹没区,通过对非淹没区和淹没区二值图的空间叠加运算,获得一段时间内各个像元(位置)的淹没次数(图 8-2)。基于高程和水位数据进行湿地淹没区的提取,对提取后的淹没区图进行空间叠加运算,对每个对应的像素点进行求和计算,将求和后生成的影像除以参与求和影像数量,得到每个像素点随着河湖湿地季节性洪枯水位的变化,河湖滨岸带一般会形成大面积的草本植物群落,维持了湿地丰富的生物多样性。天鹅洲故道麋鹿洲滩周期性的水位变化和地面的干湿交替,孕育了丰富的水生植物和湿生植物,成为麋鹿采食的天然草场。依据 2010—2012 年故道逐日实测水位数据,结合麋鹿洲滩区域 DEM 对麋鹿保护区内自然洲滩的淹没情况进行分析,并依据淹没规律定义了麋鹿在洲滩区域的适宜栖息区。

　　根据天鹅洲麋鹿洲滩地区淹没规律,定义麋鹿保护区洲滩上除淹没概率等于 0 和 1 的区域(即常年陆地区域和常年水体区域)以外的周期性淹没的洲滩区域为麋鹿的适宜栖息区(图 10-9)。该部分区域周期性被水淹没,湿生植被和水生植被发育旺盛,是麋鹿保护区内的自然洲滩区域,也是麋鹿的主要栖息场所。对 2010—2012 年该区域总体淹没情况分析结果表明,三年间麋鹿保护区自然洲滩的平均淹没概率为 0.44,淹没概率在 0.25 以内的区域占到自然洲滩区域面积的 79.84%,说明自然洲滩较大面积区域可能存在着一定程度的旱化风险,而淹没概率为 0.25~0.75 的面积占比仅为 5.32%,不利于洲滩湿生和水生植物的生长,淹没概率在 0.8 以上的区域占整个洲滩区域的 14.84%,该部分区域可能存在着一定的洪水淹没风险。

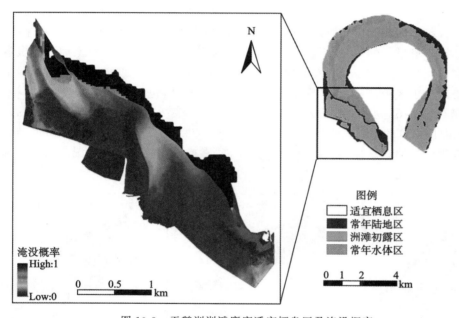

图 10-9　天鹅洲洲滩麋鹿适宜栖息区及淹没概率

10.2.3　变化水文情势下麋鹿适宜栖息区淹没概率

　　沙滩子大堤修建后,天鹅洲故道与长江人为阻隔,使得故道水位降低、水域面积减小、故道内的水文波动幅度变小,故道水文特征的变化导致水域环境与洲滩之间的物质与能量交换作用减弱,直接反映在洲滩淹没概率上。原则上来讲,应该尽可能地获取研究区域在研究时段内每天的水体淹没空间分布数据,但受诸多因素的影响,在无水文观测资料的天鹅洲区域,获取逐日影像或水位数据非常困难。因此采用前面提到的 LRC 法获取的水位,根据故道区水位的变化规律与麋鹿保护区洲滩高程的关系,计算得到 1992—2015 年各像素点的淹没概率,同时计算各像素点淹没概率所占总像元数的比例,分析麋鹿保护区洲滩淹没概率的面积占比。

　　从 1992—2015 年麋鹿保护区洲滩整体淹没概率的空间分布来看(图 10-10),故道区淹没概率由故道水边向保护区内逐渐降低,这种淹没概率的分布特征是洲滩地貌越靠近水边地势越低特征的反映。将淹没概率以 0.75 和 0.25 为间隔划分高、中、低淹没概率三个层次进行面积占比统计分析,结果表明,1992—2015 年麋鹿保护区内洲滩平均淹没概率为

0.505，洲滩内 65.31%的区域淹没概率较低，在 0.25 以下；淹没概率在 0.25～0.75 的区域面积占比为 19.69%，高淹没概率面积占比为 15%。根据故道江湖阻隔时间，将时间节点划分为 1992—1998 年和 1999—2015 年，计算两个时段内的平均淹没概率和淹没面积比。结果见表 10-1，洲滩平均淹没概率由 1992—1998 年的 0.52 降低为 1999—2015 年的 0.506，低淹没概率（0～0.25）的淹没面积比从 1992—1998 年的 1.14%增加到 1999—2015 年的 68.64%，中淹没概率（0.25～0.75）的淹没面积比从 1992—1998 年的 84.53%减小到 1999—2015 年的 15.4%，高淹没概率（0.75～1）的淹没面积比从 1992—1998 年的 14.33%增加到 1999—2015 年的 15.97%。1998 年后沙滩子大堤修建后，由于水位及水域面积等水文情势的变化，使麋鹿保护区低淹没概率洲滩面积增加了 67.5%，中淹没概率面积减小了 69.13%，

　　洲滩淹没频率的降低，虽然有利于扩大麋鹿的栖息地面积，但周期性淹没规律的减弱，则会增加洲滩环境旱化的风险，不利于湿生植被和水生植被的生存，造成麋鹿食物资源的缺乏。对比麋鹿保护区 1997 年和 2005 年科学考察报告结果显示，麋鹿保护区洲滩湿生和水生植物种类减少了 8 种，中生和旱生植物数量增加了 26 种，包括接骨草（*Sambucus javanica*）、天名精（*Carpesium abrotanoides*）、苍耳（*Xanthium sibiricum*）、葎草（*Humulus scandens*）等，麋鹿所采食的主要植物生物量减少了 40%（李鹏飞，2015）。此外，洲滩区域大面积种植有较强吸水性的意杨林，导致地下水位的下降，意杨繁茂枝叶对底层湿地植物的抑制作用也加剧了洲滩旱化过程（力志，2016）。

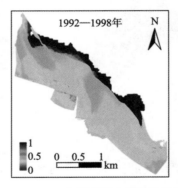

图 10-10　1992—2015 年麋鹿适宜栖息地淹没概率变化

表 10-1　麋鹿适宜栖息地淹没面积比

淹没概率	淹没面积比		
	1992—2015 年	1992—1998 年	1999—2015 年
低（0～0.25）	65.31%	1.14%	68.64%
中（0.25～0.75）	19.69%	84.53%	15.40%
高（0.75～1）	15%	14.33%	15.97%

10.2.4　不同水位条件下麋鹿洲滩适宜栖息地分布

　　天鹅洲故道麋鹿保护区内洲滩地形较为平坦，即使是很小的水位波动也能够引起较大水面积的变化。因此在 28～35 m 水位段内以 1 m 为水位间隔，分析不同水位条件下麋鹿自

然洲滩适宜栖息地面积的变化(图 10-11)。结果表明,随着水位的逐渐□高,麋鹿适宜栖息地逐渐被水淹没,面积逐渐减小,二者表现出较强的二次函数拟合相□性,相关性系数为 0.96(图 10-12)。当水位为 28 m 时,整个自然洲滩均出露在外,适宜栖□地面积约为 4.419 km²,当水位达到 30 m 时,自然洲滩出露面积为 3.9 km²,靠近故道水□一侧洲滩边线被水淹没,随着水位的增高由水边区域至洲滩西南逐渐被淹没,当水位至 3□ m 时,淹没面积达 1.182 km²,当水位达到 33 m 时,适宜栖息地面积的 56.8% 被水所淹没□水位至 34 m 时,几乎全部的洲滩被淹没,适宜栖息地面积仅剩 0.18 km²,仅剩部分的围□出露,水位由 33 m 增加至 34 m 时,适宜栖息地面积减小率最大达到 90%。当水位升到 □ m 时,自然洲滩全部被水淹没。

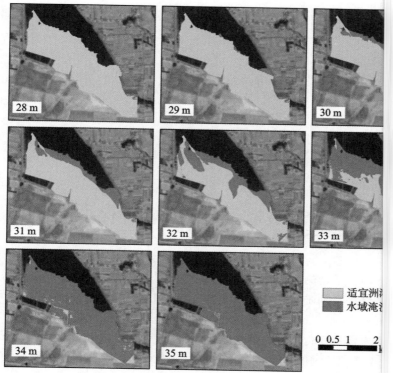

图 10-11　不同水位条件下麋鹿适宜栖息地淹没面积变化

江湖阻隔后,在 1999—2015 年的汛期,原来的高水位漫滩条件的失□,影响洲滩植被群落结构的发育演替,使得洲滩上原有的湿生和水生植物种类及数量减少□中生和旱生植物种类及数量增多,整个洲滩逐渐向旱生环境演替。在非汛期,由于枯水水□的升高,导致原处于低水位线的湿地环境,由于长时间的浸泡,湿生草本植物不能生存,而□全变成水生环境。故道区的水陆环境界线逐步趋于分明,漫滩湿地面积萎缩,水陆环境的□互作用逐渐减弱。汛期时,在 1992—1998 年天鹅洲故道多年平均 35.51 m 的水位下,麋鹿□护区自然洲滩区域几乎全部被淹没,麋鹿适宜栖息地消失殆尽。1998 年后,汛期多年平□水位降至 32.3 m 时,麋鹿适宜栖息地面积增至 2.96 km²,约 67% 的洲滩能够出露。非汛□时,多年平均水位抬高至 31.47 m,自然洲滩面积为 3.72 km²,未对麋鹿适宜栖息地造成□大影响。

在汛期持续高水位条件下,麋鹿栖息地大面积被淹,麋鹿只能集中□小区域范围内活动。持续的高水位除了影响麋鹿的食源和栖息地面积外,还导致大量中生、旱生植物大面积被淹死,在高温的作用下而腐烂发臭,水体中的细菌含量增加,易引发麋鹿种群疾病,造成麋鹿死亡。2010 年,因致病性大肠杆菌引发保护区内 316 头麋鹿死亡,据保护区观测结果显示故道高水位持续时间长短与麋鹿死亡率成正比(李鹏飞,2013)。因此,汛期故道内水位需要维持在一定的程度下,才能保证麋鹿的栖息地面积。

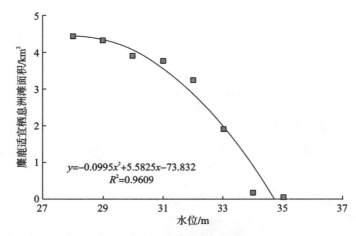

图 10-12　水位与麋鹿适宜栖息地面积关系

10.3　长江中游故道湿地濒危物种保护策略

随着人口的增加,经济活动的不断加剧,全球生物多样性正在急剧下降,大量物种已经灭绝或濒临灭绝,物种保护特别是濒危物种保护成了国际社会关注的热点和焦点(何友均,2004;Li A,2002;Frankham R.,1995)。麋鹿和江豚两个珍稀濒危物种同时依赖天鹅洲故道而生存,故道内的水文情势变化与物种栖息地关系密切,探究变化水文情势背景下两个濒危物种的保护策略对于濒危物种的科学保护意义重大。本章根据前面得出的天鹅洲故道水文情势和物种栖息地的相关研究结论,提出麋鹿与江豚两个濒危物种保护的相关策略,供物种保护管理部门决策。

10.3.1　合理调控故道水位,保障物种生态用水

天鹅洲故道在江湖阻隔后通过天鹅洲闸与长江相连。在天鹅洲闸修筑后,故道水文特征变化主要表现为两个特点:一是汛期水位降低,漫滩幅度减小;二是非汛期故道水位有所增高。最终导致故道水位的涨落幅度变小,故道水位年际变化规律改变,水文条件变化规律丧失,造成漫滩湿地面积萎缩。天鹅洲闸建闸之初的主要目的包括进行防洪、排涝和引水灌溉,保证通江联系和涵养湿地,灌江纳苗和水生生物保护等。但从目前天鹅洲闸每年不足十次的开闸次数和累计时间不足一个月的开闸时间来看,其未能有效的发挥对天鹅洲故道水位的生态调控作用,且天鹅洲闸的调控目前具有很大的人为性和随意性。因此在变化的水文情势背景下,根据两个物种的水文需求,通过天鹅洲闸的有序调度,是保证物种生态用水

最有效的途径。

季节性的洲滩淹没规律使得天鹅洲洲滩植被存在着春(3—5月)、秋(10—11月)两季的快速生长期,在此期间若长期淹没,则会抑制草本植物种子的萌发与生长,应在保证江豚生态需水的同时,适当降低故道水位,促进洲滩植被发育。在夏季的汛期(—9月),天鹅洲闸应当充分发挥防洪和排涝的作用,适当增加故道的通江程度,促进故道与长江的水体交换,避免因水位过高导致麋鹿栖息地减小。在冬季的枯水期(12月至次年月),由于故道水位的降低及天鹅洲闸底板高程的限制,故道不能实现通江,水源补充不足,需要"以蓄为主",引长江水以保证故道内的水位。

此外,漫滩地是天鹅洲故道湿地生态系统的重要组成部分,在现有条件下,通过增大故道水位涨落幅度可以最大限度的保护和恢复这一区域的面积,维持故道湿地生态系统的稳定性。

10.3.2　扩大物种栖息面积,寻求新的迁地保护区

天鹅洲故道内目前维持着 60 头长江江豚,在长江江豚种群总数量持续下降的背景下,故道内仍保持着 10% 的种群年增长率,是我国自然水域江豚数量稳定增长的区域,成为正在衰减的长江江豚种群为数不多的避难所之一。天鹅洲作为世界上第一个对鲸类动物进行迁地保护的地区,在其有限的生存空间和食物资源下,随着江豚种群数量的持续增长,5 年内会达到故道内江豚的最大环境容纳量。张先锋等利用 VORTEX 模型对长江江豚的种群生存力进行了分析,结果表明通过建立迁地保护区的方式,可使江豚种群灭绝时间推迟至 100 年后。因此扩大江豚的栖息地面积,进行迁地保护以寻求更多的保护区成为天鹅洲故道江豚保护的必然选择。长江中游故道群中如黑瓦屋故道、何王庙故道、老河故道等,均具有适宜江豚栖息的水文和地貌条件,适宜成为江豚的迁地保护区。

石首麋鹿保护区内目前维持着 491 头麋鹿,且种群数量保持持续增长中。保护区内的麋鹿种群被放养于封闭的围栏内,类似于岛屿种群(Gates C C,1986),有限的生存空间和食物资源,使其易受到水文情势和食物资源等因素的影响。且目前保护区的封闭的围栏限制了麋鹿种群的发展,随着种群数量的增加,达到环境容量时势必造成密度制约现象。应当建立麋鹿个体输出机制,当种群数量接近但未达到环境容纳量前,将部分个体迁出,以维持稳定的种群数量,同时增加保护区围栏面积或采用建立新围栏的方式以缓解现有生境压力。

10.3.3　加强栖息地保护,增加故道食物资源

基于 CART(Classification And Regression Tree,CART)算法构建决策树模型对天鹅洲区域 1993 年 4 月 26 日和 2013 年 5 月 6 日两个年份的相似水位条件下的土地利用类型进行分类,土地利用分为耕地、林地、水体、泥滩地以及草滩地五大类。遥感解译结果表明,随着故道内水文情势的改变,天鹅洲故道在 1993—2013 年 20 年土地利用类型也随之改变,洲滩出现严重破碎化(图 10-13)。除水域外,1993 年天鹅洲区域土地利用以草滩地和林地为主,面积分别达到 10.14 km² 和 7.77 km²,二者面积占比达到 47.7%,接近整个区域的一半,而耕地面积最小仅为 3.12 km²。林地较为集中的分布在千字头北洲滩、麋鹿保护区洲滩以及故道堤防沿线,草滩地大面积分布在麋鹿保护区和天鹅村洲滩,耕地仅分布在故道外围千户街和小河镇。至 2013 年,故道区域土地利用类型发生较大改变(表 10-2),土地利用变为以耕地为主,耕地面积达到 8.09 km²,面积占比由 1993 年的 8.2% 增长为 21.58%,

草滩地面积锐减,面积占比降低为15.71%。麋鹿保护区由于处于保护区管理处的有效管理下,保护区内耕地面积增加较少,但保护区内林地面积增大,尤其是意杨林种植面积广,总面积达2.29 km²,约占保护区核心区面积的22.9%。

　　在1998年汛期后,随着天鹅洲故道水位和淹没频率的降低,洲滩大面积出露,原有的自然漫滩景观不复存在,洲滩被周边居民大面积开垦为鱼塘、藕池、耕地等,出现较为严重的破碎化现象。随着洲滩农业活动的进行,农药和农业面源污染会进一步影响故道水质状况。故道内大面积的意杨林虽能够为麋鹿提供一定遮蔽的场所,但其林下可供麋鹿采食的植被不多,且造成保护区湿地植被的旱生演替加速,对湿地自然植被环境造成很大的影响。此外,麋鹿保护区内草滩地面积的锐减,直接导致麋鹿食物资源的减少。2010年,麋鹿保护区管理处将保护区东南角靠近沙滩子大堤的区域开垦为耕地,以建立麋鹿应急保障饲料基地,根据影像解译结果,总面积约为0.795 km²。饲料基地在夏季种植玉米,冬季种植小麦,辅以小白菜及大豆等,为麋鹿提供备用食源,以缓解因洲滩植被变化及极端气候事件带来的食物资源不足现象。

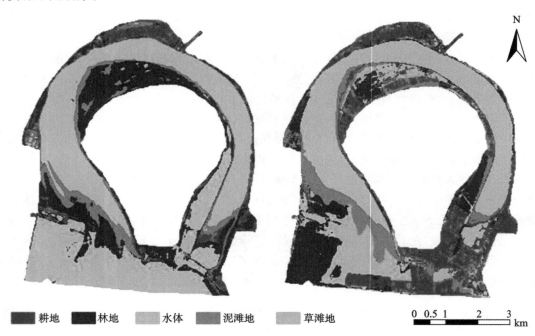

　　■ 耕地　　　■ 林地　　　水体　　　泥滩地　　　草滩地　　　0 0.5 1　　2　　3 km

图10-13　1993年与2013年天鹅洲故道土地利用类型

表10-2　1993年与2013年天鹅洲故道土地利用类型变化统计

利用类型	1993年		2013年	
	面积/km²	比例/%	面积/km²	比例/%
耕地	3.12	8.29	8.09	21.58
林地	7.77	20.70	5.61	14.96
水域	12.17	32.45	12.27	32.71
滩地	4.32	11.51	5.65	15.05
草地	10.14	27.04	5.89	15.71

随着麋鹿和江豚两个濒危物种种群数量的持续增长,天鹅洲故道有限的食物资源逐渐成为保护区发展的限制因子。应加强对麋鹿现有栖息地的保护,对个保护区内的意杨林进行有序间伐,同时进行人工湿地植被恢复,扩大天然草场面积,增麋鹿的天然食物,从而提高生境质量,增加保护区环境容纳量。当麋鹿食物资源匮乏时(冬和涝灾时),可采用人工投喂饲草、开放应急饲料基地等方式,保证麋鹿食物资源。严禁洲边滩上的任何开发性经营活动,尤其要杜绝开垦农田、开挖鱼塘、藕塘等对边滩植被破坏重的经营活动。应当通过"灌江纳苗""增殖放流"等活动,增加故道鱼类的生物多样性,通过人工投苗调节故道鱼类群落结构,提高适口饵料鱼类比重,增加江豚食物资源。同时故道内渔业活动的强度,减少渔业活动的次数,推动渔民转产,最终使渔业活动退出故道时可将故道作为长江"四大家鱼"种质资源库,探索对故道渔业资源的可持续利用方式。

10.3.4 促进江湖连通,降低天鹅洲闸底板高程

目前通过天鹅洲闸的有序调度,基本能够保证濒危物种的生态水,解决生态用水矛盾。但由于三峡工程修建带来下荆江河段的剧烈冲刷,以及天鹅洲闸板高程的限制,故道内的灌江纳苗及闸口调度等问题,限制了故道与长江连通的实现。

天鹅洲故道位于长江下荆江河段北岸,三峡工程下游约 180 km,受三峡工程引起的下荆江河道水沙变化影响较为明显。2003 年三峡工程建设运行后,泄泥沙含量锐减,下游沿程冲刷速率普遍增加,石首上下游河段无论是冲刷量、冲刷深度是水位降低值,均为荆江河段乃至整个长江中下游最大者(蔡晓斌等,2013)。三峡工程运行后,下荆江河段的平均冲刷深度可达 2.04 m,约为三峡工程运行前的 30 倍(Yang C,2015),其中石首河段最大冲刷深度可达到 12.7 m(杨怀仁,1999)。冲刷深度的增加会导致沿程河段水位的下降,对监利站 1992—2015 年的流量和水位关系进行分析,结果表明三峡工程运行后,监利站同流量下枯水位下降了 1~2 m(图 10-14)。

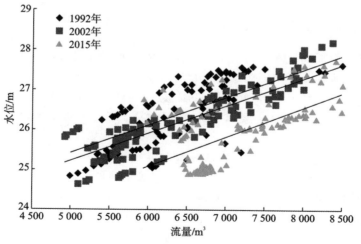

图 10-14　1992—2015 年监利站同流量下枯水位下降

现有的天鹅洲闸底板高程为 30.5 m,随着长江水位的降低,天鹅洲故道与长江水体自流交换的时间逐渐减少,增加了故道换水的难度,不利于故道内的灌江纳苗和水质的改善(殷瑞兰,2006)。应当优化闸口的调度方案、适当降低闸底板高程,促进江湖连通的实现。

据计算,若将天鹅洲闸底板高程降低 2 m,天鹅洲故道与长江干流的理论水体交换量在丰水期将会增加 58%(Fang,2014),能够起到较好的水质改善作用。此外,天鹅洲闸口附近的柴码头至小河口河段,河岸基本处于天然状态,同时处于弯道区域,随着该河段河势演变的加剧,冲淤变化引起了剧烈的岸线崩退(图 10-15),最大崩岸可达 145 m(世界自然基金会,2006),威胁天鹅洲闸口的安全运行与保护区的存在,应当加强天鹅洲闸口附近的护岸工程建设,稳定河势,确保闸口安全。

图 10-15　天鹅洲闸附近石首河段崩岸现象(图片来自于湖北省水利厅网站)

10.3.5　天鹅洲与黑瓦屋故道连通方案

天鹅洲故道原有周期性涨落的水文条件是形成特有湿地景观的主要生态因子,恢复故道水位周期性涨落规律是天鹅洲湿地恢复保育较为关键的策略。但就目前的状况而言,完全恢复故道原有的水文特征是不现实的,只能通过天鹅洲闸的合理有效调度来控制故道水文状况,实现湿地的保护与修复。但从长远来看,故道与长江的水文相通是天鹅洲故道未来发展的必然趋势。

天鹅洲故道与黑瓦屋故道相毗邻,两故道间最窄处仅 500 m,汛期水位落差可以达到 1~2 m,两故道水位能够形成自然环流。可以通过人工开挖渠道连通天鹅洲与黑瓦屋故道,并将黑瓦屋故道纳入天鹅洲湿地生态区,通过闸口连接、控制故道水位,实现合理的水文调度与江湖连通(图 10-16)。

黑瓦屋故道宽为 1.5 km,水域面积 2 147.51 hm²,最大水深约 8 m,一般水深 4 m,长约 30 km。以当前水域面积来看,至少能够维持一个 50~100 头的江豚群体。黑瓦屋故道于 1967 年经人工截直中洲子而形成,故道目前自然通江,受长江水位自然涨落的影响。由于故道的神皇洲和复兴洲已经实现了平垸行洪,几乎没有居民生活,人类活动干扰少,且故道形成了大面积发育良好的冲积洲滩,具有沼泽湿地、芦苇荡等多种生境,有利于麋鹿种群的生存。目前故道内已经通过自然扩散形成了一个自然的麋鹿种群,种群数量达 100 余头。此外,黑瓦屋故道自然通江,水质优良,鱼类资源丰富,水文及地貌条件也适宜江豚的生存。

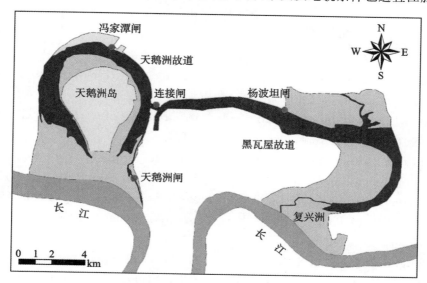

图 10-16 天鹅洲与黑瓦屋故道连通方案

江湖连通有助于天鹅洲故道和黑瓦屋故道上游的水体交换,可以显著改善故道内的水质。同时黑瓦屋故道也可以作为新的江豚迁地保护区和麋鹿栖息区,将两故道连通并共同成立长江故道湿地区,有利于扩大麋鹿和江豚栖息地的面积,在此基础上可进一步申报国际重要湿地,加强对故道湿地的保护与管理。

参考文献

1. Alsdorf D E, Lettenmaier D P. Geophysics. Tracking fresh water from space [J]. Science, 2003, 301(5639):1491~1494.

2. Alsdorf D E, et al. Interferometric radar measurements of water level changes on the Amazon flood plain [J]. Nature, 2000, 404(6774):174.

3. Alsdorf D E, Rodríguez E, Lettenmaier D P. Measuring surface water from space [J]. Reviews of Geophysics, 2007, 45(2):2637~2655.

4. Arthinon A H. Environmental flow: ecological importance, methods and lessons from Australia [R]. Mekong Dialogue Workshop: International transfer of fiver basin development experience, 2002.

5. Arthington A H, Bunn S E, Poff N L, et al. The challenge of providing environmental flow rules to sustain river ecosystems [J]. Ecological Applications, 2006, 16: 1311~1315.

6. Barbara J L, Latheef M I, Donald H B. Reservoir management and thermal power generation [J]. Journal of Water Resources Planning and management, 1992, 118(4):387~405.

7. Babbitt B. What goes up, may come down [J]. Bioscience, 2002, 52:656~658.

8. Barry J F. Hydraulic habitat of plants instreams [J]. Regulated Rivers: Research & Management, 1996(12):131~144.

9. Barre H M J P, Duesmann B, Kerr Y H. SMOS: The Mission and the System [J]. IEEE Transactions on Geoscience & Remote Sensing, 2008, 46(3):587~593.

10. Ban X, et al. Applying instream flow incremental method for the spawning habitat protection of Chinese sturgeon (acipenser sinensis) [J]. River Research and Application, 2011, 27:87~98.

11. Beck R. Scan Line Corrector-off Products Available. Landsat Project News October/November 2003 [M]. 2003.

12. Bennett M. Rapid monitoring of wetland water status using density slicing; proceedings of the Fourth Australasian Remote Sensing Conference, F, 1987 [C].

13. Bergkamp G, et al. Dams, ecosystem functions and environmental restoration [J]. Thematic Review II, 2000, 1:1~187.

14. Berkam P G, et al. Dams, ecosystem functions and environmental restoration, Thematic Review 11. 1 Prepared as an input to the World Commission on Dams, 2000, Cape Town [OL]. www. dams. org.

15. Birkett C M. Contribution of the TOPEX NASA Radar Altimeter to the global monitoring of large rivers and wetlands [J]. Water Resources Research, 1998, 34(34):

1223~1240.

16. Birkett C M,Mertes L A K,Dunne T,et al. Surface water dynamics in the Amazon Basin:Application of satellite radar altimetry [J]. Journal of Geophysical Research Atmospheres,2002,107(D20):LBA 26-1-LBA-1.

17. Birkett C M. The contribution of TOPEX/POSEIDON to the global monitoring of climatically sensitive lakes [J]. Journal of Geophysical Research-Oceans,1995,100(C12): 25179~25204.

18. Bragg O M,et al. Approaching the physical-biological interface in rivers:a review of methods for ecological evaluation of flow regimes [J]. Progress in Physical Geography, 2005,29(4):506~531.

19. Brakenridge G R,et al. Space-Based Measurement of River Runoff [J]. Eos Transactions American Geophysical Union,2005,86(19):185~188.

20. Bunn S E. Recent Approaches to Assessing and Providing Environmental Flows: Concluding Comments [R]. Proceedings of AWWA Forum,1998,123~129.

21. Burgman M A,Possingham H P,Lynch A J J,et al. A Method for Setting the Size of Plant Conservation Target Areas [J]. Conservation Biology,2001,15(3):603~616.

22. Cai Q H,Tang T,Liu J K. Several research hotspots in river ecology[J]. Chinese Journal of Applied Ecology,2003,14(9):1573~1577.

23. Cai X,Gan W,Ji W,et al. Optimizing Remote Sensing-Based Level-Area Modeling of Large Lake Wetlands:Case Study of Poyang Lake [J]. IEEE Journal of Selected Topics in Applied Earth Observations & Remote Sensing,2015,8(2):471~479.

24. Cai X,et al. Remote Sensing of the Water Storage Dynamics of Large Lakes and Reservoirs in the Yangtze River Basin from 2000 to 2014 [J]. Scientific Reports,2016, 6:36405.

25. Cao M C,Liu G H. Habitat suitability change of red-crowned crane in Yellow River Delta Nature Reserve [J]. Journal of Forestry Research,2008,19(2):141~147.

26. Carmen R,et al. Pilot analysis of global ecosystems:Fresh water systems [M]. Washington D. C:World Resources Institute,2000.

27. Castiglioni S,et al. Calibration of rainfall-runoff models in ungauged basins:A regional maximum likelihood approach [J]. Advances in Water Resources,2010,33(10):1235 ~1242.

28. Cazenave A,Chen J. Time-variable gravity from space and present-day mass redistribution in the Earth system [J]. Earth and Planetary Science Letters,2010,298(3):263~ 274.

29. Ceschin S,et al. The effect of river damming on vegetation:is it always unfavourable? A case study from the River Tiber [J]. Environmental Monitoring & Assessment, 2015,187(5):301.

30. Chen J,et al. A simple and effective method for filling gaps in Landsat ETM+ SLC-off images [J]. Remote Sensing of Environment,2011,115(4):1053~1064.

31. Christer N,Magnus S. Augusbasic Principles and ecological consequences of changing water regimes:riparian plant communities [J]. Environmental Management,2002,30 (4):468~480.

32. Czvallo A,Dinatale M. A fuzzy control strategy for the regulation of an artificial reservoir [J]. Sustainable World,Sustainable Planning and Develo pment, 2003,(6):629~ 639.

33. Dai S B,Lu X X. Sediment deposition and erosion during the extreme flood events in the middle and lower reaches of the Yangtze River [J]. Quaternary International,2010, 226(1-2):4~11.

34. Dai S B,et al. The role of Lake Dongting in regulating the sediment budget of the Yangtze River [J]. Hydrology and Earth System Sciences Discussions, 2005, 9 (6): 692~698.

35. Dai Z J,et al. Runoff characteristics of the Chaniang River during 2006:Effect of extreme drought and the impounding of the Three Gorges Dam [J]. Geophysical Research Letters,2008,35,L07406,doi:10. 1029/2008GL033456.

36. Deering D W. Rangeland reflectance characteristics measured by aircraft and spacecraft sensors [D]. Texas A&M Univ. ,College Station,1978.

37. Draper D,Rosselló-Graell A,Iriondo J. A translocation action in Portugal:selecting a new location for Narcissus cavanillesii [J]. Barra & G López,2001,

38. Dyson M,Bergkamp G,Scanlon J. Flow:The essential of environmental flow [M]. Gland:IUCN,2003,6~7:25~30.

39. Feng L,et al. Dramatic inundation changes of China's two largest freshwater lakes linked to the Three Gorges Dam [J]. Environmental science & technology,2013,47(17): 9628~9634.

40. Feng L,et al. Assessment of inundation changes of Poyang Lake using MODIS observations between 2000 and 2010 [J]. Remote Sensing of Environment,2012,121(2):80~ 92.

41. Frappart F,et al. Interannual variations of river water storage from a multiple satellite approach:A case study for the Rio Negro River basin [J]. Journal of Geophysical Research Atmospheres,2008,113(D21):6089~6098.

42. Frappart F,et al. Water volume change in the lower Mekong from satellite altimetry and imagery data [J]. Geophysical Journal International,2006,167(2):570~584.

43. Frappart F,et al. Floodplain water storage in the Negro River basin estimated from microwave remote sensing of inundation area and water levels [J]. Remote Sensing of Environment,2005,99(4):387~399.

44. Frankham R. Conservation genetics [J]. Biological Conservation,1995,29(3):305.

45. Gates C C,Adamczewski J,Mulders R. Population Dynamics,Winter Ecology and Social Organization of Coats Island Caribou [J]. Arctic,1986,39(3):216~222.

46. Gavin T A,et al. Population genetic structure of the northern Idaho ground squirrel

(Spermophilus brunneus brunneus) [J]. Journal of Mammalogy,1999,80(1):156~168.

47. Graf W L. Downstream hydrologic and geomorphic effects of large dams on American rivers [J]. Geomorphology,2006,79(3-4):336~360.

48. Gordon N D,Mcmahon T A,Finlayson B L. Stream hydrology:an introduction for ecologists [M]. West Sussex,England:John Wiley & Sons,1992:1~200.

49. Growns J,Marsh N. Characterization of flow in regulated and unregulated streams in eastern Australia [R]. Canberra:Cooperative Research Centre for Freshwater Ecology,2000,1~27.

50. Guo H,et al. Effects of the three gorges dam on Yangtzeriver flow and river interaction with Poyang Lake,China:2003—2008 [J]. Journal of Hydrology,2012,416:19~27.

51. Gumiero B,et al. Riparian vegetation as indicator of channel adjustments and environmental conditions:the case of the Panaro River (Northern Italy) [J]. Aquatic Sciences,2015,77(4):563~582.

52. Gustard A. Analysis of river regimes [C]//Calow P,Petts GE,The river handbook. Oxford:Blackwell Scientific Publications,1992:29~47.

53. Fang H W,et al. Fluvial processes and their impact on the finless porpoise's habitat after the Three Gorges Project became operational [J]. Science China Technological Sciences,2014,57(5):1020~1029.

54. Haig S M,Belthoff J R,Allen D H. Population Viability Analysis for a Small Population of Red-Cockaded Woodpeckers and an Evaluation of Enhancement Strategies [J]. Conservation Biology,2002,7(2):289~301.

55. Han S C,et al. Improved estimation of terrestrial water storage changes from GRACE [J]. Geophysical Research Letters,2005,32(7):99~119.

56. Hamilton S K,Sippel S J,Melack J M. Inundation patterns in the Pantanal wetland of South America determined from passive microwave remote sensing [J]. Archiv Fur Hydrobiologie,1996,137(1):1~23.

57. Hallberg G R,Hoyer B E,Rango A. Application of ERTS-1 imagery to flood inundation mapping [J]. 1973.

58. Harborne A R,Mumby P J,Kappel C V,et al. Reserve effects and natural variation in coral reef communities [J]. Journal of Applied Ecology,2008,45(4):1010~1018.

59. Harman C,Stewardson M. Optimizing dam release rules to meet environmental flow targets [J]. River Research and Applications,2005(21):113~129.

60. Hatton T J,Salvucci G D,Wu H I. Eagleson's optimality theory of an eco-hydrological equilibrium:quo vadis [J]. Functional Ecology,1997,11:665~674.

61. Higgins J M,Brock W G. Overview of reservoir release improvement at 20 TVA dams [J]. Journal of Energy Engineering,1999,125(1):1~17.

62. Hrachowitz M,Savenije H H G,Blöschl G,et al. A decade of Predictions in Ungauged Basins (PUB)—a review [J]. Hydrological Sciences Journal, 2015, 58 (6): 1198~255.

63. Huang M,Liang X. On the assessment of the impact of reducing parameters and identification of parameter uncertainties for a hydrologic model with applications to ungauged basins [J]. Journal of Hydrology,2006,320(1-2):37~61.

64. Huang S L,et al. Saving the Yangtze finless porpoise:Time is rapidly running out [J]. Biological Conservation,2016.

65. Huffman G J, et al. The TRMM multisatellite precipitation analysis (TMPA): Quasi-global,multiyear,combined-sensor precipitation estimates at fine scales [J]. Journal of Hydrometeorology,2007,8(1):38~55.

66. Hughes C. Integrating molecular techniques with field methods in studies of social behavior:a revolution results [J]. Ecology,1998,79(2):383~399.

67. Hughes D,Hannart P. A desktop model used to provide an initial estimate of the ecological instream flow requirements of rivers in South Africa [J]. Journal of Hydrology, 2003,270:167~181.

68. Infantes D,et al. Analysis of characteristics of asharp turn from drought to flood in the middle and lower reaches of the Yangtze River in spring and summer in 2011 [J]. Acta Physica Sinica,2012,61(10).

69. Janauer G A. Ecohydrology:fusing concepts and scales [J]. Ecological Engineering, 2000,16:9~16.

70. Jensen J R,Lulla D K. Introductory digital image processing:A remote sensing perspective [J]. Geocarto International,1996,xv(1):382.

71. Jiang L,Ban X,Wang X,et al. Assessment of Hydrologic Alterations Caused by the Three Gorges Dam in the Middle and Lower Reaches of Yangtze River,China [J]. Water, 2014,6(5):1419~1434.

72. Imhoff M L,Vermillion C,Story M H,et al. Monsoon flood boundary delineation and damage assessment using space borne imaging radar and Landsat data [J]. Photogrammetric Engineering and Remote Sensing,1987,53(4):405~413.

73. Kim D K,Jeong K S,Whigham P A. Winter diatom blooms in a regulated river in South Korea:explanations based on evolutionary computation [J]. Freshwater biology, 2007,52(10):2021~2041.

74. Koblinsky C J,et al. Measurement of river level variations with satellite altimetry [J]. Water Resources Research,1993,29(6).

75. Koehn J D,Harrington D J. Environmental conditions and timing for the spawning of Murray cod(Maccullochella peelii peelii)and the endangered trout cod(M. macquariensis) in southeastern Australian rivers [J]. River research and application, 2006, 22 (3): 327~342.

76. Koel T M,Sparks R E. Historical patterns of river stage and fish communities as criteria for operations of dams on the Illinois River [J]. River research and application, 2002,18(1):3~19.

77. Koza J R. Genetic programming:on the programming of computers by means of

natural selection [M]. Cambridge: the MIT press, 1992.

78. Kummerow C, Barnes W, Kozu T, et al. The tropical rainfall measuring mission (TRMM) sensor package [J]. Journal of atmospheric and oceanic technology, 1998, 15(3): 809~817.

79. Lacy R C. VORTEX: a computer simulation model for population viability analysis [J]. Wildlife research, 1993, 20(1): 45~65.

80. Lakshmi V. The role of satellite remote sensing in the Prediction of Ungauged Basins [J]. Hydrological Processes, 2004, 18(5): 1029~1034.

81. Lakshmi V. The role of satellite remote sensing in the Prediction of Ungauged Basins [J]. Hydrological Processes, 2004, 18(5): 1029~1034.

82. Lee J S, Jurkevich I. Coastline detection and tracing in SAR images [J]. IEEE Transactions on Geoscience and Remote Sensing, 1990, 28(4): 662~668.

83. Li A, Song G. Advances in plant conservation genetics [J]. Chinese Biodiversity, 2002.

84. Li J, et al. Revealing storage-area relationship of open water in ungauged subalpine wetland-Napahai in Northwest Yunnan, China [J]. Journal of Mountain Science, 2013, 10(4): 553~563.

85. Li W, et al. Estimating the relationship between dam water level and surface water area for the Danjiangkou Reservoir using Landsat remote sensing images [J]. Remote Sensing Letters, 2016, 7(2): 121~130.

86. Ling F, et al. Monitoring river discharge with remotely sensedimagery using river island area as an indicator [J]. Journal of applied remote sensing, 2012, 6(1).

87. Liu C. Sustainability and possibilities for water conservation in North China Plain [J]. A Cooperative Project of the CAS, IGBP2BAHC, IGBP2GCTE, IGBP2DIS, IGBP2GAIM, HDP and EARG Report (4), 1994, 26~30.

88. Mace G M, Lande R. Assessing Extinction Threats: Toward a Reevaluation of IUCN Threatened Species Categories [J]. Conservation Biology, 1991, 5(2): 148~157.

89. Mason D C, Amin M, Davenport I J, Flather R A, Robinson G J, Smith J A. Measurement of recent intertidal sediment transport in Morecambe Bay using the waterline method [J]. Estuarine Coastal and Shelf Science, 1999, 49(3): 427~456.

90. McFeeters S. The use of the Normalized Difference Water Index (NDWI) in the delineation of open water features [J]. International Journal of Remote Sensing, 1996, 17(7): 1425~1432.

91. Mercier F, Cazenave A, Maheu C. Interannual lake level fluctuations (1993—1999) in Africa from Topex/Poseidon: connections with ocean-atmosphere interactions over the Indian Ocean [J]. Global and Planetary Change, 2002, 32(2-3): 141~163.

92. Mei Z, et al. The Yangtze finless porpoise: On an accelerating path to extinction? [J]. Biological Conservation, 2014, 172: 117~123.

93. Mertes L A K, et al. Spatial patterns of hydrology, geomorphology, and vegetation

on the floodplain of the Amazon river in Brazil from a remote sensing perspective [J]. Geomorphology,1995,13(1):215~232.

94. Micovic Z,Quick M. A rainfall and snowmelt runoff modelling approach to flow estimation at ungauged sites in British Columbia [J]. Journal of Hydrology,1999,226(1):101~120.

95. Morrison R B. Assessment of flood damage in Arizona by means of ERTS-1 imagery [J]. 1973.

96. Minshall G W,et al. Development in stream ecosystem theory [J]. Canadian Journal of Fisheries and Aquatic seience,1985,42:1045~1105.

97. Muttil N,Chau K W. Machine learning paradigms for selecting ecologically significant input variables [J]. Engineering Applications of Artificial Intelligence,2007,20(6):735~744.

98. Muttil N,Lee H W. Genetic programming for analysis and real-time prediction of coastal algal blooms [J]. Ecological Modelling,2005,189(3-4):363~376.

99. Nathan R,et al. Development and Application of a Flow Stressed Ranking Procedure [R]. Sydney:Sinclair Knight Merz,2005,1~30.

100. Nehring R B. Evaluation of Instream Flow Methods and Determination of Water Quantity Needs for Streams in the State of Colorado[R]. Fort Collins,CO,Division of wildlife,1979,144.

101. Njoku E G,et al. Soil moisture retrieval from AMSR-E [J]. IEEE Transactions on Geoscience & Remote Sensing,2003,41(2):215~229.

102. Nunn A D,et al. Is water temperature an adequate predictor of recruitment success in cyprinid fish populations in lowland rivers [J]. Freshwater biology,2003,48(4):579~588.

103. Nuttle W K. Eco-hydrology's Past and future in focus [J]. Ecosystem,2002,83:205.

104. Olden J D,Poff N L. Redundancy and the choice of hydrologic indices for characterizing streamflow regimes [J]. River Research and Applications,2003,19:101~121.

105. Pan F,Liao J,Li X,et al. Application of the inundation area-lake level rating curves constructed from the SRTM DEM to retrieving lake levels from satellite measured inundation areas [J]. Computers & Geosciences,2013,52(1):168~176.

106. Pan F,Wang C,Xi X. Constructing river stage-discharge rating curves using remotely sensed river cross-sectional inundation areas and river bathymetry [J]. Journal of Hydrology,2016,540:670~687.

107. Papa F,et al. Interannual variability of surface water extent at the global scale,1993—2004 [J]. Journal of Geophysical Research Atmospheres, 2010, 115 (D12):1256~1268.

108. Patil S,Stieglitz M. Hydrologic similarity among catchments under variable flow conditions [J]. Hydrology and Earth System Sciences,2011,15(3):989~997.

109. Patton J L,Da S M,Malcolm J R. Hierarchical genetic structure and gene flow in three sympatric species of Amazonian rodents [J]. Molecular Ecology,1996,5(2):229.

110. Petts G E. Impoundedrivers:perspectives for ecological management [J]. Freshwater Science,1986.

111. Pett G E. Longterm consequences of upstream impoundment [J]. Environmental Conservation 1980,(4):325~332.

112. Petts G E. Water allocation to Protect river ecosystems [J]. Regulated Rivers:Resource Management,1996,12:353~365.

113. Petts G. Impoundedrivers:perspectives for ecological management [M]. NewYork:Wiley,chichebster,1984.

114. Pfab M F,Witkowski E T F. A simple population viability analysis of the critically endangered Euphorbia clivicola R. A. Dyer under four management scenarios [J]. Biological Conservation,2000,96(3):263~270.

115. Poff N L,Ward J V. Physical habitat template of lotic systems:Recovery in the context of historical Patterns of spatio-temporal heterogeneity [J]. Environmental Management,1990,14:629~645.

116. Pringle M J,Schmidt M,Muir J S. Geostatistical interpolation of SLC-off Landsat ETM+images [J]. Isprs Journal of Photogrammetry & Remote Sensing,2009,64(6):654~664.

117. Ramsey E W,et al. Generation of coastal marsh topography with radar and ground-based measurements [J]. Journal of Coastal Research,1998,14(3):1158~1164.

118. Randrianasolo A,Ramos M,Andréassian V. Hydrological ensemble forecasting at ungauged basins:using neighbour catchments for model setup and updating [J]. Advances in Geosciences,2011,29:1~11.

119. Richter B D,et al. A method for assessing hydrologic alteration within ecosystems [J]. Conservation Biology,1996,10:1163~1174.

120. Richter B D, Thomas G A. Restoring Environmental Flows by Modifying Dam Operations [J]. Ecology and Society,2007,12(1):12.

121. Richter B D,et al. A collaborative and adaptive process for developing environmental flow recommendations [J]. River Research and Applications, 2006,22:297~318.

122. Richter B,et al. How much water does a river need [J]. Freshwater Biology,1997,37:231~249.

123. Richter B D,et al. Ecologically sustainable water management:managing river flows for ecological integrity [J]. Ecological Applications, 2003,13 (1):200~224.

124. Richter B D, Thomas G A. Restoring Environmental Flows by Modifying Dam Operations [J]. Ecology and Society, 2007,12(1):12.

125. Rodell M,Famiglietti J. Detectability of variations in continental water storage from satellite observations of the time dependent gravity field [J]. Water Resources Research,1999,35(9).

126. Rodriguez I. Eco-hydrology：a hydrological Perspective of climate-soil -vegetation dynamics [J]. Water Resource Research，2000，36：3～9.

127. Ruth M，Richter B D. Application of the indicators of hydrologic alternation software in environmental flow setting [J]. American water resources association， 2007，43 (6)：1400～1413.

128. Scaramuzza P，Barsi J. Landsat 7 scan line corrector-off gap-filled product development；proceedings of the Proceeding of Pecora，F，2005 [C].

129. Scaramuzza P，Micijevic E，Chander G. SLC Gap-Filled Products Phase One Methodology. 2004，http://landsat. usgs. gov/documents/L7SLCGapFilledMethod. pdf.

130. Schramm H L，Eggleton M A. Applicability of the flood-pulse concept in a temperate floodplain river ecosystem：thermal and temporal components [J]. River research and application，2006，22(5)：543～553.

131. Schumann G，，et al. Comparison of remotely sensed water stages from LiDAR， topographic contours and SRTM [J]. Isprs Journal of Photogrammetry & Remote Sensing，2008，63(3)：283～296.

132. Sivapalan M，et al. IAHS Decade on Predictions in Ungauged Basins (PUB)， 2003—2012：Shaping an exciting future for the hydrological sciences [J]. Hydrological sciences journal，2003，48(6)：857～880.

133. Sivapragasam C，et al. Prediction of algal blooms using genetic programming [J]. Marine Pollution Bulletin， 2010，60(10)：1849～1855.

134. Smith L C. Satellite remote sensing of river inundation area，stage，and discharge： a review [J]. Hydrological Processes，1997，11(10)：1427～1439.

135. Smith L C，Pavelsky T M. Remote sensing of volumetric storage changes in lakes [J]. Earth Surface Processes & Landforms，2009，34(10)：1353～1358.

136. Sparks R E. Need for ecosystem management of large rivers and flood plains [J]. Bioscience，1995，45：168～182.

137. Stalnaker C，Lamb B L，Henriksen J. The Instream Flow Incremental Methodology：a Primer for IFIM[R]. National Biological Service，US Department of the Interior，Biological，1995.

138. Suen J P，Herricks E E，Eheart J W. Ecohydrologic Indicators for Rivers of Northern Taiwan [J]. ASCE/EWRI World Water and Environmental Resources Congress Salt Lake City，UT，USA， 2004.

139. Tang M，Shao D G，Tang X R. Automatic modeling of flood damage loss assessment system based on genetic programming [J]. Engineering Journal of Wuhan University，2007，40(3) ：5～9.

140. The Nature Conservancy，Indicators of hydrologic alteration version 7 user's manual [EB/OL]. Arlington，VA：The Nature Conservancy. http://www. nature. org/ initiatives/ freshwater/ conservationtools/ art17004. html.

141. Tian R，Cao C，Peng L，et al. The use of HJ-1A/B satellite data to detect changes

in the size of wetlands in response in to a sudden turn from drought to flood in the middle and lower reaches of the Yangtze River system in China [J]. Geomatics Natural Hazards & Risk,2014,7(1):1~21.

142. Townsend P A,Walsh S J. Modeling floodplain inundation using an integrated GIS with radar and optical remote sensing [J]. Geomorphology,1998,21(3-4):295~312.

143. Tseng K H,Shum C K,Kim J W,et al. Integrating Landsat Imageries and Digital Elevation Models to Infer Water Level Change in Hoover Dam [J]. IEEE Journal of Selected Topics in Applied Earth Observations & Remote Sensing,2016,9(4):1696~1709.

144. Vannote R L,et al. The river continuunl concept [J]. Canadian Journal of Fisheries and Aquatic seience,1980,37:130~137.

145. Wagener T,Montanari A. Convergence of approaches toward reducing uncertainty in predictions in ungauged basins [J]. Water Resources Research,2011,47(6):453~460.

146. Wahr J,et al. Time-variable gravity from GRACE:first results [J]. Geophysreslett,2004,31(11):293~317.

147. Walley H D,et al. Marine Mammals of the World [J]. Journal of Mammalogy,1995,76(3):975.

148. Wang D. Population status,threats and conservation of the Yangtze finless porpoise [J]. Chin Sci Bull,2009,54(19):3473~3484.

149. Wang K,Franklin S E,Guo X L,et al. Problems in remote sensing of landscapes and habitats [J]. Progress in Physical Geography,2009,33(6):747~768.

150. Wang Y,Wang D,Wu J. Assessing the impact of Danjiangkou reservoir on ecohydrological conditions in Hanjiang river,China [J]. Ecological Engineering,2015,81:41~52.

151. Ward J V,Stanford J A. The ecology of regulated streams [M]. NewYork,USA:Plenum Press,1979.

152. Ward J V. The four dimensional nature of lotic ecosystems [J]. Journal of the North American Benthological Soeiety,1989,2(2):2~8.

153. Wei Z,et al. Observations on behavior and ecology of the Yangtze finless porpoise (Neophocaena phocaenoides asiaeorientalis) group at Tian-e-Zhou Oxbow of the Yangtze River [J]. Raffles B Zool,2002,97~103.

154. Wetlands R Co. Convention on Wetlands of International Importance especially as Waterfowl Habitat on 2 February 1971 (Ramsar Convention). 1971, http://www. ramsar. org/.

155. Whigham P A. Induction of a marsupial density model using genetic programming and spatial relationships [J]. Ecological Modelling,2000,131:299~317.

156. Whigham P A. ,Crapper P F. Modelling rainfall-runoff using genetic programming [J]. Mathematical and Computer Modelling,2001,33:707~721.

157. Wolter C. Temperature influence on the fish assemblage structure in a large lowland river,the lower Oder River,Germany [J]. Ecology of freshwater fish, 2007,16(4):

493～503.

158. World Commission on Dams (WCD). Dams and development: a new framework for decision making [M]. London (UK): Earthscan Publications Ltd, 2000.

159. Xiong S W, Lu X Q. A genetic programming approach to partial differential equation inverse problems [J]. Journal of Wuhan University of Technology, 2003, 25 (3): 11～15.

160. Xiu H P, et al. Discussion of Acipenser Sinensis habitat suitability index model [A]. Mechanic Automation and Control Engineering (MACE), 2011 Second International Conference on[C]: 2011, 5733～5736.

161. Xu K, et al. Climatic and Anthropogenic Impacts on Water and Sediment Discharges from the Yangtze River (Changjiang), 1950～2005 [M]. 2008.

162. Xu J, et al. Spatial and temporal variation of runoff in the Yangtze River basin during the past 40 years [J]. Quaternary International, 2008, 186(1): 32～42.

163. Yadav M, Wagener T, Gupta H. Regionalization of constraints on expected watershed response behavior for improved predictions in ungauged basins [J]. Advances in WaterResources, 2007, 30(8): 1756～1774.

164. Yamano H, et al. Evaluation of various satellite sensors for waterline extraction in a coral reef environment: Majuro Atoll, Marshall Islands [J]. Geomorphology, 2006, 82(3-4): 398～411.

165. Yang C, et al. Remotely Sensed Trajectory Analysis of Channel Migration in Lower Jingjiang Reach during the Period of 1983—2013 [J]. Remote Sensing, 2015, 7(12): 16241～16256.

166. Yang D, et al. Stepping-stones and dispersal flow: establishment of a meta-population of Milu (Elaphurus davidianus) through natural re-wilding [J]. Scientific Reports, 2016, 6: 27297.

167. Yang D, Li W. Soil seed bank and aboveground vegetation along a successional gradient on the shores of an oxbow [J]. Aquatic Botany, 2013, 110(10): 67～77.

168. Yang S, et al. Effect of deposition and erosion within the main river channel and large lakes on sediment delivery to the estuary of the Yangtze River [J]. Journal of Geophysical Research: Earth Surface, 2007, 112(F2).

169. Yang Y E, Cai X M, Herricks E E. Identification of hydrologic indicators related to fish diversity and abundance: A data mining approach for fish community analysis [J]. Water Resources Research, 2008, 44, W04412, doi: 10. 1029/2006WR005764.

170. Yang Z S, et al. Dam impacts on the Changjiang (Yangtze) River sediment discharge to the sea: The past 55 years and after the Three Gorges Dam [J]. Water Resources Research, 2006, 42(4).

171. Zhang J H, et al. Runoff and Sediment Response to Cascade Hydropower Exploitation in the Middle and Lower Han River, China [J]. Math Probl Eng, 2017, 1～15.

172. Zhou Y, et al. Impacts of Three Gorges Reservoir on the sedimentation regimes in

the downstream-linked two largest Chinese freshwater lakes [J]. Scientific reports,2016,6:35396.

173. Zhu W,Jia S,Lv A. Monitoring the Fluctuation of Lake Qinghai Using Multi-Source Remote Sensing Data [J]. Remote Sensing,2014,6(11):10457~10482.

174. Zhuo W,et al. Observations on behavior and ecology of the Yangtze finless porpoise (Neophocaena phocaenoides asiaeorientalis) group at Tian-e-Zhou Oxbow of the Yangtze River [J]. Raffles B Zool,2002,75(3):97~103.

175. 芮孝芳. 流域水文模型研究中的若干问题 [J]. 水科学进展,1997,8(1):94~98.

176. 芮孝芳. 水文学原理[M]. 北京:中国水力水电出版社,2004,173~178.

177. 蔡其华. 充分考虑河流生态系统保护因素完善水库调度方式[J]. 中国水利,2006,(2):14~17.

178. 蔡其华. 维护健康长江促进人水和谐——摘自蔡其华同志 2005 年长江水利委员会工作报告[J]. 人民长江,2005,36(3):1~3.

179. 蔡晓斌,燕然然,王学雷. 下荆江故道通江特性及其演变趋势分析 [J]. 长江流域资源与环境,2013,22(1):53~58.

180. 蔡玉鹏. 大型水利工程对长江中下游关键生态功能区影响研究[D]. 硕士学位论文,2007.

181. 曹克清. 野生麋鹿绝灭原因的探讨 [J]. 动物学研究,1985,6(1):111~115.

182. 曹永强,倪广恒,胡和平. 水利水电工程建设对生态环境的影响分析[J]. 人民黄河,2005,27(1):56~58.

183. 操文颖,王瑞琳. 清江水布垭水利枢纽生态环境影响分析[J]. 人民长江,2007,(7):133~136.

184. 柴晓玲. 无资料地区水文分析与计算研究 [D]. 武汉:武汉大学,2005.

185. 柴晓玲,郭生练,彭定志,等. IHACRES 模型在无资料地区径流模拟中的应用研究[J]. 水文,2006,26(2):30~33.

186. 长江水利委员会,三峡工程生态环境影响研究[M]. 武汉:湖北科学技术出版社,1997.

187. 长江水系渔业资源调查协作组,长江水系渔业资源[M]. 北京:海洋出版社,1990.

188. 陈进. 中国环境流研究与实践[M]. 北京:中国水利水电出版社,2011.

189. 陈利群,刘昌明,袁飞. 大尺度资料稀缺地区水文模拟可行性研究 [J]. 资源科学,2006,28(1):87~92.

190. 陈静蕊,王秋林,黎明,等. 红穗苔草对天鹅洲湿地淹水时间变化的形态学响应 [J]. 植物科学学报,2011,29(4):474~479.

191. 陈敏敏,郑劲松,龚成,等. 天鹅洲迁地保护江豚种群近亲繁殖状况评估 [J]. 动物学杂志,2014,49(3):305~316.

192. 陈竹青. 长江中下游生态径流过程的分析计算[D]. 河海大学,2005.

193. 陈敬周. 数字高程模型的生成与应用 [D]. 太原理工大学,2007.

194. 陈伟烈,陈宜瑜. 中国湿地植被类型,分布及其保护 [J]. 见:陈宜瑜 中国湿地研究 长春:吉林科学出版社,1995,55~61.

195. 程剑刚. 网络 RTK 技术联合数字测深仪在湖泊库容测量中的应用 [D]. 北京:中国地质大学(北京),2014.

196. 戴昌达. 遥感图像应用处理与分析 [M]. 北京:清华大学出版社,2004.

197. 邓帆. 基于遥感技术的洞庭湖淹没频率和湿地植被关系研究 [D]. 中国科学院大学,2013.

198. 邓书斌. ENVI 遥感图像处理方法 [M]. 北京:高等教育出版社,2014.

199. 丁惠君,栾震宇,许新发. 三峡工程运用对鄱阳湖水资源利用影响分析 [J]. 长江流域资源与环境,2014,12:1671~1677.

200. 丁国栋,李素艳,蔡京艳,等. 浑善达克沙地草场资源评价与载畜量研究——以内蒙古正蓝旗沙地区为例 [J]. 生态学杂志,2005,24(9):1038~1042.

201. 丁玉华,任义军,温华军,等. 中国野生麋鹿种群的恢复与保护研究 [J]. 野生动物学报,2014,35(2):228~233.

202. 丁玉华. 中国麋鹿研究 [M]. 长春:吉林科学技术出版社,2004.

203. 丁军,王少娟,王丹. 应用数字摄影测量系统生成山区大比例尺 DEM 的精度分析 [J]. 遥感信息,2000,4):34~36.

204. 丁莉东,吴昊,王长健,等. 基于谱间关系的 MODIS 遥感影像水体提取研究 [J]. 测绘与空间地理信息,2006,29(6):25~27.

205. 董哲仁. 河流形态多样性与生物群落多样性[J]. 水利学报,2003,(11):1~6.

206. 董哲仁. 水利工程对生态系统的胁迫[J]. 水利水电技术,2003,34(7):1~5.

207. 都金康,黄永胜,冯学智,等. SPOT 卫星影像的水体提取方法及分类研究[J]. 遥感学报,2001,5(3):214~219.

208. 杜斌. 基于面向对象的高分辨率遥感影像水体信息提取优势研究 [D]. 云南师范大学,2014.

209. 杜耘. 保护长江生态环境,统筹流域绿色发展 [J]. 长江流域资源与环境,2016,25(2):171~179.

210. 杜云艳,周成虎. 水体的遥感信息自动提取方法 [J]. 遥感学报,1998,2(4):364~369.

211. 裴勇,沈平伟. 渭河水资源开发利用存在的问题及管理对策[J]. 人民黄河,2006,28(6):77~79.

212. 冯国章. 水事活动对区域水文生态系统的影响及其对策研究[M]. 北京:高等教育出版社,2002.

213. 傅国斌,刘昌明. 遥感技术在水文学中的应用与研究进展 [J]. 水科学进展,2001,12(4):547~559.

214. 付超. 世界自然保护联盟关于环境流的认识[J]. 水利水电快报,2006,(11):1~4.

215. 符涂斌,王强. 气候突变的定义和检测方法[J]. 大气科学,1992,16(4):482~493.

216. 高安利,周开亚. 中国水域江豚外形的地理变异和江豚的三亚种 [J]. 兽类学报,1995,15(2):81~92.

217. 高俊琴,郑姚闽,张明祥,等. 长江中游生态区湿地保护现状及保护空缺分析 [J]. 湿地科学,2011,09(1):42~46.

218.高立方，易幕容，罗远忠.长江天鹅洲白鱀豚国家级自然保护区浮游生物与底栖生物的调查研究［J］.华中师范大学学报（自然科学版专辑），1998,36～44.

219.高永胜.河流健康生命评价与修复技术研究［D］.北京：中国水利水电科学研究院水资源所，2006.

220.郭文献.基于河流健康水库生态调度模式研究［D］.南京：河海大学，2008.

221.葛晓霞，赵俊，朱远生.乐昌峡水利枢纽建设与鱼类保护［J］.人民珠江，2009,（3）：29～32.

222.顾然.基于 RVA 框架的水库生态调度研究及决策支持系统开发［D］.武汉：华中科技大学，2011.

223.龟山哲，张继群，王勤学，等.应用 Terra/MODIS 卫星数据估算洞庭湖蓄水量的变化［J］.地理学报，2004,59(1):88～94.

224.国家水产总局长江水产研究所.长江家鱼产卵场调查技术参考资料［R］.1981.

225.韩其为，杨克诚.三峡水库建成后下荆江河型变化趋势的研究［J］.泥沙研究，2000,3:1～11.

226.郝玉江，王丁，魏卓，等.天鹅洲长江故道湿地保护存在的问题和对策［J］.中国生物多样性保护与研究进展 Ⅵ—第六届全国生物多样性保护与持续利用研讨会论文集，2004.

227.何报寅，丁超，杨小琴，等.Landsat7 ETM＋ SLC-OFF 数据的修复及其在武汉东湖水质反演中的应用［J］.长江流域资源与环境，2011,20(1):90.

228.何茂兵.基于 3S 技术的九段沙湿地 DEM 构建及动态变化研究［D］.华东师范大学，2008.

229.何荣，邓兵，杜金洲，等.长江中游天鹅洲沉积物重金属元素记录对流域人类活动的响应［J］.华东师范大学学报（自然科学版），2012,（4）:173～180.

230.何用.水沙过程与河流生态环境作用初步研究［D］.武汉：武汉大学，2005.

231.何友均，李忠，崔国发，等.濒危物种保护方法研究进展［J］.生态学报，2004,24(2):338～346.

232.何绪刚，罗静波.天鹅洲长江故道水体氮、磷营养元素变化规律的研究［J］.水生态学杂志，1999,（5）:54～55.

233.何振.湖北石首麋鹿生境选择及种群动态［D］.中南林业科技大学，2007.

234.侯立冰，丁晶晶.半野生状态下环境容纳量与麋鹿种群消长之间的关系［M］.中国麋鹿国际学术研讨会.南京：南京师范大学出版社，2006.

235.侯明行，刘红玉，张华兵，等.盐城淤泥质滨海湿地 DEM 构建及其精度评估研究［J］.海洋科学进展，2013,31(2):196～204.

236.侯亚义.长江江豚的饲养和观察［J］.水产养殖，1993,3:13～17.

237.胡彩虹，郭生练，熊立华，等.TOPMODEL 在无 DEM 资料地区的应用［J］.人民黄河，2005,27(6):23～25.

238.黄丹.长江天鹅洲故道浮游生物群落结构及鱼产力［D］.华中农业大学，2013.

239.黄丹，李霄，望志方，等.长江天鹅洲故道浮游植物群落结构及水质评价［J］.水生态学杂志，2016,37(5):8～14.

240.黄丹，沈建忠，胡少迪，等.长江天鹅洲故道浮游动物群落结构及水质评价［J］.长江流域资源与环境,2014,23(3):328～334.

241.黄淑娥,钟茂生.鄱阳湖水体淹没模型研究［J］.应用气象学报,2004,15(4):494～499.

242.黄锡荃.水文学[M].北京:高等教育出版社,1993.

243.黄勇.江河流域开发模式与澜沧江可持续发展研究[J].地理学报,1999,54:119～126.

244.黄粤.干旱区无资料或缺资料流域水文预报研究［D］.中国科学院新疆生态与地理研究所,2009.

245.胡炜,刘永学,李满春,等.基于局部相关分析法的ETM＋影像修复方法研究［J］.地理与地理信息科学,2011,27(5):29～32.

246.姜高珍,韩冰,高应波,等.Landsat系列卫星对地观测40年回顾及LDCM前瞻［J］.遥感学报,2013,17(5):1033～1048.

247.假冬冬,邵学军,王虹,等.三峡工程运用初期石首河弯河势演变三维数值模拟[J].水科学进展,2010,21(1):43～49.

248.贾敬德.长江渔业生态环境变化的影响因素[J].中国水产科学,1996,6(2):112～114.

249.贾金生,袁玉兰,李铁洁.中国及世界大坝情况[J].中国水利,2003,13:25～33.

250.贾铁飞,王峰,袁世飞.长江中游沿江牛轭湖沉积及其环境意义——以长江荆江段天鹅洲、中洲子为例［J］.地理研究,2015,5:861～871.

251.姜翠玲,严以新.水利工程对长江河口生态环境的影响[J].长江流域资源与环境,2003,12(6):547～551.

252.江艳芸.天鹅洲湖泊沉积物重金属分析方法及沉积记录研究［D］.中国地质大学(武汉),2012.

253.井立阳,张行南,王俊,等.GIS在三峡流域水文模拟中的应用［J］.水利学报,2004,35(4):15～20.

254.江永明,倪朝辉,樊启学,等.天鹅洲、黑瓦屋长江故道湿地水质的模糊综合评价［J］.淡水渔业,2006,36(6):16～20.

255.金君良.西部资料稀缺地区的水文模拟研究［D］.郑州:河海大学,2006.

256.金玉林.葛洲坝航道运行以来水流泥沙特性浅析[J].人民长江,1996,(6).

257.康玲,黄云燕,杨正祥,等.水库生态调度模型及其应用[J].水利学报,2010,41(2):134～141.

258.李大美.生态水文学[M].北京:科学出版社,2005.

259.刘大有,卢奕南,王飞,等.遗传程序设计方法综述[J].计算机研究与发展,2001,38(2):213～222.

260.李杰.纳帕海湿地水文情势模拟及关键水文生态效应分析［D］.云南大学,2013.

261.李青青.长江江豚栖息地水质特征研究［D］.北京:中国科学院大学,2014.

262.李思发.长江重要鱼类生物多样性和保护研究［M］.上海:上海科学技术出版社,2001.

263.李弛.湖北石首麋鹿种群夜间卧息地选择与卧息行为［D］.长沙:中南林业科技大

学,2015.

264.李凤楼,王亚杰,王立民.浅谈水利工程措施的生态环境危害[J].地下水,2007,29 (2):128~129.

265.李鹏飞,杨涛,张玉铭,等.石首野生麋鹿种群采食植物生境及其修复途径[J].长江 大学学报(自科版),2015,(15):48~50.

266.李鹏飞,温华军,杨涛.石首麋鹿保护区麋鹿疫病防控现状及措施[J].湖北畜牧兽 医,2013,34(9):37~39.

267.李世镇,林传真.水文测验学[M].北京:水利电力出版社,1993:36~41.

268.刘乐和,吴国犀,曹维孝,等.葛洲坝水利枢纽兴建后对青、草、鲢、鳙繁殖生态效应 的研究[J].水生生物学报,1986,(4):353~364.

269.李思发,吕国庆.长江天鹅洲故道"四大家鱼"种质资源天然生态库建库可行性研究 [J].水产学报,1995,19(3):193~202.

270.李运刚,何大明,叶长青.云南红河流域径流的时空分布变化规律[J].地理学报, 2008,63(1):41~49.

271.力志,操瑜,付文龙,等.天鹅洲湿地退化区土壤种子库与地面植被关系初探[J].水 生态学杂志,2016,37(3):34~41.

272.凌成星,张怀清,林辉.利用混合水体指数模型(CIWI)提取滨海湿地水体的信息 [J].长江流域资源与环境,2010,19(2):152.

273.凌去非,李思发.长江天鹅洲故道、老河故道鱼类群落结构比较[J].华中农业大学 学报,1999,18(5):472~475.

274.林承坤,陈钦銮.下荆江自由河曲形成与演变的探讨[J].地理学报,1959,(2):52~ 84.

275.林一山.荆江河道的演变规律[J].人民长江,1978,1:4~12.

276.林忠辉,莫兴国,李宏轩,等.中国陆地区域气象要素的空间插值[J].地理学报, 2002,57(1):47~56.

277.刘兰芬.河流水电开发的环境效益及主要环境问题研究[J].水利学报,2002, 21~128.

278.刘乐和,吴国犀,干志玲,等.葛洲坝水利枢纽工程对坝下江段胭脂鱼性腺发育及自 然繁殖的影响[J].水产学报,1992,(4):346~356.

279.刘苏峡,刘昌明,赵卫民.无测站流域水文预测(PUB)的研究方法[J].地理科学进 展,2010,29(11):1333~1339.

280.刘苏峡,夏军,莫兴国.无资料流域水文预报(PUB计划)研究进展[J].水利水电技 术,2005,36(2):9~12.

281.刘晓燕.黄河环境流研究[M].郑州:黄河水利出版社,2009,20~38.

282.刘晓燕,连煜,黄锦辉,等.黄河环境流研究[J].科技导报,2008,26(17):24~30.

283.刘邵平,邱顺林,陈大庆,等.长江水系四大家鱼种质资源的保护和合理利用[J].长 江流域资源与环境,1997,6(2):127~131.

284.吕国庆,李思发.长江天鹅洲故道鲢、鳙、草鱼和青鱼种群特征与数量变动的初步研 究[J].上海海洋大学学报,1993,1:6~16.

285. 吕新华. 大型水利工程的生态调度[J]. 科技进步与对策, 2006, 23(7):129～131.

286. 禹雪中, 杨志峰, 廖文根. 水利工程生态与环境调度初步研究[J]. 水利水电技术, 2005, 36(11):20～22.

287. 马广慧. 黄河流域水资源开发利用对水文循环及生态环境的影响研究[D]. 河海大学, 2007.

288. 马克平, 钱迎倩, 王晨. 生物多样性研究的现状与发展趋势[J]. 科技导报, 1995, 13(9501):27～30.

289. 马秀娟, 沈建忠, 王腾, 等. 天鹅洲故道底栖动物群落特征及水质生物学评价[J]. 环境科学, 2014, 10):3952～3958.

290. 马颖. 长江生态系统对大型水利工程的水文水力学响应研究[D]. 南京:河海大学, 2007.

291. 毛先成, 熊靓辉, 高岛·勋. 基于 MOS-1b/MESSR 的洪灾遥感监测[J]. 遥感技术与应用, 2007, 22(6):685～689.

292. 宁佐敦, 胡利平. 洞庭湖区杨树产业化发展对区域社会经济的影响分析[J]. 林业调查规划, 2009, (3):86～90.

293. 佩茨 G. E. 蓄水河流对环境的影响[M]. 王兆印, 曾庆华, 吕秀贞等译北京:中国环境科学出版社, 1988.

294. 秦卫华. 湖北天鹅洲麋鹿生境中接骨草生态位研究[D]. 南京林业大学, 2013.

295. 世界自然基金会. 长江中游湖北段沿江水利工程(闸口、血防)建设对江湖联系影响及对策. 武汉, 2006.

296. 世界自然基金会, 长江大学. 天鹅洲农业转型规划咨询报告[M]. 武汉. 2014.

297. 孙占东, 黄群, 姜加虎. 洞庭湖主要生态环境问题变化分析[J]. 长江流域资源与环境, 2011, 20(9):1108～1113.

298. 潘保柱, 王海军, 梁小民, 等. 长江故道底栖动物群落特征及资源衰退原因分析[J]. 湖泊科学, 2008, 20(6):806～813.

299. 潘庆燊. 长江中下游河道整治研究[M]. 北京:中国水利水电出版社, 2011.

300. 彭佩钦, 童成立, 仇少君. 洞庭湖洲滩地年淹水天数和面积变化[J]. 长江流域资源与环境, 2007, 16(5):685～689.

301. 寿敬文, 陈雪, 马建文, 等. 采用 ALR 算法对 Landsat-7 图像缺行修复的应用研究[J]. 光电子·激光, 2006, 17(3):368～371.

302. 四川省长江水产资源调查组. 长江鲟鱼类生物学及人工繁殖研究[M]. 成都:四川科学技术出版社, 1988.

303. 宋平. 基于多源遥感的鄱阳湖蓄水量动态变化研究[D]. 中国科学院研究生院, 2011.

304. 宋平, 刘元波, 刘燕春. 陆地水体参数的卫星遥感反演研究进展[J]. 地球科学进展, 2011, 26(7):731～740.

305. 宋玉成, 李鹏飞, 杨道德, 等. 湖北石首散养麋鹿种群的调控机制:密度制约下种群产仔率下降[J]. 生物多样性, 2015, 23(1):33～40.

306. 谈戈, 夏军, 李新. 无资料地区水文预报研究的方法与出路[J]. 冰川冻土, 2004, 26

(2):192～196.

307.唐日长.长江中游荆江变迁研究［M］.北京:中国水利水电出版社,1999.

308.陶江平,乔晔,杨志,等.葛洲坝产卵场中华鲟繁殖群体数量与繁殖规模估算及其变动趋势分析［J］.水生态学杂志,2009,2(2):37～43.

309.田进,杨西林,吴巍.泾河东庄水库对渭河下游的影响分析［J］.西北水力发电,2005,21(2):43～45.

310.童杨斌.无资料地区洪水计算与不确定性研究［D］.浙江大学,2008.

311.万新宁,李九发,何青,等.长江中下游水沙通量变化规律［J］.泥沙研究,2003,4:29～35.

312.王东胜,谭红武.人类活动对河流生态系统的影响［J］.科学技术与工程,2004,4(4):299～302.

313.王根绪,刘桂民,常娟.流域尺度生态水文研究评述［J］.生态学报,2005,25(4):892～903.

314.王根绪,钱鞠,程国栋.生态水文科学研究的现状与展望［J］.地球科学进展,2001,16(3):314～323.

315.王俊娜,李翀,段辛斌,等.基于遗传规划法识别影响鱼类丰度的关键环境因子［J］.水利学报,2012,43(7):860～868.

316.王文圣,李跃清,解苗苗,等.长江上游主要河流年径流序列变化特性分析团［J］.四川大学学报(工程科学版),2008,40(3):70～75.

317.王西琴,刘斌,张远.环境流量界定与管理［M］.北京:中国水利水电出版社,2010.

318.王艳姣,张鹰.基于 BP 人工神经网络的水体遥感测深方法研究［J］.海洋通报(英文版),2007,9(1):33～38.

319.王远坤,夏自强,王桂华.水库调度的新阶段——生态调度［J］.水文,2008,28(1):7～9.

320.汪松.基于时序 NDVI 的干旱半干旱地区灌溉作物分类识别研究［D］.北京:北京交通大学,2016.

321.汪迎春,赖锡军,姜加虎,等.三峡水库调节典型时段对鄱阳湖湿地水情特征的影响［J］.湖泊科学,2011,23(2):191～195.

322.魏凤英.现代气候统计诊断与预测技术［M］.北京:气象出版社,1999,43～62.

323.魏卓,王丁,张先锋,等.长江天鹅洲故道江豚的集群规模及其时空分布［J］.水生生物学报,2004,28(3):247～252.

324.魏卓,张先锋,王克雄,等.长江江豚对八里江江段的利用及其栖息地现状的初步评价［J］.动物学报,2003,49(2):163～170.

325.危起伟,陈细华,杨德国,等.葛洲坝截流 24 年来中华鲟产卵群体结构的变化［J］.中国水产科学,2005,(04):452～457.

326.武强,董东林.试论生态水文学主要问题及研究方法［J］.水文地质工程地质,2001,(2):69～72.

327.邬建国.耗散结构、等级系统理论与生态系统［J］.应用生态学报,1991,(2):181～186.

328. 武会先. 河流生命——为人类和自然管理水[M]. 郑州:黄河水利出版社,2005.

329. 夏军,丰华丽,谈戈,等. 生态水文学概念、框架和体系[J]. 灌溉排水学报,2003,22(1):4~10.

330. 谢小平,张松林,王永栋,等. 长江中游曲流河段河道的近代演化过程研究[J]. 第四纪研究,2008,28(2):326~331.

331. 熊明,许全喜,袁晶,等. 三峡水库初期运用对长江中下游水文河道情势影响分析[J]. 水力发电学报,2010,29(1):120~125.

332. 熊远辉,张新桥. 长江湖北新螺江段长江江豚数量、分布和活动的研究[J]. 长江流域资源与环境,2011,20(2):143~149.

333. 徐涵秋. 利用改进的归一化差异水体指数(MNDWI)提取水体信息的研究[J]. 遥感学报,2005,9(5):589~595.

334. 徐升,张鹰. 长江口水域多光谱遥感水深反演模型研究[J]. 地理与地理信息科学,2006,22(3):48~52.

335. 徐天宝. 河流生态水文指标体系及其在长江中上游的应用研究[D]. 中国水利水电科学研究院,2007.

336. 徐正刚,王双业,赵运林,等. 基于卫星定位技术的洞庭湖麋鹿活动范围研究[J]. 中南林业科技大学学报自然科学版,2017,37(2):110~114.

337. 杨道德. 洞庭湖区麋鹿(Elaphurus davidianus)重引入的研究——历史、实践、可行性[D]. 东北林业大学,2004.

338. 杨道德,蒋志刚,曹铁如,等. 洞庭湖区重引入麋鹿的可行性研究[J]. 生物多样性,2002,10(4):369~375.

339. 杨道德,马建章,何振,等. 湖北石首麋鹿国家级自然保护区麋鹿种群动态[J]. 动物学报,2007,53(6):947~952.

340. 杨德国,危起伟,王凯,等. 人工标志放流中华鲟幼鱼的降河洄游[J]. 水生生物学报,2005,29(1):26~30.

341. 杨桂山,翁立达,李利锋. 长江保护与发展报告[M]. 武汉:长江出版社,2007,5~210.

342. 杨怀仁,唐日长. 长江中游荆江变迁研究[M]. 北京:中国水利水电出版社,1999.

343. 杨家坦. 无资料地区小流域设计径流若干技术问题[J]. 亚热带水土保持,1999,1:26~29.

344. 杨健,陈佩薰. 湖北天鹅洲故道江豚的活动与行为[J]. 水生生物学报,1996,1:32~40.

345. 杨健,张先锋. 湖北天鹅洲故道试养江豚生活习性的初步观察[J]. 兽类学报,1995,15(4):254~258.

346. 杨晓刚,杨朝云,彭玉明. 荆江河床演变过程中环境影响初探[J]. 人民长江,2010,41(3):59~63.

347. 杨秀伶. 数字高程模型 DEM 的构建与应用[J]. 绿色科技,2014,5:315~316.

348. 杨宇. 中华鲟葛洲坝栖息地水力特性研究[D]. 南京:河海大学,2007.

349. 姚仕明,卢金友. 三峡水库蓄水运用前后坝下游水沙输移特性研究[J]. 水力发电学报,2011,30(3):117~123.

350.易伯鲁.葛洲坝水利枢纽与长江四大家鱼[M].武汉:湖北科学技术出版社,1988.

351.易伯鲁,梁秩燊.长江家鱼产卵场的自然条件和促使产卵的主要外界因素[J].水生生物学集刊,1964,5(1):1~15.

352.易雨君.长江水沙环境变化对鱼类的影响及栖息地数值模拟[D].北京:清华大学,2008.

353.殷瑞兰.下荆江河道演变对天鹅洲自然保护区的影响及对策研究[J].长江科学院院报,2006,23(2):5~8.

354.英晓明.基于IFIM方法的河流生态环境模拟研究[D].南京:河海大学,2006.

355.尹小娟,宋晓谕,蔡国英.湿地生态系统服务估值研究进展[J].冰川冻土,2014,36(3):759~766.

356.于国荣,夏自强,蔡玉鹏,等.河道大型水库水力过渡区及生态影响研究[J].河海大学学报(自然科学版),2006,34(6):618~621.

357.于晓宁.基于高分辨率遥感影像的水体信息提取方法研究[D].吉林大学,2016.

358.余鹏,刘丽芬.利用地形图生产DEM数据的研究[J].测绘通报,1998,10:16~18.

359.余志堂.葛洲坝水利枢纽工程截流后的长江四大家鱼产卵场[A].中国鱼类学会,鱼类学论文集(第四辑)[C].北京:科学出版社,1985,2~5.

360.余志堂,邓中堂.葛洲坝水利枢纽兴建后长江干流四大家鱼产卵场的现状及工程对家鱼繁殖影响的评价[A],葛洲坝水利枢纽与长江四大家鱼[C].武汉:湖北科学技术出版社,1988,47~68.

361.余志堂,许蕴玕.葛洲坝水利枢纽下游中华鲟繁殖生态研究,鱼类学论文集(第五辑).1986,1~14.

362.云庆夏,黄光球,王战权.遗传算法和遗传规划———一种寻优搜索技术[M].北京:冶金工业出版社,1997.

363.袁樾方.下荆江河曲的形成与演变初探[J].复旦学报社会科学版,1980,s1:24~28.

364.张洪波.黄河干流生态水文效应与水库生态调度研究[D].西安:西安理工大学,2009.

365.张洪波,王义民,黄强,等.基于RVA的水库工程对河流水文条件的影响评价[J].西安理工大学学报,2008,24(3):262~267.

366.张建云,章四龙,王金星,等.近50年来中国六大流域年际径流变化趋势研究[J].水科学进展,2007,18(2):230~234.

367.张林源,温华军,钟震宇,等.湖北石首野生麋鹿种群大量死亡原因调查[J].畜牧与兽医,2011,43(4):89~91.

368.张林源,张树苗.湿地旗舰物种麋鹿保护现状与发展对策研究.中国湿地文化节暨东营国际湿地保护交流会议,2013.

369.张先锋,刘仁俊,赵庆中,等.长江中下游江豚种群现状评价[J].兽类学报,1993,13(4):260~270.

370.张先锋,王克雄.长江江豚种群生存力分析[J].生态学报,1999,19(4):529~533.

371. 张先锋,魏卓,王小强,等.建立长江天鹅洲白鱀豚保护区的可行性研究 [J].水生生物学报,1995,(2):110～123.

372. 张新桥.洞庭湖及邻近水域长江江豚种群生态学研究 [D].中国科学院研究生院,2011.

373. 张修桂.云梦泽的演变与下荆江河曲的形成 [J].复旦学报(社会科学版),1980,(2):40～48.

374. 张志英,袁野.溪洛渡水利工程对长江上游珍稀特有鱼类的影响探讨[J].淡水渔业,2001,(2):62～63.

375. 张征,翟良安,李谷,等.长江天鹅洲故道浮游生物调查及鱼产力的估算 [J].淡水渔业,1995,(5):16～18.

376. 中国科学院水生生物研究所.天鹅洲长江故道湿地规划预研究 [M].武汉:长江出版社,2004.

377. 中国科学院水生生物研究所.天鹅洲故道、何王庙故道和长江安庆江段江豚保护区饵料鱼类资源评估报告.武汉,2014.

378. 钟凯文,刘万侠,黄建明.河道演变的遥感分析研究——以北江下游为例 [J].国土资源遥感,2006,18(3):69～73.

379. 赵坤云,廖鸿志.长江中下游堤防及护岸工程[J].水利水电快报,2001,22(10):8～10.

380. 钟麟,李有广,张松涛,等.家鱼的生物学和人工繁殖[M].北京:科学出版社,1965.

381. 赵书河,冯学智,都金康.中巴资源一号卫星水体信息提取方法研究 [J].南京大学学报自然科学,2003,39(1):106～112.

382. 赵修江,王丁.长江干流长江江豚分布特征与水文特征相关性探讨 [J].中国博士后生命科学学术论坛,2012.

383. 赵文智.生态水文学——陆生环境和水生环境植物与水分关系[M].北京:海洋出版社,2002.

384. 赵英时.遥感应用分析原理与方法 [M].北京:科学出版社,2013.

385. 周钊,郑劲松,陈敏敏,等.天鹅洲迁地保护江豚群体的遗传评估与发展预测 [J].水生生物学报,2012,36(3):122.

386. 周昕薇,宫辉力,赵文吉,等.北京地区湿地资源动态监测与分析[J].地理学报,2006,61(6):654～662.

387. 周旭华,吴斌,彭碧波,等.全球水储量变化的 GRACE 卫星检测 [J].地球物理学报,2006,49(6):1644～1650.

388. 周淑荣,王刚.保护区的数量和种群在集合种群水平上的续存 [J].兰州大学学报(自科版),2002,38(4):109～113.

389. 朱长明,沈占锋,骆剑承,等.基于 MODIS 数据的 Landsat-7 SLC-off 影像修复方法研究 [J].测绘学报,2010,39(3):251～256.

390. 朱鹤.遥感技术在地表水源地水体监测中的应用研究 [D].中国水利水电科学研究院,2013.

391. 朱江,贾志云.淡水生物多样性危机[J].世界自然保护联盟通讯(IUCU),1999,

（4）：3～4.

392.朱江.江汉平原湖泊湿地近代环境变迁——以涨渡湖、天鹅洲长江故道为例［D］.武汉：中国地质大学（武汉），2005.

393.朱瑶，廖文根，冯顺新，等.长江江豚栖息地特性分析［M］.全国水力学与水利信息学学术大会.2009.

394.朱瑶，廖文根，冯顺新.长江江豚的天鹅洲故道栖息地特征研究［J］.中国水利水电科学研究院学报，2012，10（3）：185～191.

395.左大昌.洞庭湖区湿地生物资源特征及生态系统评价［J］.热带地理，2000，4：261～264.

396.邹师杰，宋玉成，杨道德，等.湖北石首麋鹿国家级自然保护区麋鹿冬季卧息地微生境选择［J］.生态学杂志，2013，32（4）：899～904.